京师 生物学教育丛书

# 课外科学教育的理论与实践

丛书主编◎刘恩山　崔　鸿
编　　著◎李秀菊　赵　博　朱家华

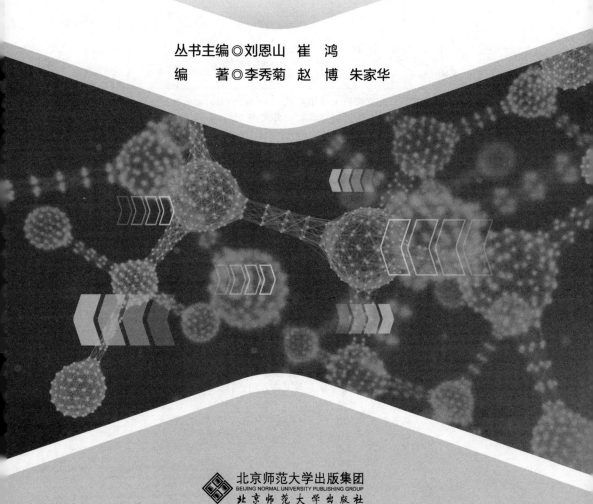

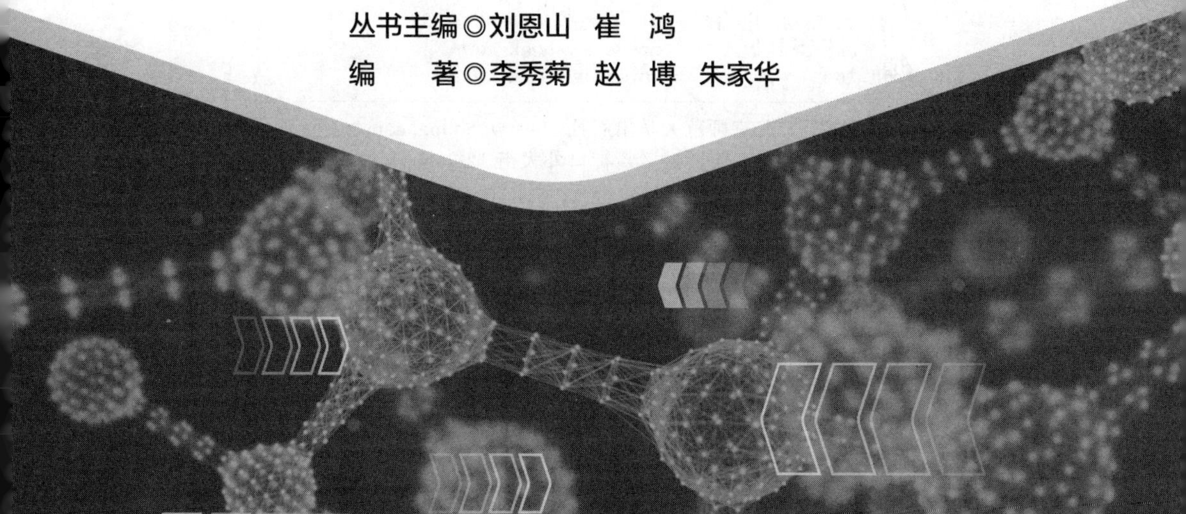

北京师范大学出版集团
BEIJING NORMAL UNIVERSITY PUBLISHING GROUP
北京师范大学出版社

**图书在版编目(CIP)数据**

课外科学教育的理论与实践/李秀菊，赵博，朱家华编著.
—北京：北京师范大学出版社，2021.5(2021.11 重印)
(生物学教育丛书/刘恩山，崔鸿主编)
ISBN 978-7-303-26464-3

Ⅰ.①课… Ⅱ.①李…②赵…③朱… Ⅲ.①课外活动-科学教育学-教学研究 Ⅳ.①G424.28

中国版本图书馆 CIP 数据核字(2020)第 218458 号

营销中心电话　010-58802181　58805532
北师大出版社科技与经管分社　www.jswsbook.com
电子信箱　jswsbook@163.com

出版发行：北京师范大学出版社　www.bnupg.com
北京市西城区新街口外大街 12-3 号
邮政编码：100088
印　刷：保定市中画美凯印刷有限公司
经　销：全国新华书店
开　本：730 mm×980 mm　1/16
印　张：16.25
字　数：291 千字
版　次：2021 年 5 月第 1 版
印　次：2021 年 11 月第 2 次印刷
定　价：39.80 元

策划编辑：刘风娟　　责任编辑：刘风娟
美术编辑：李向昕　　装帧设计：李向昕
责任校对：陈　民　　责任印制：赵　龙

# 总 序

为落实“立德树人”的根本任务，核心素养成为我国基础教育课程改革深化的主要环节，我国基础教育也迈入了“核心素养时代”。在生物学教育界，生物学学科核心素养也是当前的讨论焦点。一直以来，人们把学科教学理解为知识教育，导致了学科育人功能的结构性沉默。生物学学科核心素养是生物学学科育人价值的集中体现，是学生通过学科学习而逐步形成的正确价值观、必备品格和关键能力。然而，在这个核心素养体系中，“知识”被摆放在了哪里？许多学者和教师曾一度疑惑，无论在曾经的“双基”中还是在“三维目标”中，“知识”都是制订学习目标的基本维度，而在当前的“核心素养”中却隐匿不显。是“知识”不再重要了吗？那么生物学教学教什么？学生学什么？考试考什么？

近两年来，以“指向生物学学科核心素养的课程与教学”为主题的教师培训活动屡见不鲜，相关的学术成果也时常见诸各级各类刊物。广大一线教师逐渐接受并开始实施以核心素养为导向的教与学。大家逐渐意识到，“知识”在核心素养体系中仍然占据至关重要的地位，知识、能力、品格、价值观在核心素养体系中得以彼此关联、融合。核心素养时代的生物学教学，不仅仅关注知识教学本身，更在于关注“知识之后是什么”，教学不是单纯的知识授受，而是通过知识的学习来发展学生的核心素养。

可是，知道或理解学科核心素养是什么，仍不代表教师就能在教学中真正实施基于学科核心素养的教学。许多教师似乎有这样一种认识：只要知识教学还是重要的、必要的，那么传统的教学似乎不会发生什么实质性的变化。于是，我们在广泛的教研活动中发现，教师在备课、上课的过程中，还常常抱残守缺，执着于过去“三维目标”的教学。或者“旧瓶装新酒”，在教学设计、教学过程中，在形式上披上几件核心素养的“外衣”，似乎也可以“瞒天过海”。我们还看到：生命观念的教学多停留在概念讲解的层面；科学思维与科学探究犹如隔靴搔痒，不够深入；社会责任的培育浮于表面，流于形式……此时，我们意识到，必须要立足于对生物学学科核心素养的时代审视，以及国际科学教育的前沿动向，为广大一线教师提供系统而适切的教学指导参考，以理论更新观念，以案例引领实践，推动生物学学科核心素养在教学中落地。

于是，我们便萌生了编写本套丛书的念头。

2018年9月，我们召集了本套丛书的编写团队，在风景秀丽的长阳清江河畔，在这座“天然古生物博物馆”中，以“核心素养时代的生物学教学”为主题进行了一次大讨论。围绕着落实生物学学科核心素养，大家再一次交流并梳理了教师教什么、怎么教、怎么发展，以及学生怎么学习、怎么评价等基本问题。与会者一致认为，在贯彻落实以核心素养为宗旨的生物学课程理念下，重新认识和审视这些课程与教学的基本问题是必要的、迫切的。在讨论中，我们凝练形成八个有待深入研究的课题，并分别组建小组，围绕八个课题进行了思考、写作和整理。这八个课题即为本套丛书的八本分册：《生物学课程论》《生物学教学设计》《生物学教育评价与测量》《生物学课程资源与案例(精选)》《课外科学教育的理论与实践》《生物学实验教学论》《生物学教育科学研究方法》《生物学教师专业发展概论》。

丛书分册彼此联系，形成了一个内容整体，关注到了生物学教学的各个方面：既回应了课程教学中，教师教什么、怎么教、如何发展、如何开展研究活动，以及学生怎么学、怎么评价等基本问题；还关注到生物学作为一门实验科学，实验课程如何开设的问题；更把视野从课堂移到课外，从生物学教育领域聚焦到科学教育领域，探讨了课外科学教育环节的理论与实践。

在编写伊始，我们还作出了两条原则性的规定：第一，每本书稿在写作中必须要充分阅读国际文献，确保内容的权威性和代表性；第二，每本书稿必须以丰富的、经过实践检验的教学案例为引领，确保内容的实用性、适切性，保证本书能为教师开展教学带来具体参考。

历时两年多的磨砺，本套丛书得以问世。值得一提的是，一批年轻、刻苦的生物学教育研究者成为了本套丛书编写的主力军，这不仅是一种传承，似乎也在昭示着生物学教学研究新时代的到来。对此，我们十分欣慰。书中颇多内容，有的是在博士学位论文基础上修改完成的，有的是课题研究的成果，整体达到了较高水平。然而丛书内容牵涉广泛，难免挂一漏万，我们恳请广大读者批评指正，并将组织各册作者继续深化完善有关内容，为新时代生物学教育做出更大的贡献。

本套丛书得到了广大同人以及社会各界人士的关心和帮助，此处不再具名，一并致谢！此外，还要感谢北京师范大学出版社给予的大力支持，谨在此表示衷心感谢！

刘恩山　崔　鸿

2021 年 3 月

# 前 言

科学学习是持续、累积的过程。青少年在科学课堂上初次揭开科学的神秘面纱，而在课堂之外，他们有更多的机会去领略科学的五光十色。这些发生在科学课以外的科学学习构成了课外科学教育的基本环节。课外科学教育能随时以各种形式发生在各类生活场景中：无论是在家中客厅与父母搭建恐龙模型，还是与小伙伴手牵手在博物馆、动物园内观察奇珍异兽，或是独自在电脑前徜徉于网络世界中的海量科学资讯，又可能是在科技辅导员的带领下动手探究生活中的科学问题。

本书的三位作者从事科学教育的研究与实践工作，尤其对课外科学教育情有独钟。青少年对科学课堂之外的学习需求既丰富又充满个性。对科学教育工作者而言，满足青少年的课外科学学习需求是一项极具魅力与价值的挑战。随着时代变迁、技术发展，开展课外科学教育的途径和手段也与日俱增，如何持续“升级”自己的课外教学活动同样是科学教育工作者需要不断思考的问题。而解决这些挑战与问题恰恰也是科学教育工作者的乐趣所在。当孩子们完成自己的科技作品时脸上洋溢着喜悦，当孩子们认真地说未来要成为一名科学家，当孩子们头头是道地解释着自然世界的道理，我们真切地感受到课外科学教育实实在在的意义，更希望号召更多的人加入其中。这正是撰写本书的原动力。

本书从课外科学教育的理论框架讲起，首先，界定了课外科学教育的概念并介绍了相关理论基础，也专门介绍了近年来兴起的“STEM”教育。其次，本书内容以课外科学教育的各领域为线索具体展开，针对博物馆、家庭、特定教育项目、数字化场景和科学竞赛等专题。最后，为科学教师在课外科学教育中的专业发展提供了建议。三位作者深知将理论落地于实践的重要意义，因此尽可能援引了国内外教学案例，力求让本书内容对于实际教学更具操作性和指导性。

非常感谢所有为本书撰写提供支持和帮助的人！

三位作者的水平和精力有限，书中难免有纰漏之处，恳请读者指出。也期待就书中内容展开讨论和交流。

课外科学教育永远在路上，希望本书能成为一个路标，更盼望我国的课外科学教育事业蓬勃发展、越来越好！

编者

# 目 录

## 第一部分 课外科学教育的理论框架

# 第二部分　不同领域的课外科学教育

# 第一部分 课外科学教育的理论框架

## 第一章 绪 论

科学技术越来越深刻地影响着我们的生活，尤其是近几十年，随着计算机技术的飞速发展，科学技术不仅影响着人们的生活，还影响着人们的学习方式。人们已经不局限在学校内学习科学，更多的是在学校之外通过多种途径和方式学习科学。大多数学校一般只服务于学龄青少年，完成高等教育后，依据终身学习的观点，人们仍然要继续学习科学来适应科学技术高速发展的社会。随着课外科学学习发生的频率越来越高，国家和社会对课外科学教育呈现出越来越重视的趋势。同时有很多有关的名词，如非正规科学教育、非正式科学教育出现在人们的视野中，那么，究竟什么是课外科学教育？哪些教育手段和方式属于课外科学教育的范畴？课外科学教育的重要意义和价值如何体现？绪论部分将对上述问题给予回答。

### 第一节 什么是课外科学教育

2017年，中国教育部颁布了《义务教育小学科学课程标准》(以下简称《小学科学课标》)。《小学科学课标》关于科学学习场所建议指出：教室、实验室是科学学习的重要场所，但是教室、实验室外还有更广阔的科学学习天地。校园、家庭、社区、公园、田野、科技馆、博物馆、青少年科普教育实践基地……到处都可以作为科学学习的场所。《小学科学课标》中对科学课之外的科学学习给予了肯定，鼓励科学教师积极地在科学教室和实验室之外组织学生开展科学学习。

#### 一、课外科学教育对促进儿童的全面发展有重要意义

儿童自出生开始，就对自然界充满了好奇。这种好奇往往与科学有关，比

如云是怎么形成的？为什么有流星？为什么饭菜放久了会坏掉？在进入小学之前，儿童已经在学校以外的环境中学习了很多与科学有关的内容，对一些科学概念也有了初步和朴素的理解。儿童进入学校之后，除了在科学课堂上学习科学之外，还有很多其他的学习机会，比如通过参加学校的科学节，与老师同学一起走进科技博物馆等方式满足自己的好奇心。儿童青少年在科学课之外开展的科学学习的途径和方式多样，有的是在与家人的交流中获得的；有的是通过电视节目了解的；有的是参观博物馆时的收获。随着计算机技术的发展，网络也成为青少年儿童学习科学的途径之一。

已有研究表明，人们在K-12学校花费的时间只占人生所有时间的9%。① 对儿童青少年来说，学校中的科学教室和实验室是他们学习科学的重要场所，但是仅仅在学校里学习科学对提升儿童青少年的科学素质是远远不够的。有研究表明，75%的科学领域的诺贝尔奖获得者对科学的最初的兴趣都是在校外场所中获得的。② 显而易见，在课堂以外的途径中学习科学，对促进儿童青少年科学素质的全面发展起到了越来越重要的作用。

## 二、课外科学教育的概念界定

课堂之外或者说学校之外的科学教育，不论是从英文翻译过来的中文，还是英文原文，名称都比较多。比如，表示科学课之外的科学教育的英文有：informal science education（非正规科学教育）；non-formal science education（非正式科学教育）；informal science learning（非正规科学学习）；learning in out-of-school contexts，setting，or environments（校外背景、设施或环境中的学习）。中文有：非正规科学教育；非正式科学教育；课外科学教育；课外科学教育；等等。一般地，在翻译的过程中，将"informal"翻译为"非正规"，将"non-formal"翻译为"非正式"。因此，"informal science education"翻译为"非正规科学教育"，"informal science learning"翻译为"非正规科学学习"。"Non-formal science education"翻译为"非正式科学教育"。在已有文献包括一些政府报告和文件中，主要以informal science education（非正规科学教育）和informal science learning（非正规科学学习）为主。

---

① Sosniak L. The 9% challenge：education in school and society[J]. Biochemistry，2005，19(23)：5359-5362.

② Friedman L N，Quinn J. How after-school programs can nurture young scientists and boost the country's scientific literacy[M]//Yager R E，Falk J. Exemplary science in informal education settings：standards-based success stories. Arlington，V. A.：NSTA，2008.

概念界定是研究的基础。很多学者都对这些概念做过讨论。科瑞(Crane)等认为：非正规科学学习是指发生在学校之外的活动，这些活动不是由学校主要来开发的，也不是学校课程在校外延伸的一部分；相对而言，校内科学学习是学生获得学分的组成部分，显示出“必须”和“强制性”的特点，而校外的这些活动都是自愿的。①

在世界范围内都有广泛影响的美国科学教学研究协会(NARST，national association for research in science teaching)下设的非正规科学教育特设委员会(informal science education Ad Hoc committee)曾经在2003年发表报告，报告中认为：非正规科学学习是目前一个最常用的用来描述发生在传统的、正规的、学校教育领域以外的科学学习的词汇。非正规科学学习只用来描述在真实世界中人类日常生活都能参与其中的学习，也就是说，学习发生在相对广泛的空间和当下的背景之中，包括学校内和学校外。② 从这个定义中，能够看出非正规科学教育特设委员会发布的报告中的非正规科学学习，实际上是科学课以外的科学学习。

瑞妮(Rennie)认为科学学习能够发生的非学校的环境比较多样，因此，“非正规科学教育”一般指那些与科学有关的学习活动，而这些学习活动不是由正式的教育机构提供的正式的可评价的课程。③ 比如，去参观自然博物馆，玩与科学内容有关系的电脑游戏，参观工厂的设施，在课后俱乐部项目中完成科学研究课题都被归于非正规科学教育。

综合上述研究者和机构对非正规科学教育的定义论述能够看出，非正规科学教育是指科学课之外的所有与科学有关的学习活动。这里的科学课既包括国家课程(也就是按照科学课程标准开展的课程)，同时也包括校本课程和本地课程。本书认为informal science education应翻译为课外科学教育，而不用非正规科学教育。因此，在本书中，课外科学教育是指在科学课以外的所有与科学有关的学习活动。这种学习活动有可能发生在学校内，比如学校的科学俱乐部

---

① Crane V，Nicholosn T，Chen M. Informal science learning：what the research says about television，science museums，and community-based projects [M]. Dedham，A. A.：Research Communications，1994.

② Dierking L D，Falk J H，Rennie L，et al. Policy statement of the “informal science education” ad hoc committee[J]. Journal of Research in Science Teaching，2003，40(2)：108-111.

③ Lederman N G，Abell S K. Handbook of research on science education，Volume Ⅱ [M]. New York：Routledge，2014：121.

中开展的学生研究课题。更多情况下这种学习活动发生在学校以外，比如去科技类博物馆参观，等等。

## 三、课外科学教育的主要特点

尽管我们对课外科学教育进行了明确的界定，但是，将课外科学教育与正规科学教育(课内科学教育)之间的异同进行比较是不能回避的问题。海因(Hein)作为博物馆领域最杰出的研究者之一，他曾经对课外科学教育和正规科学教育做过一个简单的区分，他认为二者最大的区别就是是否有正规的科学课程。① 福克等人(Falk，Koran and Dierking)从博物馆学习的维度对博物馆学习和学校里的科学学习进行了比较，主要比较了学习环境的不同和学习情境的不同。而对两种学习类型的区别并没有做出比较。② 比特古德(Bitgood)也曾经对课外科学学习和课内科学学习进行过比较，也同样是讨论了很多有关学习环境的差异，他的研究中表明两种学习方式除学习情境之外没有本质上的区别。同样，威灵顿(Wellington)也曾经描述了两种学习方式的特点，这种描述主要从设施不同的角度进行描述。③ 学习很难只发生在单一的情境中，学习是持续的。比如说，学生在科学课堂中学到关于太阳系的内容，晚上在家里的阳台上或者操场上可能会看到金星伴月这样的天象。科学课堂上的学习的内容与学生日常的观察相互呼应，共同组成学生的学习。

总的来说，科学学习是一种持续的、累积的过程。这种学习可能发生在很多情境下，只有情境不同，但是学习的本质是相同的。NARST 非正规科学教育特设委员会的报告指出：课外科学教育是自我驱动的、自愿的，主要由学习者的需求和兴趣驱动的。这种学习可能会持续整个人生。④ 同时，NARST 所属的非正规科学教育特定委员会认为，不宜用 informal science learning(非正规科学学习)来指代课外科学教育，因为学习是持续的，不需要特别去区分 informal(非正规)和 formal(正规)。因此，该报告建议用 out of school science learning(校外科学学习)来指代课外科学教育。

---

① Hein G E. Learning in the museum[M]. London：Routledge，1998.

② Abell S K，Lederman N G. Handbook of research on science education，Volume I[M]. New York：Routledge，2010：126.

③ 同②.

④ Dierking L D，Falk J H，Rennie L，et al. Policy statement of the "informal science education" ad hoc committee[J]. Journal of Research in Science Teaching，2003，40(2)：108-111.

尽管无论在课内还是课外，学生学习科学的学习本质没有差异。但是由于情境不同，学习的特点是不同的。相对而言，在基础教育阶段，课内科学教育是正式的科学课程。这样的课程按照国家课程标准的要求和课时来设计。总结众多研究者对课外科学学习的特点研究，课外科学学习共有以下几个特点：①参与是自愿的，自由的。②课外科学教育的课程结构是相对开放的，有一定的自主性，没有固定的格式。课程给学习者提供了丰富的选择。③课外科学教育的学习活动不需要竞争性强的评价。④在课外科学教育中，参与成员之间的交流不局限在同龄人之间，参与成员可能年龄段在一定的范围之内。由于课外科学学习，环境、内容、材料都相对自由，与学习者自身有相当的关系。总之，课外科学教育的学习，主要由内在动机驱动的。

## 第二节　课外科学教育发展中的大事件

人类自从在地球上出现，就开始了在自然界学习的过程。早期人类学习了狩猎、捕鱼、生火等生存所必须的内容。随着农耕业的发展，人类又学习识别可以种植的植物，可以驯养的家畜等。人类从这些日常生活中的科学学习中总结经验，发展对自然世界的认识和科学原理的提炼。杜威指出：科学既是启蒙与进步的源泉，使用科学的方式应该能够回到最初目标和让人类自身更具有活力的理念上来①。杜威典型的科学教育思想是做中学，生活即教育。他提倡让学生用亲自实践的方式获得一手的科学经验。他认为科学教育应该让儿童获得反省思维能力，学会科学方法。课外科学学习中，一种很重要的方式就是在生活中学习，在活动中学习，在实践中学习。随着人类文明的发展，博物馆的教育功能越见凸显。在自然博物馆或者科学类博物馆开展科学学习受到人们的重视。18—19 世纪，各类博物馆通过与学校的合作，开启了博物馆教育的大门。这其中，自然历史类博物馆占据了相当的比例。科技类博物馆的教育功能成为博物馆的重要功能之一，博物馆学习逐渐成为一个热门的研究领域，现在也成为课外科学教育的重要研究领域。

课外科学教育不断发展过程中，一些标志性的期刊、报告和项目等都对推动课外科学教育的发展起到了重要的作用。

---

① Dewey J. science and society［M］//Jo Ann Boydston. John Dewey：The later works. 1925—1953. Vol. 6. Illinois：Illinois University press，1985：49.

## 一、课外科学教育领域的标志性期刊情况

20 世纪 50 年代，苏联发射了人类历史上第一颗人造地球卫星，引起了美国的高度重视以及对科学教育的强烈反思，开启了一轮科学教育改革的浪潮。从最初的培养知识型人才，到后来 2061 计划实施后培养科学素养型人才。科学教育的发展一直在进行。课外科学教育领域也逐渐走进研究者的视野，受到广泛的关注。随着课外科学教育领域的研究逐渐增多，科学教育领域的标志性的期刊也增加了有关课外科学教育的专刊，《科学教育》(*Science Education*)杂志还增加了"课外科学教育"的专栏。《科学传播》(*Science Communication*)和《公众理解科学》(*Public Understanding of Science*)期刊相继创刊(表 1-1)。

表 1-1　课外科学教育领域内的期刊的大事件

| |
|---|
| 1979 年：《科学传播》(*Science Communication*)出版 |
| 1991 年：《国际科学教育杂志》(*International Journal of Science Education*)出版了"课外科学学习"的专刊 |
| 1992 年：《公众理解科学》(*Public Understanding of Science*)杂志创刊 |
| 1997 年：《科学教育》(*Science Education*)杂志发行一期课外科学学习的专刊 |
| 2002 年：《科学教学研究》(*Journal of Research on Science Teaching*)发行一期课外科学学习的专刊 |
| 2011 年：《国际科学教育杂志 B 系列：传播与公众参与》(*International Journal of Science Education part B：Communication and Public Engagement* )正式出版。B 系列重点关注课外科学教育 |

## 二、课外科学教育领域的标志性研究报告

很多主流的研究机构开始关注这一领域，陆续发布了一些标志性的研究报告，这些研究报告在业内引起了比较多的关注(表 1-2)。例如，《非正式环境下的科学学习：人、场所与活动》(*Learning Science in Informal Environments：People，Places，and Pursuits*)综合了多领域知识，为在课外的环境中学习科学提供了通识框架。这份报告也翻译了中文版，对中国课外科学教育的理论研究和实践发展具有一定的指导意义。该报告以场所作为分界标准，研究了课外科学教育的一个非常关键的问题——人们在非学校的情境中能够到学到科学吗？报告通过多方面的证据，证明了所有年龄的个体在各个不同的场合，不论是日常生活中，还是博物馆、科技馆等设计好的情境中，还有一些特定的科学教育项目中，都能够学习科学，这些场合能够从不同的角度去激发人们探索科

学、学习科学的兴趣。报告中提出了科学学习的六个方面，以这六个方面作为框架阐述了非学校环境所支持的科学能力。这些科学能力包括：①体验兴奋、兴趣和动机，去探索自然世界和物质世界的现象。②逐步概括、理解、记忆和运用与科学相关的概念、解释、争论、模型和事实。③对自然世界和物质世界进行操作、验证、探究、预测、质疑、观察和建构。④对科学进行反思，作为认识的一种方式，包括对过程、概念、科学机构的反思，对他们自己学习现象的过程的反思。⑤运用科学语言和科学工具，和他人共同参与科学活动和学习实践。⑥作为科学学习者反思自己，并发展出一种身份认同，即成为那种知晓、运用并适时为科学做出贡献的人。

在《非正式环境下的科学学习：人、场所与活动》一书的基础上，美国科学院科学研究理事会组织出版了《被科学包围：在非正式环境中学习科学》。这份报告聚焦实践，回答了人们通过如何学习可以提升课外科学学习成果的质量。比如，将展览设计得互动性更强，则有利于激发参观者的兴趣，产生更多有意义的评论和对话。同时，报告还给读者展示了在课外科学教育环境中有多种途径、多种方法能够支持学习者的科学学习。

**表 1-2 课外科学教育领域内的标志性的报告**

| |
|---|
| 1985 年：英国皇家学会发布“博德默报告”，又称为公众理解科学报告，引发了领域内对公众理解科学主题的持续关注 |
| 1998 年：由美国国家科学基金会资助，博物馆领域著名专家 Falk 主编《自由选择的科学教育：我们是如何在校外学习科学的。科学和数学系列认知方法》(*Free-Choice Science Education: How We Learn Science outside of School. Ways of Knowing in Science and Mathematics Series*) |
| 2009 年：美国科学院科学研究理事会组织出版《非正式环境下的科学学习：人、场所与活动》(*Learning Science in Informal Environments: People, Places, and Pursuits*)出版 |
| 2010 年：美国科学院科学研究理事会组织出版《被科学包围：在非正式环境中学习科学》(*Surrounded by Science: Learning Science in Informal Environments*)。此报告是为了配合《非正式环境下的科学学习：人、场所与活动》(*Learning Science in Informal Environments: People, Places, and Pursuits*)一书 |
| 2015 年：《非正式环境下的科学学习：人、场所与活动》(*Learning Science in Informal Environments: People, Places, and Pursuits*)中文版出版 |

## 三、重大基金项目中的课外科学教育专项

除了重要的报告出版，各个国家也看到了课外科学教育对提升公众的科学素养的重要性，也看到了课外科学教育的重要价值。因此，一些重要的计划中开始设置了课外科学教育专题(表 1-3)。通过对美国、欧盟等重大基金项目的梳理发现，这些项目都非常重视促进公众和青少年更好地学习和理解科学。资助的经费也在逐年增加。例如在欧盟第七框架项目中就包括年轻人与科学板块，这个板块将设计一些活动以吸引更多的年轻人投入到科学职业中，加强不同年龄阶段的人之间的联系，提升普通大众的科学素养水平。欧洲的交换项目和合作项目将会集中在适应年青一代的科学教学方法上，支持科学教师(概念、材料)，发展学校和职业生活之间的联系。此外，这个项目也会支持欧盟更大范围内的活动，比如汇集一些出色的科学家作为“角色模型”用于激励年轻的科学家；强调基础研究，也会考虑社会背景和文化价值。资助主要从三个方面展开：支持学校内正规和非正规教育；增强科学教育和科学职业之间的联系；开展科学教育方面的新教学方法的研究和协调行动。

**表 1-3　重大基金项目中的课外科学教育项目典型案例**

| |
|---|
| 1958 年：美国国家科学基金会(NSF)“公众理解科学”项目创立 |
| 1983 年：美国国家科学基金会(NSF)再次创建了以课外科学教育为主要关注点的公众科学理解计划 |
| 1997 年：中国国家自然科学基金委 1997 年 7 月成立了科普办公室，设立了科普经费并资助开展了一些有意义的科普活动。2001 年开始设立科普专项项目 |
| 1998 年：欧盟第五研发框架计划(FP5)(1998—2002)单列“提高公众科学意识”(Raising public awareness)研究主题 |
| 2002 年：欧盟第六研发框架计划(FP6)(2002—2006)单列“科学与社会(science and society)”研究主题 |
| 2002 年：NASA 单列“教育”计划。让更多的学生和公众参与到 NASA 科学技术工程类的项目研究中来 |
| 2007 年：欧盟第七研发框架计划(FP7)(2007—2013)单列“社会中的科学(science in society)”研究主题 |

一些教育专项的经费逐年增加，例如，欧盟委员会在“研发框架计划”中对课外科学教育专门项目的投入呈逐年增长态势。欧盟委员会自 1998 年从第五研发框架计划(FP5)(1998—2002 年)开始单列该类项目，围绕“提高公众科学意识”(raising public awareness)的主题开展相关研究；第六研发框架计

划(2002—2006 年)的研究主题延伸为“科学与社会”(science and society)，每年的投入经费为 2700 万欧元；第七研发框架计划(FP7)(2007—2013 年)的总体研究经费是 530 亿欧元，比“第六研发框架计划”(FP6)(2002—2006 年)增长了 63%。其中，课外科学教育类的资金投入增加到每年 4700 万欧元，增幅达到 74%，占到欧盟研发框架计划总支出的 0.6%。第七研发框架计划中，课外科学教育类专项已经成为研发框架计划的四大计划之一——“能力建设计划”的重要组成部分，科普主题进一步扩展为“社会中的科学”(science in society)，强调科学是社会的一个重要组成部分、科学家与民众要互动、民众要对科研项目知情并平等地参与。

目前，课外科学教育越来越受到重视，NARST(美国国家科学教学研究学会)设立非正规教育(informal science education)特设委员会。同时在 NARST 年会中，都设有课外科学教育分论坛。由美国非正规科学教育促进中心建立了一个有关课外科学教育的综合性网站(InformalScience. org)，在此网站上，有很多关于课外科学教育的活动、研究和相关的主题。相信随着人们对课外科学教育价值的不断深入认识，课外科学教育会逐渐蓬勃发展。

## 第三节　为什么强调课外科学教育

早在 19 世纪 60 年代，斯宾塞就论述了科学教育的重要价值。他提出：科学知识具有指导价值，能指导我们的现实生活更加便捷，使我们与大自然更加契合。他认为在科学学科的学习过程中，能够发展儿童的心智，还能培养人的记忆能力、理解能力和分析综合能力。学习是持续的、累积性的，科学学习也是如此。一些科学教育研究者充分认识到课外科学学习的重要性，拜比(Bybee)(2001)认为《美国国家科学教育标准(NSES，1996)》可以成为课内科学教育和课外科学教育环境之间的桥梁，他认为课外科学学习必须包括在达成科学素养发展的观点和理论中。① 霍德(Hodder)(1997)和威灵顿(Wellington)(1998)都论述了科学博物馆对其各自国家科学课程标准的贡献。美国科学教师协会(NSTA，National Science Teachers Association)对课外科学教育给予了定

① Bybee R W. Achieving scientific literacy：strategies for insuring that free choice science education complements national formal science education efforts (A)［M］//Falk J H. Free-choice education：how we learn science outside of school. Ways of knowing in science and methematics series. New York：Teachers College Press，2001：44-63.

位性的论述：课外科学教育是科学课堂教学补充性部分、增补部分，能够加深和提升科学课堂的科学学习的效果。从这里能够看出，课外科学教育是科学学习的重要组成部分。但是从科学教育研究者和美国科学教师协会(NSTA)对课外科学教育的价值和定位能够看出，课外科学教育是课内科学教育的重要补充。

## 一、博物馆是科学学习资源提供方

青少年学生一直是科学类博物馆的主要人群。因此，博物馆教育者一直都非常重视面向青少年的基于博物馆展品的教育活动的开发，不同的活动对应不同阶段的课程。学生集体在科技博物馆中的学习，一般分为四种类型：第一种是一日游(day out tour)，第二种是班级游(classroom tour)，第三种是激励游(inspiration tour)，第四种是学习资源游(the learning resource tour)。第一种去之前不做任何准备，参观博物馆之后，也没有任何后续活动；第二种学生进入博物馆之后，跟随博物馆的工作人员或者自己的科技教师参观展品，一般会完成一份学习单；第三种学生进入博物馆后自己探索展品以解答学校作业的答案；第四种将进入博物馆学习作为学校课程的一个部分，有参观前活动和参观后活动。目前，几种活动在博物馆科学学习中都有分布，丹麦的学者研究发现，在81所小学教师的被访者中，80%的被访者都表明他们带学生参观丹麦实验馆的活动都与他们的学校的科学课有关系。但是，从其他的情况能够看出，仅有30%的参观可以认定为学习资源游(learning resource tour)，10%的参观被认定为激励游(inspiration tour)。1/3的老师把参观当作一次社会实践活动，将近1/4的教师未做任何参观前的准备活动。几乎所有的老师都表示，在参观之后，他们会和学生提到此次参观活动。不足10%的班级让学生通过写作、绘画或者是报告的方式来回顾参观活动。博物馆通过与学校的合作，与教师的合作，在科学教育中发挥了很重要的作用。丹麦实验馆附近的学校与丹麦实验馆几乎是世界上最早建立科技馆馆校合作关系的，在1972年，丹麦实验馆与其附近的学校就建立了馆校合作关系。合作学校安排四年级、五年级和六年级的学生每周去一次实验馆开展动手做科学活动，活动持续5～8周。1987年，这个合作项目还包括了科学课程开发和教师专业发展的内容。这个项目的效果非常好，1/3参与者表示他们后续会不断学习培训项目提供的材料，80%～90%的参加项目的教师表示学生通过学习提升了对科学的兴趣和理解。目前，美国旧金山探索馆也已经成为科学教学和科学学习非常主要的提供者，每年有来自37个州，超过1万名教师参加过探索馆设计的工作坊，当然并不是所有的活动都在探索馆举行。很显然，博物馆中的科学教育在青少年科学教育领域扮演着重要的角色。

## 二、家庭科学教育发展儿童与科学有关的技能、兴趣和知识

除了与学校的老师同学一起去博物馆，很多儿童都是与家长一同去博物馆。家庭也是博物馆参观者中最常见的一类群体。家长与儿童在博物馆中的学习行为中，最常见的是家长承担展品解说者的角色，家长通过提出问题以及示范探索行为等方式与孩子进行交流，可以明显促进孩子的学习。特别是对学龄前的儿童来说，家长与儿童之间的交流就显得更为重要。对不同年龄的孩子，家长的交流方式不同。大一些的孩子，家长可以让孩子自己去探索，自主学习，家长可以采用观察的方式陪同学习；小一些的孩子，家长可以多与孩子互动交流。

除了与孩子一起去博物馆，家长与孩子一起聊天、一起阅读、一起看电视节目等，都是家庭教育的重要组成部分。可以说，几乎所有的人都在家庭中发展了与科学有关的技能、兴趣和知识。儿童在走进学校之前，已经通过家庭环境中的学习，了解到一些与科学有关的知识、技能和概念。比如说，白天与黑夜、四季的更替、冷与热的区别。毫无疑问，家长在儿童的早期科学教育中起到了重要的、主要的作用。家长在教育孩子的过程中，最重要的就是帮助孩子获得丰富而多样化的经验。这些经验是儿童发展想象力和创造力的基础。

## 三、特定科学学习项目提升青少年对科学的兴趣

儿童青少年在学校科学教育以外，经常会参与一些特定的专门设计的科学学习项目，比如科技夏令营活动，以及参加科技竞赛等活动。对科学的理解需要日积月累地培养，因此，应该多为他们创设适当的环境和机会，供他们不断提升个人对科学的理解水平。儿童青少年独立开展研究项目以及参与各类科技竞赛是一种比较好的方式。有人认为，儿童青少年们在课余时间，都在参与科学研究课题，做与科学学习有关的事情，时间长了，对科学更有兴趣。很多研究者都认为儿童青少年独立开展研究项目对提升他们的科学兴趣是一种有效的策略。阿西莫夫(Asimov)和弗雷德里克斯(Fredricks)认为科学大奖赛不仅提高学生的技能，还促进学生积极的态度和对科学的兴趣。2004 年对参加 Intel ISEF 的学生在线调查表明：95.4%的学生表示科学大奖赛项目使他们对科学更加感兴趣。除了对学生的直接研究外，科学教师也认为学生的科学大奖赛经历可以增强学生学习科学的兴趣。在安德森(Anderson)和布朗德森(Blunderson)(1996)对职前教师对科学大奖赛的态度的研究中，发现多数职前教师都认为科学大奖赛可

以鼓励学生发挥创造力和增长学生对科学的兴趣，学生在选择自己的研究项目的过程中可以挖掘学生的兴趣。① 科学研究项目竞赛的目标之一就是鼓励对科学领域有兴趣的学生不断追求，发现在科学研究方面很有天分的学生，促进更多的学生能在科学研究领域继续学习或者从事科学研究领域的工作。众多的研究结果表明，科学研究项目竞赛的经历在鼓励学生在将来从事科学研究工作方面有积极的作用。一份关于国家科学大奖赛国际的选手的调查中发现 90％的选手继续以科学或者工程学作为他们的事业；丹尼斯（Daniels）调查报告说60％的选手表示他们的职业选择受科学大奖赛活动的影响，而且 96.6％的男选手和 91.5％的女选手都进入大学学习。② 曼（Mann）（1984）认为很多教育者都接受科学大奖赛可以帮助学生发现他们自己感兴趣的主题，设计实验调查科学问题，为登上成功之梯走好最初的几步。③ 艾德曼（Edelman）（1988）则直接指出有一些做了科学大奖赛项目的学生继续在科学领域工作是有证据的。④ 在儿童参与和完成科学研究项目的过程中，能够完整地体验科学家做科学研究的全过程，交流和展示自己的研究课题，这对促进他们对科学的理解以及提升科学本质的认识，都非常有帮助。

## 四、多种媒体能够促进青少年开展科学学习

媒体包括纸质媒体和电子媒体。纸质媒体指的是传统的科学杂志或者刊物，比如《我们爱科学》《小哥白尼》等科学刊物非常受我国青少年的欢迎，也成为很多青少年的科学启蒙读物。电子媒体包括电视、网站以及 APP 等。无论纸质媒体还是电子媒体，有一些会介绍科学家以及科学家的工作的内容，有一些会介绍科学知识内容，还有会介绍科学中的新发现，技术方面的新探索。这些内容，配合媒体特有的加工方式，会极大地引起学习者的兴趣，进而引导学习者深入的学习，提升学习者的科学素质水平。阅读科学类书籍或者科学类期刊是一项相对个性化的活动，学习者对哪个领域有兴趣，就会选择哪一类书

---

① Bunderson E D，Anderson T. Preservice elementary teachers' attitudes toward their past experience with science fair[J]. School Science and Mathematics，2010，96(7)：371-377.

② Adams Seth J R. The relationship between parental occupational class and success in science fair competition[D]. Oklahoma：Oklahoma State University，1967.

③ Mann J Z. Science day guide[M]. Columbus，Ohio：Ohio Academy of Science，1984.

④ Barron，John Jo Seph. An investigation into the sources for ideas and research of students participating at the regional science fair level (New foundland)[D]. New foundland：Memorial University of New foundland，1997.

籍；同时，如果对某个领域已经有一些理解，那么学习者再次阅读相关领域的图书，理解会更加深入。①

作为全世界最流行的媒体——电视，一些研究者认为看电视是比较被动的过程，也有研究者认为对电视的教育价值方面的研究十分缺乏。有研究者在他的研究领域“电视与非正规科学教育”中的综述中曾经指出：尽管每年国家基金中投入了大量的经费用于研发新的科学教育节目，但是关于电视与非正规科学教育的系统的研究仍然很缺乏，大多数研究都聚焦在 NSF 资助的科学节目。②还有一些其他的研究者得出类似的结论——很少有研究者关注到儿童看电视的教育价值。③ 在有限的研究中，一些研究得出结论：小学五年级的学生在电视节目中以科学为内容的时候，可以学到更多；也有研究得出结论说，四年级和五年级的学生看科学节目的时间更长，参与更深入，学生对科学的态度越积极。当然，不可否认的事实是，越是喜欢科学，看科学类电视节目的可能性就越大。④

随着互联网技术的飞速发展，网络也成为科学学习的重要媒介之一。科学类的网站，有综合性的，比如美国国家航空航天局(NASA)、果壳网、科普中国等网站。也有一些专业的网站上有十分丰富的科学最新发现，比如科学(science)、自然(nature)等网站。一些博物馆的网站上也有丰富的科学内容。与一般的纸质媒体不同，网站上的科学内容可以非常快速地更新，因此，利用网络资源进行科学学习能够了解到科学领域的最新发现。一些博物馆网站，比如探索馆的官网，在过去的十年里，日浏览量上升很快。研究者认为，部分浏览者是为了获取探索馆开馆的时间和闭馆的时间，大部分人是为了在探索馆网站

① Goldman S R，Bisanz G L. Toward a functional analysis of scientific genres：implications for understanding and learning processes[M]//Abell S K，Lederman N G. Handbook of research on science education，Volume I. New York：Routledge，2010：151.

② Chen M. Televisions and informal science education：assessing the past，present，and future of research[M]//Crane V，Nicholson T，Chen M，et al. Informal science learning：what the research says about television，science museums，and community—based projects. Dedham，M. A.：Research Communications，1994：15-59.

③ Wright J C，Anderson D R，Huston A C，et al. The effects of early childhood TV－viewing on learning [M]//Falk H. Free-choice science education[M]. New York：Teachers College Press，2001：79-92.

④ Abell S K，Lederman N G. Handbook of research on science education，Volume I [M]. New York：Routledge，2010.

上找一些教育资源。①

## 五、充分利用课外科学教育促进青少年的科学学习

由于课外科学教育中环境、资源等非常宽泛，因此，与校内科学教育相比，对其评价是非常困难的。同时，对于教育研究者和政策制定者来说，比较大的挑战就是如何能够促进课外科学教育与学校科学教育的深度融合。拜比(Bybee)早在2001年就曾经指出：课外科学教育与校内科学教育是一个统一的整体。我们不能将课外科学教育与校内科学教育隔离开，而是应该将二者结合在一起。② 至于如何整合？他给出了几点建议：第一，科学教师要最大化地利用科学教室以外的资源。比如科学教师可以用社会上的网站资源或者自媒体等资源，并且在科学课上运用起来。第二，将校外设计良好的实践学习加入到每学期的学习计划中，可以最大化地提升实践学习的效果。第三，职前科学教师培训可以通过课外科学教育资源开展，能够深入运用促进科学教师的专业发展。第四，博物馆科学教育项目和学校的科学课程之间的连接可以是动态的、灵活的。很多博物馆的教育者都是志愿者，他们能够跟上教育的变化。第五，校外的机构不能逃避他们在科学教育共同体中的责任，他们要在一些有争议的科学主题上发挥更重要的作用，比如全球可持续发展、转基因产品、生物技术，等等。

所有科学教育研究者以及政策制定者，需要充分认识到课外科学教育的重要作用，在充分开展研究的基础上，使得课外科学教育在促进儿童青少年科学学习的质量方面发挥更大的作用。

---

① Rennie L J, McClafferty T P. Science centers and science learning[J]. Studies in Science Education, 1996(22), 53-98.

② Bybee R W. Achieving scientific literacy: strategies for insuring that free choice science education complements national formal science education efforts[M]//Falk J H. Free choice education: how we learn science outside of school. New York: Teachers College Press, 2001.

# 第二章　课外科学教育的理论基础

系统化的理论是开展课外科学教育的保障和依据。科学合理、规范有序地实施课外科学教育，必然依赖理论的系统指导。课外科学教育从实施的内容、场景和过程上看，具有特殊性和复杂性。如何立足于现有的诸多理论研究，并汲取对课外科学教育具有支撑作用的理论成果，是一个棘手的难题。一些研究者通过对经典学习理论的发展和深入研究，提出了适用于课外教育场景的建构主义、情境学习理论；21 世纪以来，关于学习科学和认知发展的研究对科学教育教学起到了深刻的影响，其中较为著名的事件当属 2005 年美国国家研究理事会(National Research Council，NRC)发布的研究报告《学生是如何学习的——课堂上的科学》；① 此外，作为课外科学教育的重要部分，场馆教育的研究也日渐繁荣，一些基于实证主义的研究揭示了场馆环境中科学教育的过程与特征；国际科学教育的发展变革同样对课外科学教育起到重要的影响。课外科学教育属于课外教育或非正规教育(informal education)的基本范畴，本章内容首先对课外教育的理论成果进行总结，然后从当代学习理论观点、场馆教育研究进展、国际科学教育动向三个方面，对课外科学教育的理论基础进行了梳理和阐释。

## 第一节　课外教育的理论成果

关于课外教育的研究，自 20 世纪八九十年代以来已日渐丰富。时至今日，随着对场馆教育(museum education)、家庭教育(family education)或是社区教育(community education)研究的积累，关于课外教育的研究已逐渐拥有了较为丰富的理论成果。

### 一、描述了课外教育的一般特征

课外教育是相对于课堂教育教学提出的一个概念，本书将课外教育的内涵等同于研究文献中的“informal education”一词，指在科学课以外的所有与科学有关的学习活动，校园、家庭、社区、公园、田野、科学博物馆……经过设计

① National Research Council. How student learn: science in the classroom [M]. Washington, D. C.: The National Academies Press, 2005: 1-32.

的或未经过设计的场所都有可能发生课外教育。因此，课外教育这一概念的确立，实际上是与发生在教室中的课堂教学形成对比，以区别于传统课堂教学的学习情境。

因此，关于课外教育的早期研究，实际是将课外教育与课堂教育教学进行观照，从而描述课外教育的一般特征，如表 2-1。

**表 2-1　经典学习理论对课外教育与课堂教育的诠释①**

| 项目 | 课外教育情境中的学习 | 课堂教育情境中的学习 |
|---|---|---|
| 早期学习理论 | | 学习是经验与联想 |
| 刺激—反应理论 | 学习是刺激—反应的强化 | |
| 认知主义理论 | 学习是学习者内部心理结构的形成与改组 | |
| 折中主义理论 | 学习不是简单的 S—R 的联结，而是 S—O—R 的过程，结果形成“认知地图” | 学习是自我强化、替代强化等多种强化的结果 |
| 人本主义理论 | 学习是寻求潜力的充分发挥 | |
| 建构主义理论 | 学习是学习者意义的建构 | 学习是社会互动与协商 |

随着学校教育体制的规范化、普及化，教育研究日趋精细。现当代的教育研究者对课外教育与课堂教育的特征描述更为深入。

格林菲尔德(Grennfield)和拉维(Lave)是对课外教育研究较早且产生较大影响的学者，他们认为，课外教育的主导者是学生，学习的内容根植于日常生活，学习的方式以观察模仿为主，学生对获得知识与技能自我负责，学习动机的社会性强；雷斯尼克(Resnick)提出，课堂上的教育包括个体认知、纯粹的心理状态、一般性的知识与技能、符号处理四个过程的学习，而课外教育则包括共享的认知、工具处理、情景化推理、特殊能力四个过程；马席克(Marsick)与沃特金斯(Watkins)则认为课外教育相较课堂上的教育的最大不同在于其学习者掌握学习的主动权。②

鲍贤清总结了威灵顿(Wellington)、杰弗里(Ellenbogen)等人的研究，归纳了课外教育与课堂上的教育的区别，③ 如表 2-2。

① 陈琦，刘儒德．当代教育心理学[M]．北京：北京师范大学出版社，2007：127.

② 丁卫泽．教育技术博物馆建设与场馆学习[M]．北京：科学出版社，2019：86.

③ 鲍贤清．博物馆场景中的学习设计研究[D]．上海：华东师范大学，2013：30.

表 2-2　课外教育与课堂教育的区别

| 课堂教育 | 课外教育 |
| --- | --- |
| 去情境化的 | 嵌入日常生活中 |
| 带有强制性的 | 自愿的 |
| 结构化的 | 非结构化的 |
| 有评价的 | 通常无评价 |
| 以课堂学习为基础 | 发生在课堂之外的 |
| 由教师传授知识 | 学生对获取知识和技能负责 |
| 有一定的顺序 | 没有固定的程序 |

由此可以刻画课外教育的一般特征。课堂上的教育教学是在高度结构化、序列化、系统化和制度化的环境下发生的，教师的指导效果显著，学习发生的环境是经过高度设计的，学习的发生包括外部激发和内部激发两个层面；而课外教育则趋向于朝着碎片化、无序化的方向发展，教师的介入指导被弱化了，学习的环境有时是经过设计的(如场馆、社会文化机构、少年宫等)，有时候是天然形成的(如田野、公园等)，学习的发生是高度自主、偶发式的。

## 二、揭示了课外教育环境中学习的发生与过程

学生发生在教室或学校里的学习只占其学习生涯的一部分。在国内现行教育制度下，对广大的中小学生，尤其是低学段学生，其至少一半的时间是用于校外的学习和生活的，合理开展课外教育，可以更有效地促进学生的全面发展。

相对于发生在课堂上的教育，课外教育的相关活动组织和学习开展是独立的、个性的，教育活动的开发往往不需要学校插手；教育活动的功能定位也不仅仅是学校课程在校外的延伸；教育活动对学生的学习不具有强制性，学习的参与基于自愿原则，也不是由正规教育机构来进行评价或管理的。①

菲利普·贝尔(Philip Bell)等人界定了课外教育的学习环境，指出课外教育应包括两类学习环境：日常生活环境中的学习、经过设计的环境中的

① Léonie J Rennic. Learning science outside of school [M]//Abell S K, Lederman N G. Handbook of research on science education, Volume I. New York: Routledge, 2010: 125-127.

学习。① 前者包括家庭生活场景、工作场景等，这类学习有两种极端的类型，一是完全的偶发的、即时性、缺少目标设计的、不经意的学习，例如，学生在与家长、亲人的日常对话，或对一些事物、行为的无意观察，不经意间产生兴趣，获得了学习资料，并进行了学习行为；二是围绕学习精心设计的活动，如家长有意识地对孩子进行辅导、与孩子进行亲子教育活动等。后者的环境则更为复杂，包括博物馆、动植物园、科学中心、环保中心等机构，这类机构往往有着丰富的导览资源，学生以兴趣为导向，进行探索性的学习和互动；此外，经过设计的环境还包括一些有计划、有组织、有规模的项目体验，如面向青少年的科普竞赛、科技创新比赛、夏令营等，这类项目一般有着非常明确的目标、行动策略和评价形式，是高度有序的。

因此，相对于发生在课堂上的学习，在课外教育中，学习的发生具有基于直接经验、基于情境或实物、基于自主性学习、基于实践等特点。课外教育的内容一般以直接经验的学习为主，这些直接经验的呈现往往是通过某种情境或实物载体而出现的，在这种非正规的学习情境中，学生的学习不受外界的干涉，学习动机的产生是完全自主的，学习的方式是实践性的。博物馆是一个具有代表性的课外教育场所。以博物馆为例，藏展品是博物馆里最大的、最具特色的实物资源，是课外教育发生的保障和前提，但藏展品本身并不能保证学习能自然、自主地发生。藏展品起到了创设情境、提供学习实践的实物资源的功能。藏展品如何提供给学生直接经验、实现教育价值？美国视听专家戴尔(Dale)的“经验之塔”(cone of experience)给出了一种理论层面的支撑。在博物馆中，图文海报、平面印刷品等以语言符号、视觉符号为主要内容形式的藏展品可以提供抽象的经验；以多媒体、互动媒体、标本模型等为主要内容形式的藏展品可以提供观察的经验；动手制作、互动体验等为主要内容形式的藏展品可以提供做的经验。

在课外教育中，学生是学习的主体。学习具体是如何发生的呢？在多年的研究中，说教解释式教育、刺激反应式教育、发现式教育等理论被应用于阐述课外教育中的学习过程。乔治·E. 海因(George E. Hein)基于建构主义教育理念，提出了四元分类理论，描述了发生在场馆环境中的学习，实质上也可以作为对经过设计的课外教育环境中的学习发生与学习过程的理解，该理念也被课外教育研究者接受。

---

① National Research Council. Learning science in informal environments: people, places, and pursuits[M]. Washington, D.C.: The National Academies Press, 2009: 93-173.

## 三、论证了课外教育的价值

近年来，课外教育的价值不仅被广大教育研究者所认可，也被世界范围内越来越多的官方教育机构重视。

在国外，2007年，美国教育部发布的《学术竞争力委员会报告》(*Report of the Academic Competitiveness Council*)，将美国教育体系划分为三个部分，K-12教育、高等教育和Informal Education，[①] 使课外教育制度化、规范化；2010年、2013年先后发布了"共同核心州立标准"(Common Core State Standards Initiative，CCSS)、"下一代科学教育标准"(Next Generation Science Standards，NGSS)，对数学、语言、科学三大核心学科的教育标准作出指导，指明该标准不仅适用于学校课堂上的教育，还适用于课外教育环节。

在国内，"要充分利用社区、家庭教育资源"已列入学科课程标准，以2017年颁布的《小学科学课标》为例，明确指出"校园、家庭、社区、公园、田野、科技馆、博物馆、青少年科普教育实践基地……到处都有科学学习资源，到处都可以作为科学学习的场所"，体现了教育部门对课外教育的重视。

美国科学院科学研究理事会于2009年出版的《非正式环境下的科学学习：人、场所与活动》(*Learning Science in Informal Environments：People，Places，and Pursuits*)一书可谓是系统论述课外科学教育的经典著作。该书正式提出了课外教育的概念，尤其对课外科学教育中的学习进行了科学论证，并讨论了如何组织和布置学习场所，探讨了课外科学教育的公平问题、媒体问题和未来发展。

2012年8月，美国国家理科教师学会(National Science Teachers Association)发表了"在课外环境中进行科学学习的立场声明"(An NSTA Position Statement：Learning Science in Informal Environments)。该声明认为课外教育对K-12学生的科学学习发挥着重要作用，并建议加强所有K-12学生的课外教育的机会。该声明提出了以下六条建议[②]：

①建议为K-12学生扩大informal learning机会，特别是来自不具有开展

---

① U. S. Department of Education (DoE). Report of the Academic Competitiveness Council[R]. Washington，D. C.：U. S. Department of Education，2007：5-8.

② National Science Teachers Association. An NSTA position statement：learning science in informal environments [EB/OL]. [2020-07-07]. https://www.nsta.org/about/positions/informal.aspx.

STEM 教育代表性的社区的学生，以促进他们对学校科学学习的兴趣和准备。

②建议扩大校外科学机构为职前和职后教师提供设计和专业支持方面的帮助。

③建议系统地促进地区、学校和校外场所之间强有力的持续联系，并适当研究和评估这些联系如何加强 K-12 课堂科学教育的质量。建议增加对该计划和研究的投资。

④建议制定更适当的测量措施，以捕获适于在校外场合学习的方式，以帮助培养更加具有科学素养的公民。这些测量评估将是嵌入式的、非强制性的，并将必要信息反馈给设计者和资助者。建议对相关测量方法进行大量投资和实验。

⑤建议增加对课外科学教育工作者的支持，使他们能够扩大专业实践的机会，不断完善专业学习，包括(但不限于)帮助他们与学校、教师进行合作，以促进学生参与和探索科学。

⑥建议认识到科学家和业界人士参与支持课外科学教育的重要作用。

## 第二节　当代学习理论对课外科学教育的理论支撑

课外教育的理论研究，既有阐明学习过程的学习理论或学习科学研究，也有面向固定场所或固定内容领域的专门研究，如场馆教育、科学教育等。上述理论成果彼此之间是互相影响、无法割裂开来的。例如，关于课外教育的学习理论研究对场馆教育起到了支撑作用，而学习科学的前沿成果也被用以揭示科学教育中的理论问题等。

本节介绍了几种课外教育的当代学习理论观点。应当指出，当前关于学习理论的研究众多，哪怕将范围限定在课外教育领域，本节内容也无法将所有观点逐一呈现。因此，本节仅是梳理了部分具有代表性的观点，从不同视角认识课外教育中的学习过程。

### 一、课外教育中的几种当代学习理论观点

#### (一)建构主义学习理论的主要观点

虽然建构主义流派众多，但在如何理解学习的根本性问题上有着相通的观点。建构主义学习理论的基本观点认为，学习是学习者主动建构知识经验的过程，是对新知识的意义建构与已有知识的重组，在新旧经验双向、反复地相互

作用中丰富、改造自我知识经验。

课外教育中的学习是碎片式的，具有典型的“非线性”特征，同时具有多个进入或退出的路径。如何在课外教育中沟通多种学习路径，实现有意义的学习呢？建构主义学习观可以用来认识并解释这一学习过程：课外学习场景中，学习资料是多样化的，在内部驱动与外部引导的作用下，学习者可以使用多种活动学习模式，并在活动和体验中建立与既有经验的联系，达到新的顺应与平衡，建构知识系统。

国内有研究者指明了建构主义视角下课外教育的三个特征①：①课外教育中的学习者是积极主动的，学习者置身于课外教育环境，其本身占据了学习的主动性，其既有的知识经验、生活背景在一定程度上决定了学习的动机和目的，动机的强弱与他的学习效果相关，而学习目的确立了他的学习方向，学习者进入课外教育环境，不一定是为了学习特定的知识，往往是激发了自身的好奇心，通过体验、学习、互动来得到满足感；②课外教育发生在真实的现实情境中，相较于学校环境中以抽象经验为主的学习方式，课外教育更直观、真实、具体；③课外教育发生在一系列的社会互动中，与学校环境相比，课外教育中的学习往往发生在一个开放的、基于陌生人的场景中，构成的人员复杂，有学生、家长、教师、社会人员等，有来自社会各行各业、不同背景、不同年龄的其他学习者等，通过对话、交际、合作等进行社会交往是进行意义建构的重要途径。

### (二)情境学习理论的主要观点

场馆教育专家福克和迪尔金(Falk and Dierking)立足课外教育机构的多年观察研究，于2000年确立了情境学习模型(contextual model of learning)，以回答“人们为什么去场馆参观”及“如何让场馆体验和学习效果更好”这两个问题。② 他们围绕场馆学习，认为学习者在课外教育环境中，学习体验受个人情境、社会文化情境以及物理情境三个情境维度的综合影响③，而每一种情境维度又包括若干关键因素，如表2-3。

---

① 伍新春，谢娟，尚修芹，等. 建构主义视角下的科技场馆学习[J]. 教育研究与实验，2009(6)：60-64.

② John H F，Lynn D D. Learning from museums：visitor experiences and the making of meaning[M]. Walnut creek：AltaMira Press，2000.

③ John Falk. The director's cut：toward an improved understanding of learning from museums [J]. Science Education，2004，88：S83-S96.

表 2-3 情境学习理论

| 情境维度 | 关键因素 |
|---|---|
| 个人情境 | 动机与期望<br>兴趣<br>先前知识与经验<br>选择与把控 |
| 社会文化情境 | 组间社会文化协调<br>组外社会文化协调 |
| 物理情境 | 前期准备<br>学习环境与设计<br>后继的事件与经验强化 |

在课外教育中，学习者的个人情境包括了动机与期望、兴趣、先前知识与经验、选择与把控四个方面。在一些课外教育中，学习者参与学习是抱有预期的，这种预期对个体内部连接自身的兴趣，对个体外部则表现为学习动机。当学习预期得到满足时，学习自然就会得到强化，教育价值也就得以发挥。兴趣、先前知识与经验是施教者在安排学习内容时所要考虑的重要因素，这不仅可以让学习者能够寻找到学习的起点，并能进行自主选择与把控，发挥主体性。

在课外教育中，社会文化情境包括组间社会文化协调与组外社会文化协调。课外教育场景是一个社会化的场景，有时候具有较强的开放性，学习者首先扮演着社会组群成员的角色，其次才是学习者角色。展览人员、家长、同伴等提供了一种组间社会文化氛围，而参与到教育场景中的陌生人则组成了组外社会文化氛围。组间、组外社会文化氛围能够对学习者学习产生高度影响，是课外教育的重要组成。

在课外教育中，物理情境包括了前期准备、学习环境与设计、后继事件与经验强化三方面。良好的教育效果得益于精心设计的教育部署，必要的前期准备、学习环境与设计可以帮助学习者迅速确立学习目标，并感知学习内容，进行有效的学习。而学习者知识经验的建构并非一蹴而就的事情，还需要通过经历一定的后继事件，从而得到经验强化。

情境学习理论不仅仅强调了学习者在课外教育中个人情境、社会文化情境和物理情境的重要性，更是强调，在课外教育中，学习不是某一帧的瞬时动作，而是以时间作为第四维，不断地进行梳理和统合。课外教育中的学习即是在这三种情境维度中不断地交互，并随时间构建意义，不断变化的过程与结果。

### (三)体验偏好理论的主要观点

体验偏好理论(Ideas People Object Physical，IPOP)源于1998年美国史密森尼学会开展的一次学习者体验满意度调查。调查旨在了解学习者参与体验期望与参与满意度①，通过访谈了解学习者对展览的期望是否得到满足、如何看待展教活动形式、是否对展览感兴趣。研究者发现学习者对展览的态度源于其四种体验经历，包括实物体验、认知体验、内省体验以及社会体验。② 此后，在帮助博物馆重新布展以提高教育效果的调查研究中，研究者发现学习者的参与体验经历与个人体验偏好相关③，并进一步以关注倾向的不同将学习者的体验偏好分为四类，包括关注思想与学习(Ideas)、关注人与情感(People)、关注对象物与审美(Object)以及关注感知体验(Physical)，从而提出体验偏好理论④。

体验偏好理论提供了一种在公共场馆、园囿性机构进行观众参与课外教育研究的理论模型。体验偏好理论认为，学习者的学习行为与其个人体验偏好相关，当学习者满足了体验偏好倾向，达到参观预期，即实现了教育效果；而当学习者的学习行为超越了其常规体验偏好，产生了更丰富的学习行为时，则表明达到了较为深刻的教育效果。体验偏好理论不仅是对学习者行为研究的描述性模型，更是一个预测模型、评估模型。在经过设计的课外教育场景中，教育活动的组织者通过关注学习者体验偏好，从而对学习者的兴趣倾向、行为特征作出预设，从而有针对性地进行学习材料的组织和呈现，以达成更好的教育效果。

### (四)家庭学习理论框架的主要观点

家庭学习(Family learning)作为日常生活场景，是课外教育的重要组成。

---

① Pekarik A J，Schreiber J B. The power of expectation [J]. Curator：The Museum Journal，2012，55(4)：487-496.

② Pekarik A J，Doering Z D，Karns D A. Exploring satisfying experiences in museums[J]. Curator：The Museum Journal，1999，42(2)：152-173.

③ Pekarik A J，Mogel B. Ideas，objects，or people? A smithsonian exhibition team views visitors anew[J]. Curator：The Museum Journal，2010，53(4)：465-482.

④ Pekarik A J，Schreiber J B，Hanemann N，et al. IPOP：A theory of experience preference[J]. Curator：The Museum Journal，2014，57(1)：5-27.

家庭学习的形式多种多样，既包括作业辅导、亲子学习等这种经过设计的学习活动，也包括发生在生活日常中无意识的对话、互动，未经过设计的学习活动。家庭学习理论实际上是一个尚未成熟的理论体系，其核心观点在于引导研究者将观察视角从单一个体转移到学习性群体身上，例如，要从关注儿童本身转向关注儿童所在的家庭。在家庭学习中，学习被认为是“儿童及对其有影响的成年人所构成的代际群体中共同的、协作的努力”。① 家庭学习的成果是多元的，包括科学概念、态度与行为的获取，增强对家庭成员的了解、塑造并强化个人与集体的身份认同。家庭学习理论实际上是一种社会文化分析理论。

课外教育是一个复杂教育系统。除了上述四种有一定代表性的学习理论外，还有多种学习理论，例如：维果茨基的社会文化学习理论，主张个体发展受社会文化、社会规律的制约与影响；彼特古德的注意力—价值模型，认为学习只有在观众聚焦并被吸引到经验载体及其内在信息的时候才有可能发生；② 佩里的观众学习模型，从动机、投入和效果三个视角来研究观众的学习，认为当投入和动机缺少其一时，都不会产生学习效果；泰特的多元身份框架理论，探索到底什么因素决定着一个人想要或不想成为某种人，什么因素促使其在课外教育中形成特定的身份认同等。③

## 二、当代学习理论对课外学习本质的阐释

建构主义学习观指引我们深刻洞察课外教育中，学习者经验的增长过程。而情境学习理论、体验偏好理论等则指明了学习者这种经验增长的过程应当置于何种科学合理的计划框架之内。参与学习的人、提供学习经验的物，以及人与人、人与物之间的文化经脉，共同构筑了课外学习的发生场域。在这种场域中，学习者进行学习应当包括两个基本过程：体验与生成、互动与交往。

### （一）课外学习是在物性世界中体验与生成的过程

在学校教室环境中，黑板、教材、多媒体屏幕和课桌椅是当前的主流配置，而科学实验室也受限于实验材料与器材、活动空间的制约，也难以最大程度发挥学生的主观能动性。然而，一些校外科学学习场所能较好地将抽象知识与物性世界具体联结，学生通过体验与生成，以更具体直接的方式开展学习。

---

① National Research Council. Learning science in informal environments: people, places, and pursuits[M]. Washington, D.C.: The National Academies Press, 2009: 29-33.

② 彭湃．科技馆教育项目评估理论与方法[M]. 北京：科学出版社，2018：68.

③ 同①.

例如，在一所科学中心，场馆之内的展区场景、展品陈设、标本模型、导览设备，以及丰富的声光电与多媒体的技术呈现……这些构筑了学生参与学习的绝妙的物性世界；在一次风景秀丽的野外考察中，花草树木、鸟兽虫鱼、一片普通的落叶、一颗不起眼的石头，都可以让学生在亲身的体验中获得有意义的学习。

生命的意义在于体验，人通过自身的体验获取智慧、经验。① 课外开放的科学学习场所能提供一种更有效的体验性学习过程，它不以传递或讲授给学生抽象的概念、原理为方式，而是引导学生通过与物质世界的互动，打开主体的内部世界，启迪其在与外部的交往实践中获得发展。

过程是实物的存在方式，过程属性是教育的基本属性。② 有研究者概括了杜威的经验教学过程理论，提出了"U 型"学习理论，如图 2-1。即，知识的学习需要经过下沉还原、探究体验、上浮反思的过程。在此过程中，"下沉"环节是对知识的还原、具象和表征，要还原知识情境，将抽象知识与学生个体经验相结合；在"U"的底部，学生基于充分的学习过程，通过探究与体验，进行自我建构；"上浮"环节是对知识的反思，将自我建构的知识与个人经验整合，进行升华和增值③。"U 型"学习理论是对课外学习中"体验—生成"实践过程的生

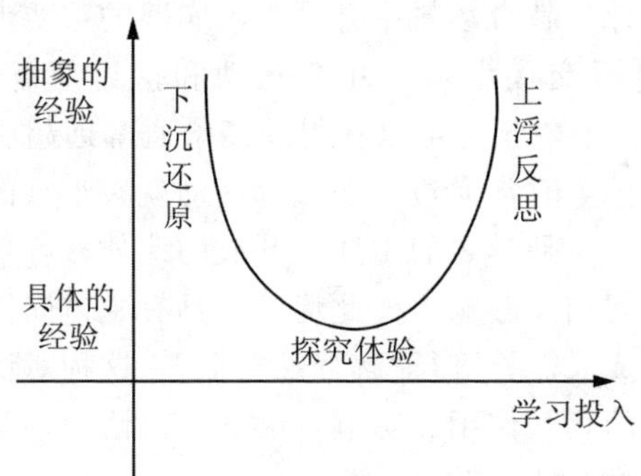


**图 2-1　"U 型"学习理论**

① 陈佑清，李丽．个人知识与体验性课程[J]．湖北大学成人教育学院学报，2003(6)：19-20，25.

② 郭元祥．论教育的过程属性和过程价值——生成性思维视域中的教育过程观[J]．教育研究，2005(9)：3-8.

③ 郭元祥．"U 型学习"与学习投入——谈课程改革的深化(7)[J]．新教师，2016(7)：13-15.

动反映。在课外学习中，学习是基于直接经验的，学习的过程具有典型的“U型”结构，即课外学习中，丰富的实体学习资源本身首先是对抽象的符号(如经验、科学知识、科学原理等)进行下沉，这实际上是还原间接经验的过程；在“U”的底部，学生围绕丰沛的课外实体资源进行体验和探究，获得通过还原而来的直接经验；然后学生进一步反思，进行学习过程的上浮，最后形成个人知识、个人意识。

**(二)课外学习是在人性世界中互动与交往的实践过程**

在学校的课堂教学中，基于熟人关系的社交环境是构筑学习的人性世界的基础。在这种环境中，通过长期的交流、表达、熏陶，师生之间逐渐形成了一种隐形的“学习默契”，每个人都在这种熟人关系网中逐渐找到了属于自己的“固定角色”，这种熟人社交便于教师尽可能对学生作出高效、准确的判断，开展针对性更强的教学，但是，也容易令处于熟人社交中的学生被“标签化”。

与学校教育不同，课外的学习场所时常提供一种以陌生人为主的环境，每次参观体验、每场科普剧的观赏、每个创新比赛的参与，身边的同伴在不断地发生变化，教育人员也在不断地改变，互动与交往无时无刻不在发生，课外学习是一种交往性学习。

“互动”是学生在课外教育场景中开展学习实践的重要形式。研究发现，在课外教育场景中，进行交往学习、社会互动和探讨对学习效果有着显著提升。① 在课外教育场景中，学生可以获得的经验通常远超于他的认知，科学知识、社会、审美、道德等时常通过一次教育活动就有丰富的收获。

在课外学习中，学生是学习的主体。开放的课外教育场景中，学习的参与者众多，不同主体之间相互影响、彼此促进，具有主体间性的特点。而主体之间获得有意义的学习成果需要进行“解释性对话”，这种对话的本质即是一种人际以语言符号为中介的相互作用和影响，因此，对话的过程亦是互动的关键过程②，也是从事交往的前提。

此外，开放的课外教育场景中，陌生人参与构成的环境更容易塑造民主、平等、合作、分享的学习关系，在陌生人参与的互动与交往的过程中，彼此之间的激发和诱导、激励和竞争、模仿和感染、协调和整合都会促使学生产生对

---

① Griffin J. Exploring and scaffolding learning interactions between teachers, students and museum educators[C]//Davidsson E, Jakobsson A. Understanding interactions at science centers and museums. Boston: Sense Publishers 2012: 115-128.

② 陈佑清. 交往学习论[J]. 高等教育研究，2005(2)：22-26.

事物意义的独特理解①，从而达成个性化的学习效果，同时，还可以更好地培养学生的心理社会功能，如社会适应力、交际能力、公共道德感等。

## 第三节 场馆教育对课外科学教育的理论支撑

博物馆、科学中心、天文台……在课外科学教育中，场馆是一个具有代表性的学习场景，场馆教育不仅具有课外科学教育的一般特征，由于其自身的开放性、公众性，同时也联结了社区教育、家庭教育等其他课外科学教育场景。场馆教育研究是课外科学教育研究的重要方面，场馆教育研究对课外科学教育起到不可或缺的理论支撑作用。

### 一、场馆教育研究的当前焦点

场馆教育研究的焦点实际上也是课外科学教育研究的常见热点。20 世纪 80 年代以来，受心理学、教育学发展的影响，场馆教育从勃兴走向昌盛，尽管相关研究已逐渐百花齐放，然而囿于学习环境的复杂性、参观学习的被动性、学习目的的游离性、学习时间的碎片化②，这些都限制了场馆教育效果的发挥，从而导致场馆教育的相关研究不尽完善。在国内，场馆教育的相关研究仍然不够深入，尤其是在实证研究、观众研究等方面较为单薄，基于实践经验的总结与反思仍是主要研究手段。从国际层面上审视场馆教育研究的当前范围，大概可以聚焦在四个方面。

#### (一)围绕场馆教育的参与主体探讨教学基本问题

从教育学的视角来看待，“如何教”“如何学”这两个教育场域中的基本问题仍是场馆教育研究的重要焦点。场馆教育是多主体参与的复杂实践活动，学习者、施教者以及家长等其他参与者构成了场馆教育开展过程中的基本主体，或许探讨家长在教育中的中介作用应是场馆教育研究的一个特色，而实际上早在 1996 年就有关于家庭如何在科学博物馆学习的研究③，如今 20 多年过去，随着教育理念不断更新，围绕教师、学生、家长等场馆教育主体的相关研究则从未中止。随着研究范式的转向，当前的研究则更注重聚焦细节问题，关注主体间的行为方式、教学策略、交互影响等对教育效果的作用机制。例如，澳大利

---

① 陈佑清．交往学习论[J]．高等教育研究，2005(2)：22-26.

② George E Hein. Learning in the museum[M]. London：Routledge，1998：135.

③ Borun M，Chambers M，Cleghorn A．Families are learning in science museums [J]. Curator：The Museum Journal，1996，39(2)：123-138.

亚研究者珍妮特·格里芬(Janette Griffin)围绕着“探索和搭建教师、学生和场馆教育者之间的学习互动”开展了一项研究，她组织几所学校的教师，假装普通观众进入到场馆学习情境中进行实地考察和体验，并在场馆中观察分析真实观众和场馆教育者的互动，研究发现，在场馆环境中，进行互相学习、社会互动和探讨对学习效果有着显著提升。① 内塔·沙比(Neta Shaby)等提出了在场馆中展教人员—学生—展品互动模式的四个阶段：①开始互动；②对展品运行进行指导；③展品运行与体验；④终止互动。② 其理论框架从行为层面表达了在开放多元的展品体验中，学生与展教人员的复杂互动过程，展教人员在互动中起到了至关重要的中介作用。安德鲁(Andrew)等人的研究证明了基于场馆的科学教育项目对提升学生知识学习和科学动机具有积极作用。③ 此外，还有证据表明，复杂的学习目标、分段式的科学普及、精心布置的物理环境和社会参与等特征，使得场馆学习不仅是知识的获取，参与者的兴趣和信念的改变是更为重要的学习成果；而对儿童来说，游戏化的设计更易于他们主动达成这些学习结果。④⑤

**(二)探讨信息技术对场馆学习环境与学习支持系统的变革**

信息技术的发展为各个行业带来深刻的变革。在教育领域，随着技术手段的发展，新理念、新设备不断涌现，优化教学过程的同时，也转变了学习方式，重塑教与学的生态。实体环境、物化装备是场馆的基本特征，显而易见技术手段的应用在场馆中是广泛的，信息技术的发展对场馆学习环境带来了深远

---

① Griffin J. Exploring and scaffolding learning interactions between teachers，students and museum educators[M]//Davidsson E，Jakobsson A. Understanding interactions at science centers and museums. Rotterdam：Sense Publishers，2012：115-128.

② Shaby N，Ben-Zvi Assaraf O，Tal T. An examination of the interactions between museum educators and students on a school visit to science museum[J]. Journal of Research in Science Teaching，2019：56：211-239.

③ Andrew J Martin，Tracy L Durksen，Derek Williamson，et al. The role of a museum-based science education program in promoting content knowledge and science motivation[J]. Journal of Research in Science Teaching，2016，53：1364-1384.

④ Schwan S，Grajal A，Lewalter D. Understanding and engagement in places of science experience：science museums，science centers，zoos，and aquariums[J]. Educational Psychologist，2014，49(2)：70-85.

⑤ Kingery J N，Gaskell M E，Toner S R，et al. Active learning in a child psychology course：observing play behavior at a children's museum[J]. Psychology Learning and Teaching-Plat，2018，17(2)：209-218.

影响。当前，场馆教育的研究重心也具有向关注场馆学习与技术结合的趋势。这些趋势包括：关注新技术手段对教育实践的支持、对学习环境的创设；信息化教学模式案例研究；信息化教学行为分析、效果评估。例如，达米安(Damian)探讨了澳大利亚6年级学生如何使用iPad进行连接教室与博物馆的在线学习模式；① 再如，台北美术馆通过对一次绘画展览的研究发现，使用增强现实技术手段指导的参观者比无指导和音频指导的参观者学习效率更高，同伴互动更明显，关注绘画的平均时间更长。② 还有研究者针对场馆中的珍贵藏品无法长期对参观者开放的困扰，尝试使用3D打印技术来解决这一问题，并通过对参观者体验研究调查发现，3D复制品的真实性是影响参观者体验最重要的因素。③ 近年来，随着新技术的涌现，虚拟现实、人工智能等技术手段也越来越多地出现在了场馆教育研究领域。

**(三)探讨场馆教育引发的公共社会议题**

场馆是面向社会公众的服务型文化事业场所，从工作开展的实际上讲，场馆是追求社会效益的场所，这种社会效益内在体现于场馆的展览质量、教育效果和公众影响力④，外在又片面地与科技馆展教资源的使用度、接待人次相关联。之所以为“片面地”，是因为展教资源的使用度高低、接待人次的多少，并不能确切反映出其本身展览质量和教育效果的好坏。近年来，研究者在肯定场馆教育带来的积极价值之外，也逐渐反思场馆教育引发的一些争议性问题。其中，场馆教育的公平性问题是讨论的重要焦点。如诺亚(Noah，2014)等立足对美国15个博物馆和科学中心的考察，专门探讨了非正规学习的公平性问题。芬斯坦(Feinstein)和马歇勒姆(Meshoulam)的研究表明，科学博物馆、科学中心等场馆教育的组织实施，在一定程度上并非是缓解了科学教育的不公平，结论恰恰相反，科学博物馆、科学中心等场馆教育的实施，反而是加剧了这种教

---

① Damian Maher. Connecting classroom and museum learning with mobile devices [J]. Journal of Museum Education，2015，40：257-267.

② Chang K E，Chang C T，Hou H T，et al. Development and behavioral pattern analysis of a mobile guide system with augmented reality for painting appreciation instruction in an art museum[J]. Computers & Education，2014，71：185-197.

③ Wilson P F，Stott J，Warnett J M，et al. Museum visitor preference for the physical properties of 3D printed replicas[J]. Journal of Cultural Heritage，2018，32：176-185.

④ Luke J，Windleharth T. The learning value of children's museums：Building a field-wide research agenda-a landscape review [EB/OL]. [2020-7-7]. http://www.childrensmuseums.org/images/learning-value-of-childrens-museumslandscape-review.pdf.

育不公，造成教育不公平的原因包括场馆对公众背景的陌生、教育内容与受众的需要不匹配，场馆基于主观判断而提供的教育内容，总是为特定的人群带来了便利，而真正有需要的人群却总是得不到相应的教育资源。① 埃米琳·卢布·怀特塞尔(Emilyn Ruble Whitesell)通过使用标准测试对六年的数据进行分析，发现场馆教育对学困生的成绩提升具有明显的积极作用，而对学优生的考试成绩影响并不大，她认为场馆教育可以缩小学困生和学优生的学习水平差距，为学困生带来教育公平。②

**(四)探讨场馆教育的内容与范围**

什么样的知识能够更好地适应学生生存与发展的需要？围绕着社会现实与未来发展，诸多国际组织、国家等纷纷构建学生发展的核心素养框架，如经济合作与发展组织的 DeSeCo 项目提出的核心素养框架、美国 21 世纪技能联盟提出的“21 世纪技能框架”等。场馆教育受到教育理念、教育政策的影响，在教育内容与范围上也随之变化。注重学生核心素养的发展，关注学生在知识掌握、概念学习之外的收获是场馆教育改革的一个重要趋势。以场馆科学教育领域为例，STEM 教育已成为无可争议的热点，并被认为对核心素养的形成具有重要意义。③ 在场馆教育研究中，克里斯(Chris)等和杰森(Jason)等都分享了在场馆学习环境中基于实践考察(field trip)的研究案例，而两个研究都从有助于促进 STEM 学习的立场讨论了场馆学习中进行实践考察的意义。④⑤ 此外，还有许多研究者关注如何在科学教育中整合文化艺术内容，如凯瑟琳(Katherin)等分享了纽约一座乡村博物馆的“绘画自然”教育项目，该项目以

---

① Feinstein N W, Meshoulam D. Science for what public? Addressing equity in American science museums and science centers[J]. Journal of Research in Science Teaching, 2014, 51: 368-394.

② Whitesell E R. A day at the museum: the impact of field trips on middle school science achievement[J]. Journal of Research in Science Teaching, 2016, 53: 1036-1054.

③ 崔鸿，朱家华，张秀红. 基于项目的 STEAM 学习探析：核心素养的视角[J]. 华东师范大学学报(教育科学版)，2017，35(4)：54-61，135-136.

④ Chris A Lawson, Mike Cook, Joe Dorn, et al. A STEAM-focused program to facilitate teacher engagement before, during, and after a fieldtrip visit to a children's museum [J]. Journal of Museum Education, 2018, 43: 236-244.

⑤ Jason Dupuis, DeDee Ludwig-Palit. Simulation for authentic learning in informal education [J]. Journal of Museum Education, 2016, 41: 91-99.

提升学生的科学素养、艺术素养为目的；① 无独有偶，佩特拉(Petra)也发表了一篇通过整合艺术与科学以更好地理解科学事实的研究案例。②

## 二、场馆教育研究进展对课外科学教育的贡献与启示

### (一)立足实证，揭示了课外教育中学习内容、学习者和施教者之间互动和发展变化的过程

场馆教育研究为揭示课外教育中学习内容、学习者和施教者之间互动和发展变化的过程奠定了重要的理论和实践基础。场馆教育专家乔治·E. 海因的四元分类理论为场馆教育研究者认识场馆中教与学的过程提供了一个系统、清晰的理论视角，如图 2-2。该四元分类理论把说教式教育、发现式教育、刺激—反应学习理论、建构主义学习理论通过知识掌握的过程、学习发展的过程联系起来，并分别统整在四个象限。横向上，不同的教育方式或学习方式促使学习发展的过程不同；纵向上，不同层次的知识可通过不同的教育或学习策略获得。该理论充分体现了课外教育中的学习是一项复杂的互动过程，是四个象限的不同学习理论的统整。在课外教育中，学习者习得的经验如何设计、活动如何组织、学习者如何进入学习场景等教育内容不同，决定了学习将位于哪个象限而发生。乔治·E. 海因的四元分类理论模型进一步说明了课外教育与课堂教育教学的优势和区别。课外教育的发生，往往以接受实物刺激为起点，但是学习不是简单的刺激—反应、经验—联想的联结。因此，乔治·E. 海因认为，课外教育更倾向于是一个基于建构主义的复杂过程，学习者通过新旧经验相互作用，从而形成、丰富和调整自己的经验结构，而说明、说教式教育或许更适用课堂上的教育。

国际上，实证主义范式成为教育研究的主流，崇尚基于证据、立足客观的实证精神，将教育学置于科学领域开展研究。因此，教育研究方法偏好使用实证研究方法，如准实验法、教育测量、教育观察或访谈等。而场馆教育领域的实证类研究也日益增多，不仅从定量的角度进一步为乔治·E. 海因的四元分类理论提供依据，也从多个角度揭示了场馆教育中的一些内在规律。例如，有

① Katherine Aragon，Rebecca Hirschwerk. Drawn to nature：a developmentally based exploration of art and science [J]. Journal of Museum Education，2018，43：349-355.

② Petra Bättig-Frey，Monica Ursina Jäger，Regula Treichler Bratschi. Combining art with science to go beyond scientific facts in a narrative environment [J]. Journal of Museum Education，2018，43：316-324.

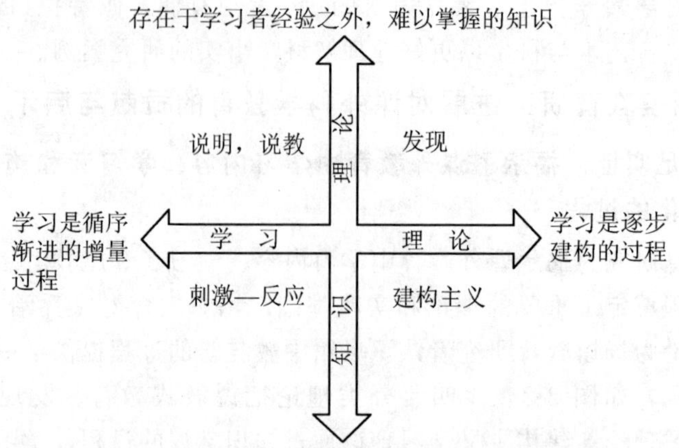


**图 2-2 乔治·E. 海因的四元分类理论①**

一篇引用量较高的研究案例是齐默尔曼(Heather Toomey Zimmerman)于 2009 年发表的一篇关于研究家庭如何在科技馆对话中进行意义建构的文章，该文章通过视频录像、访谈等，对进入科学中心参观的学习家庭进行有前后测的数据采集，并建立分析单元进行文本和语义分析，从而获取研究证据;② 另一篇较受关注的期刊文章则对 41 个样本进行视频追踪和编码分析，提出了家庭在参观动物科学类展品时的科学推理的特征，并提供了切实证据。③

课外教育是否能促进学习者的成长？课外教育促进学习者成长的有效限度在哪里？什么样的内容适合于课外教育？学习者在场馆中的学习特征如何？学习者和展教人员、家庭成员如何在课外学习场景中构建和谐的学习共同体？什么样的展品、什么样的内容更适合于课外教育？哪些内部或外部的因素将影响课外教育的效果？场馆教育研究为反思上述问题及其引申问题提供了大量实证材料。尽管许多问题尚难以下定论，但是场馆教育研究的方法、初步结论与启示等，为从事课外教育研究带来许多启发。

① George E Hein. Learning in the museum[M]. London：Routledge，1998：25.

② Heather Toomey Zimmerman，Suzanne Reeve，Philip Bell. Family sense-making practices in science center conversations [J]. Science Education，2009，94：478-505.

③ James Kisiel，Shawn Rowe，Melanie Ani Vartabedian，et al. Evidence for family engagement in scientific reasoning at interactive animal exhibits [J]. Science Education，2010：46(1)：1-44.

### (二)为探讨如何促进课堂上的教育与课外教育的结合带来启示

国际上，有研究者早已经论证了在科学学习中，课外教育与课堂教育的协同作用和互补作用。① 课外教育与课堂教育相连接，是对教育资源的整合，能够进一步发挥彼此的教育优势。

关于场馆教育的大量研究文献都以在校学生作为研究对象，研究的内容往往聚焦于学习领域、教育项目设计或教育资源开发等，这在一定程度上表明探讨如何促进场馆与学校教育的结合是一个备受瞩目的研究主题。此外，还有大量的研究者探讨家庭、社区、野外等课外情境中的教育与学校教育的关联与协同。研究者多以教育学立场开展对场馆教育的研究，实际上，当其提出“课外教育”这个概念时，已经隐性地将课堂教育作为了研究的对照。因此，探讨如何促进课外教育与课堂教育的结合是场馆教育研究的关键热点。教育功能是场馆的主要功能之一，从这个角度出发，学校课堂为学生提供了接受教育的正规环境，而场馆则是学生在非正规环境下接受课外教育的重要场所，教育是为了促进个体的全面发展、自主发展，课外教育与课堂教育势必从分离走向关联、甚至结合，互相促进、互为补充。

在科学教育领域，促进课堂科学教育与课外科学教育的结合，一是目标的结合。课堂科学教育与课外科学教育目标内在一致，都是以“提升学生的科学素质，培养具有科学素养的人”为目标。在国内，学校课堂科学教学目标包括科学知识、科学探究、科学态度与STSE(科学、技术、社会、环境)四个维度，这迎合了学校教育的连贯性、层次性、阶段性的特点；在课外科学教育中，以场馆为例，场馆以参观学习为主，并结合项目参与式、探究体验式等活动进行学习，其教育目标一般围绕科学知识、科学方法、科学精神与科学思想四个维度展开，这在内涵上与学校课堂教学目标相匹配。同时课外科学教育可以更好地结合场馆以多样的、动静结合的实物资源为基本内容载体，以及学习的自发性、偶发性特征，以适应场馆周期短、节奏快等特点，形成以激发兴趣为主、深度讲授为辅的教导风格。

二是资源的结合。以场馆为例，基于展品(包括藏品)的资源供给是场馆最主要的学习资源。学校课堂教育中，教材教辅、教具等提供了学生学习的内容载体，教材教辅是对知识与经验的系统凝练，将直接经验转化为间接经验，并

---

① Stocklmayer S M, Rennie L J, Gilbert J K. The roles of the formal and informal sectors in the provision of effective science education [J]. Studies in Science Education, 2010, 46(1): 1-44.

基于学生个体的认知、课堂教学的阐释，再次转化为学生个体的新的直接经验，其本身是一种高度抽象后的符号媒介。在场馆中，展品即学生学习的内容载体，展品不仅可以成为对科学知识与经验的系统凝练，它还可以成为科学现象与科学事实的真实演绎，学生既可以通过体验与生成，从中汲取直接经验，又可以通过互动与交往，获得更丰富的间接经验。导览手册、场馆出版物、辅助讲解性文字、语音导览提示、学习单、看板等，实际上即为一种碎片化的“教材教辅”。

三是学习环境的结合。以场馆为例，场馆中基于各类技术集成的环境配置是一种良好的学习情境创设和氛围塑造。在学校课堂教育中，科学教育注重探究与实践，情境创设对推动和维持这种探究与实践的学习具有重要作用，由于受限于课堂技术硬件配置，很难和场馆相媲美。场馆可以按照不同课题主题来对展教内容进行归类和划区，不同展区围绕其主题进行不同形式的布展，而布展时的空间设计、色彩搭配、装潢等均力求为踏入展区的学习者营造一种沉浸感。声光电技术、互动媒体技术、幻影成像技术、虚拟现实技术、全息投影技术等的应用，可以轻松营造一种身临其境之感，这为学习的情境创设和氛围塑造带来了极大的便利。

四是学习内容的结合。以场馆为例，场馆科学教学内容的选择可以是课堂科学教育的深化、补充及拓展。课堂上的科学教育以核心概念凝练科学内容，以学习进阶的思想统整科学课程，在探究与实践中理解、内化科学概念，从而逐渐发展形成系统的科学观念，提升科学素养。场馆以展品为主要学习资源的内容载体，很好地从过去、现在、未来和宇观、宏观、中观、微观的时空层次呈现和演绎了科学的发展，场馆所呈现的科学内容可以比课堂教育更生动形象，课堂学习中那些过于抽象的概念或无法满足学生深入学习的内容，都可以在场馆的学习中进一步得到深化、补充和拓展。

五是活动组织形式的结合。在学校课堂教育中，铃声往往成为一堂课的起点和终点，而当学生在课外学习中，学习便成为一种自发式的过程。以场馆为例，观察一件展品、操作一件装置、欣赏一场科普剧或报名参加一次科学探索游戏，都体现了场馆中的活动组织特点——没有过强的约束性、随时进入随时退出、主动学习。把课堂系统的、强计划性的活动组织与课外自由的、兴趣主导的活动组织相结合，可以更好地促进学生的有意义学习。

### （三）为探索如何促进信息技术与课外教育融合、如何整合跨学科内容提供案例借鉴

通过梳理文献发现，在场馆教育方面，关于探索信息技术的应用以及整合

跨学科教育内容的研究案例十分丰富，本节前面已经作过介绍，在信息技术应用于场馆学习方面，有研究者尝试使用增强现实技术强化学习认知体验，有研究者通过移动设备构建学校与场馆同步教学等；而在整合跨学科内容方面的研究则更加丰富，诸多研究者分享了场馆学习中 STEM 教育项目案例，还有许多研究者探讨了如何实现艺术、科学等跨学科的整合。通过对博物馆教育国际知名期刊 *Journal of Museum Education* 于 2018 年度刊出的文章进行整理，发现其中探讨如何整合跨学科内容的文章占了总发文量的约 20%，探讨如何促进信息技术与场馆学习融合的文章占比约为 10%，这也进一步从侧面反映、探索如何促进信息技术与场馆教育的融合、如何整合跨学科内容是当前的两个研究热点。

在课外教育中，实物是一个重要的教育资源，而实物能提供学生的学习经验绝不限于本身所展现的知识内容，跨学科性、技术性都是课外教育中基于实物学习的常见特性。尤其是随着信息技术的快速发展以及教育信息化理念入脑入心，课外教育必然重视信息技术环境下的教学实施。在跨学科学习中，STEM 成为当前国内外的热点。STEM 将知识获取、方法与工具的应用、创新生产的过程以及情感、态度进行了有机统一，在培养学生创新思维与实践能力的同时，体现了一种多元学科文化的融合创新。① 美国《2015 年 STEM 教育法》(STEM Education Act of 2015)以立法的形式推动场馆 STEM 教育的开展和发展，促进校内外 STEM 教育融合；德国科技馆将自身 STEAM 内容列入教育系统的一部分，积极与当地学校教育配合，取得成效……这些实践和尝试都为更好地开展课外教育提供了借鉴与启示。

## 第四节　国际科学教育对课外科学教育的理论支撑

科学教育是人才培养的重要内容，旨在形成人的科学素质，提高人的科学探究与应用能力，培养人的科学态度与科学精神，树立正确的科学观和科学本质观。在国际科学教育改革浪潮愈演愈烈的当前，课堂上的科学教育难以满足学习者日渐多元的学习需求，全社会共同参与的科学教育改革与实践正在兴起。

课外科学教育与学校课堂上的科学教育相辅相成。核心概念、概念转变、

① 胡畔，蒋家傅，陈子超．我国中小学 STEAM 教育发展的现实问题与路径选择[J]．现代教育技术，2016，26(8)：22-27.

学习进阶……国际科学教育研究的理论成果，正指引着课外科学教育的实践开展。

## 一、国际科学教育的当代理念

作为实施科学课程的纲领性、指导性文件，国家科学教育标准、课程标准或课程大纲反映了国家对科学教育的定位与要求，体现了国家开展科学教育的基本理念。通过梳理和分析部分国家科学教育纲领性文件，总结概括各国科学教育的核心目标或基本理念，结果如表 2-4 所示。

表 2-4 各国科学课程纲领性文件核心目标或理念

| 国家 | 课程纲领性文件 | 颁布时间 | 核心目标或理念 |
|---|---|---|---|
| 澳大利亚 | 科学课程标准(K-6) NSW Syllabus for the Australian Curriculum | 2017 年 | 科学课程注重学习者的多样性，面向全体学生；要求学生追求自己的个人价值；让学生经历科学发现的喜悦；科学是不断变化的、合作的和富有创造力的；科学课程注重与其他学习领域的联系；培养学生对周围世界的自然好奇心，发展批判性思维和创造性思维 |
| 德国 | 北莱茵-威斯特法伦州自然与科学常识课程计划(小学) Richtlinien und Lehrpläne für die Grundschule in Nordrhein-Westfalen (Grundschule-Richtlinien und Lehrpläne) | 2012 年 | 关注人的尊严；负责与人地和自然、已有的生活世界、资源打交道；学会团结社会团体；对于自然科学和技术要带有批判的、建设性的态度；形成文化和历史意义的意识，以及相关价值观和社会倾向的意识 |
| 法国 | 自然教学大纲 | 2008 年 | 围绕"为了全体学生成功""培养学生全面发展"和"注重学生个性发展"这三个终极目标 |
| 英国 | 国家课程标准(科学部分) National Curriculum in England Science Programmes of Study | 2014 年 | 注重科学探究，增加科学知识，提升科学素养 |

续表

| 国家 | 课程纲领性文件 | 颁布时间 | 核心目标或理念 |
| --- | --- | --- | --- |
| 芬兰 | 基础课程教学计划 2014<br>Perusopetuksen Opetussuunnitelman Perusteet 2014 | 2014 年 | 让学生变成积极主动的学习者；为学生可持续发展的生活方式打基础；把学校变成一个学习型社区；学科融合式教学；为学生提供综合性教育 |
| 韩国 | 科学课程计划 | 2015 年 | 在科学中实现以各种探究为中心的学习。对基本概念的统一理解——通过探究经验，具有科学的思考力，科学的探究能力，科学问题的解决能力，科学的沟通能力，科学的参与和终身学习能力等科学核心力量 |
| 美国 | K-12 科学教育框架<br>A Framework for K-12 Science Education | 2011 年 | 面向所有学生普及科学与工程教育；能够运用科学知识进行个人事务决策；能够参与有关科技的社会事务决策；在职业中运用科学知识与技术，提高社会生产力 |
|  | 下一代科学教育标准<br>Next Generation Science Standards | 2013 年 | 科学是面向所有学生的；学习科学是个能动的过程(指体脑的共同活动)；反映作为当代科学实践之特点的理性传统与文化传统；要把注意力集中到探究上，坚持进行探究 |
| 日本 | 小学校学习指导要领<br>小学校学習指導要領 | 2017 年 | 课程目标强调培养素养和能力；课程结构强调以科学基本概念为支柱的结构化课程；课程内容强调“面向社会的课程”；学习方式强调“主体性、互动式、深度学习” |
| 瑞典 | 各科教育大纲<br>Kursplan（Biologi/Fysik/Geografi/Kemi/Teknik） | 2015 年 | 通过科学学习，学生应该总体上有机会发展自己的能力，能更多地了解自己和自然的兴趣。通过学习，学生有机会根据自己的经历和时事询问有关科学和人的问题 |

续表

| 国家 | 课程纲领性文件 | 颁布时间 | 核心目标或理念 |
|---|---|---|---|
| 新加坡 | 小学科学课程大纲<br>Science Syllabus Primary | 2014 年 | 培养学生科学探究精神，让学生成为适应未来科技社会和为未来世界变化作贡献的公民 |

通过分析各国科学教育纲领性文件，发现国际科学教育的基本理念、内容、教学实施等方面具有一些共同的特征。

第一，回归育人本质，面向学生的自主发展。教育的本质是为了促进个体的发展。各国在科学教育纲领性文件中普遍重视把学生的个体发展、全面发展作为重要内容。例如，澳大利亚科学课程标准核心目标为“注重学习者的多样性，面向全体学生”“要求学生追求自己的个人价值”，把学生置于学习的主体地位。

第二，重视科学素养的培养，注重科学与社会生活的关联。科学素养是指了解和深谙进行个人决策、参与公民事务和个人及文化事务、从事经济生产所需的科学概念和科学过程，包括学生适应自主发展和社会生活中所必需的科学知识、科学方法、科学思想和科学精神。各国把提升学生科学素养作为科学教育的重要内容，例如，日本“小学校学习指导要领”强调培养学生素养和能力，学习方式注重“主体性、互动式、深度学习”。

第三，重视科学实践，注重科学探究能力的培养。探究性学习是学生学习科学知识，获得科学技能、科学思维，培养健康科学精神与价值观的重要途径。当前，各国比较认同科学教育的过程不应当只聚焦于知识的传递，更应当把探究性学习作为科学课程的教学实施手段，借以培养学生的科学素养。例如，新加坡《小学科学课程大纲》把“培养学生科学探究精神”作为重要目标。

此外，各国普遍关注科学教育的社会功能，十分重视科学教育与社会生活的密切联系。如法国注重 STS 教育，美国提出课程学习与职业选择挂钩，瑞典倡导培养学生终身学习的思想等。

美国于 2011 年和 2013 年先后颁布的《K-12 科学教育框架》和《下一代科学教育标准》(NGSS)对我国科学教育影响巨大，无论是国内新颁布的指导学校科学课程实施的课程标准，还是国内科学教育的研究动向，都体现了对两个文件的核心理念的反思和本土化的实践。例如，NGSS 将科学与工程实践、跨学科概念和核心概念紧密整合，以“学习进阶”整合课程内容，并将 STEM 教育纳入国家标准。受此理念影响，我国于 2017 年和 2018 年先后颁布的小学、高中科学领域课程标准，不仅以学科大概念和跨学科概念贯穿科学课程，并且注重引导学生开展科学与工程学实践，推行 STEM 教育，旨在为学生提供发展综合科学素养的机会①，还通过分学段、螺旋式、有梯度地设计学习目标，体现学习进阶思想。

## 二、国际科学教育研究进展对课外科学教育的贡献与启示

围绕着为什么教、教什么、如何开展教学等基本问题，国际科学教育研究的一些前沿成果为如何高质量地开展课外科学教育带来启示。包括以下三个方面：

### (一)为什么教——对科学本质的理解更加深入

科学的初始状态来自于哲学，科学本质讨论的是“科学是什么”，不同时期，人们关于科学本质观的争辩实际上是哲学观点的演变，按照时代的演变，一般可以归纳为经验主义、实证主义、逻辑经验主义、理性主义和后实证主义。20 世纪以来，科学步入快速发展时期，关于科学本质的讨论观点林立，不同流派各执一词，例如，维也纳学圈卡尔纳普、亨普尔提出的逻辑经验主义，波普尔的朴素否证主义，或是库恩的历史主义，又或是现当代掀起的科学文化哲学、后现代主义等。近几十年来，复杂性科学、非线性科学等的建立，对传统的还原论方法论和简单性思想形成冲击，而科学知识社会学、科学文化哲学的兴起又掀起了一轮热潮。新思维方式、新方法论体系不断出现，科学的“划界”愈加复杂，科学本质的现代观点也逐渐百花齐放。

施教者从事科学教育应当建立在对科学本质的高度理解上。在科学教育领域，教育研究者关于科学本质的现代观主要涉及“科学知识本质观”与“科学探究本质观”，比较权威的主要有鲁巴和安德森的科学知识本质观、莱德曼的科学认识论本质观、科莱特和奇尔伯特的科学探究本质观等。② 此外，美国科学促进会(American Association for the Advancement of Science，AAAS)等机构或研究者也纷纷对科学本质的内容进行了较为科学的表述。这些关于科学本质的论述，也直接或间接对科学教育的基本理念、教学内容与方法带来了影响。

---

①　刘恩山，曹保义.《普通高中生物学课程标准(2017 年版)》解读[M]. 北京：高等教育出版社，2018：20-23.

②　袁维新.科学本质理论：基本观点与范畴[J]. 科学学研究，2010，28(6)：809-815.

科学本质的现代观：

(1)鲁巴和安德森的科学知识本质观①

科学知识本质包含六个基本特征：①非道德性，学知识的应用可被判定是好的或坏的，而科学知识本身是没有好坏之分；②创造性，科学理论就像艺术工作一样是人们的一种创作；③发展性，科学知识并非真理，是可以被修改的，甚至被推翻；④简约性，如果有两个科学理论都能较好地解释同一现象，则选择较为简易的理论；⑤可验证性，科学知识必须建立在证据上，而且可以一再重复地验证；⑥同一性，各领域的科学学科构成整个科学知识的整体，而且它可使人们了解自然界的运行及规律。

(2)莱德曼的科学认识论本质观②

美国研究科学本质的资深专家莱德曼认为科学的本质是科学认识论，科学是一种获得知识的途径，或与科学知识的发展相一致的价值和信念，他的观点包括：①科学知识是暂定性的(会改变，但是在一定时间内会处于稳定的地位)；②科学知识是以经验为基础性的(基于对自然世界的观察)；③科学知识在一定程度上具有创造性和主观性；④科学知识与社会和文化有关；⑤科学理论的建构(从观察到推论的过程)；⑥科学理论和定律的功能以及它们之间的关系(科学定律描述观察现象之间的关系，而科学理论是对自然现象的推论解释)。

(3)AAAS对科学本质的阐述③

科学世界观(scientific world view)：自然界是可被理解的，科学知识是可改变的，科学知识并非很容易就被推翻，科学并不能解决所有问题。

科学探究(scientific inquiry)：科学需要证据、科学是逻辑和想象的结合体、科学具有解释和预测的功能、科学家努力验证理论并尽量避免误差、科学并不具有永久的权威性。

科学事业(scientific enterprise)：科学是一项复杂的社会性活动、科学被组织成系统的学科知识并在各种公共机构中进行传播、科学必须考虑伦理的原则、科学家以专家和公民双重身份参与公众事务。

然而，纵观科学史，没有一种科学本质观点是一成不变的，也没有一种理论能够矗立在颠扑不破的宝座之上。科学本质观的嬗变，内在总是随着科学发展的脉络而变化。一个历史时期中，科学知识的发生、发展，科学理论的变化、修正，科学方法的革新、完善等，都与科学本质观产生碰撞，进而相互促

① 袁维新．科学本质理论：基本观点与范畴[J]．科学学研究，2010，28(6)：809-815.

② 同①.

③ 王健，刘恩山．科学本质的研究及其进展[J]．生物学通报，2007(6)：38-39.

进。因此，科学教育也由此被赋予强烈的时代特征。

**(二)教什么——科学教育的内容应通过“核心概念”呈现，并注重跨学科内容、科学与工程实践内容与科学教育的统整**

随着传统学科边界的不断扩展，以及信息技术的催化作用，20世纪末以来，人类社会的知识生产量，尤其是在自然科学领域，短时期内以极高的速度增长起来，有人称之为“爆炸式增长”。科学教育的目标由此不再局限于呈现给学生大量的科学事实、科学理论，而转向引导学生深入理解少数非常具有解释力的科学概念，从而帮助其理解与他们生活相关的事件和现象。① 这种位于学科中心的概念性知识，包括了对重要概念、原理、理论的基本解释，被称为“核心概念”(key concept)，或“大概念”(big idea)等。② 这些内容能够展现当代学科图景，是学科结构的主干部分。

核心概念应当具备至少两个以下特征(最好3条或4条)③：

①在多个科学与工程学科中具有普遍的重要性，或者是某一学科组织内容的重要依据；

②能为理解研究更复杂的概念或解决问题提供关键的方法和途径；

③当与学生的个人利益、兴趣和经验有关，或与社会问题、个人关注的焦点有关时，必须具备的科学与技术知识；

④随着年级的提升，可以在教与学的过程中得到深度与广度的持续提高。

核心概念指引了科学教育的基本内容。然而，除了核心概念之外，科学的学习中，有许多概念是超越了科学学科本身，存在于多个学科之间的，例如，机制的形成、因果推断、尺度、系统与系统模型、能量与物质、结构与功能等。这些内容在科学教育领域内部，存在着生命科学、物质科学、地球与宇宙空间科学之间的交叉；在科学教育领域外部，也与工程学、数学等学科存在学科之间的交叉。这些沟通各个核心概念、强调科学素养、整合多个学科思想的跨学科概念(crosscutting concepts)体现了重要的教育价值，尤其是使科学在

---

① 温·哈伦．以大概念理念进行科学教育[M]．韦钰，译．北京：科学普及出版社，2016：1-2.

② 刘恩山，曹保义．《普通高中生物学课程标准(2017年版)》解读[M]．北京：高等教育出版社，2018：20-21.

③ National Research Council. A framework for K-12 science education：practices, crosscutting concepts, and core ideas[M]. Washington, D.C.：The National Academics Press, 2012：31.

工程学方面提供了广泛的解释力和应用。

核心概念和跨学科概念共同构建了科学教育的主要内容框架，而科学教育的目标并非局限于关注学生的在校表现，更是帮助学生走出校园后更好地生活和发展。学习并形成核心概念、跨学科概念，进一步能应用这些概念适应生活，发展形成伴随终生的综合素养，这个过程离不开科学探究与工程实践。科学探究与工程实践是人类探索新知识、改造自然界和改变自身生活方式的过程中最为有效的手段。①

雅克曼(Yakman)曾经描述道："我们生活在这样一个世界，对科学的理解离不开技术，而技术又依赖于工程来呈现它的相关研究和发展，如果没有对艺术和数学的理解，就没有工程的创造。"②1986 年，美国国家科学基金会(NSF)发表的《本科的科学、数学和工程教育》报告中提出了"科学、数学、工程和技术教育集成"的纲领性建议，被视为提倡 STEM 教育的开端。STEM 教育为一种典型的跨学科教育，其中科学探究与工程实践是 STEM 教育的重要内容。

2011 年和 2013 年，美国先后公布了《K-12 科学教育框架》和《下一代科学教育标准》(NGSS)，将核心概念、跨学科概念、科学与工程实践紧密整合，成为统整科学教育内容的三条主线。我国在 2017 年发布的各学科高中课程标准中，也体现了对这三方面内容的重视，以生物学为例，课程的基本理念倡导"内容聚焦大概念、教学过程重实践"，内容组织围绕"少而精"原则，以大概念提炼模块内容，并引导学生积极参与动手动脑的活动，通过探究性学习活动或完成工程学任务，加深对生物学概念的理解；同时，课程要求在"教学建议"中提倡关注学科间的练习，促进学生理解跨学科的科学概念和过程等。③ 国际科学教育的进展指明了课外科学教育的基本内容，即科学教育的内容应通过"核心概念"呈现，并注重跨学科内容、科学与工程实践内容与科学教育的统整。

**(三)如何学、如何教——概念转变理论与学习进阶进一步揭示了学生的概念发展过程，"科学即探究"思想奠定了科学教学的基础**

2005 年，美国国家研究理事会(National Research Council，NRC)的研究

---

① 刘恩山，曹保义.《普通高中生物学课程标准(2017 年版)》解读[M]. 北京：高等教育出版社，2018：20-23.

② Yakman G. STEAM education：an overview of creating a model of Integrative education[EB/OL]. [2020-07-07]. http://www. allcreativeliving. com/wp-content/uploads/2014/05/STEAM-Education-An-Overview-of-Creating-a-Model-of-Integrative-Education. pdf.

③ 中华人民共和国教育部. 普通高中生物学课程标准(2017 年版)[M]. 北京：人民教育出版社，2018：2-3，60-61.

报告《学生是如何学习的——课堂中的科学》提出了科学教学的三大原则：触动学生的“前概念”，注重事实性知识与概念性理解知识对学习所起到的不同作用，注重学生的元认知。[①②] 该报告及其主要观点，成为科学教育改革中十分具有影响力的事件。

概念转变理论与学习进阶理论分别指明了学生概念学习的过程以及概念发展的过程，对 NRC 研究报告的发布起到重要的理论支撑。

认知主义学习理论流派从“同化”的角度揭示了学习的机制，即学习者已有的认知结构和知识经验能够作为基础和起点，来固定和同化新知识。但是，他们却忽视了学习者已有的认知结构和知识经验中，与新知识不一致甚至相矛盾的经验的“顺应”的过程。概念转变(conceptual change)即基于建构主义的学习观，从“顺应”的侧面来进一步揭示学生的概念发展过程。

概念转变指个体原有的某种知识经验由于受到与此不一致的新经验的影响而发生的重大改变。[③] 这些“原有的某种知识经验”指的是，在学生接受某个新概念之前，他自身有一套心智模式，能够对新概念所体现的科学事件或科学现象进行认识或解释，且他们自身对这种认识或解释是较为满意的，所以即使其是不科学的，学生也不愿轻易放弃。研究者对这种不科学的、学生在学习新知识前头脑中固有的概念，称为前科学概念(prescience conception)，或迷思概念(misconception)、朴素概念(naive conception)、备选概念(alternative conception)等。1982 年，美国康奈尔大学波斯纳(Posner)提出了著名概念转变模型(conceptual change model，CCM)，揭示了学生的已有概念如要发生“顺应”，需要满足四个条件：①对现有概念不满；②新概念的可理解性(intelligibility)；③新概念的合理性(plausibility)；④新概念的有效性(fruitfulness)。[④] 此外，波斯纳进一步探讨了影响个体接受新概念的主要因素，并将影响概念转变的个体经验背景称为“概念生态圈”(conceptual ecology)，包括反例、类比与

---

① National Research Council. How students learn：science in the classroom[M]. Washington，D. C.：The National Academies Press，2005：1-32.

② 刘恩山，曹保义.《普通高中生物学课程标准(2017 年版)》解读[M]. 北京：高等教育出版社，2018：20-21.

③ 张建伟. 概念转变模型及其发展[J]. 心理学动态，1998(3)：34-38.

④ Posner G J，Strike K A，Hewson P W，et al. Accommodation of a scientific conception：toward a theory of conceptual change[J]. Science Education，1982，66：211-227.

比喻、认识论信念、形而上学的观点等。① 近年来，研究者发现学生的概念生态与学习是息息相关的，不同学生的概念生态圈的组成因子之间也存在相互影响。②

那么，随着学段的提升，学生对概念的理解是如何逐步发展起来的？2002年，美国《不让一个儿童掉队法》法案以及 2005 年 NRC 承担的"幼儿园至高中科学成就测验的设计"项目中，首次使用了"学习进阶(learning progression)"来研究和呈现学生"发展的连贯性"(developmentally coherent)。③ 研究者用"学习进阶"来表述学生在各学段的学习中，对某一主题的概念从低到高发展所遵循的连贯的学习路径和过程。学习进阶具有五个组成要素：①进阶终点；②进阶维度；③多个互相关联的成就水平；④各水平的预期表现；⑤特定的测评工具。④

概念转变理论与学习进阶揭示了学生的概念发展过程，"科学即探究"思想奠定了科学的探究性教学的基础，即"科学探究教学"。

"科学即探究"来自施瓦布对传统科学观念的质疑与批判。这包含两方面的内容⑤：第一，在科学结论上，科学不是固定不变的真理。第二，在科学方法论上，科学不是充分公式化的假设的验证或非验证。施瓦布认为，学校的科学教学知识将科学探究的结果转至教材及学生的身上，忽略了分析和探究自然。他主张教师和课本都应该以探究为主。⑥ 随着国际科学教育的改革与发展，当前，"以科学探究为中心"已经成为基础科学教育的共识。综上，科学教学中的科学探究是指学生们经历与科学家相似的探究过程，以获取知识、领悟科学的思想观念、学习和掌握方法而进行的各种活动。

科学探究教学在基本内涵上包含两种探究，一种是"科学即探究"，是科学

---

① Posner G J, Strike K A, Hewson P W, et al. Accommodation of a scientific conception: toward a theory of conceptual change[J]. Science Education, 1982, 66: 211-227.

② 张建伟. 概念转变模型及其发展[J]. 心理学动态，1998(3)：34-38.

③ 刘晟，刘恩山. 学习进阶：关注学生认知发展和生活经验[J]. 教育学报，2012，8(2)：81-87.

④ Corcoran T, Mosher F A, et al. Learning progressions in science: an evidence-based approach to reform[R]. Philadelphia, P. A.: the Consortium for Policy Research in Education, 2009.

⑤ 韦冬余. 科学本质与科学教学[M]. 南京：南京大学出版社，2016：49-54.

⑥ 王晶莹. 中美理科教师对科学探究及其教学的认识[D]. 上海：华东师范大学，2009：18.

知识本身的探究，科学被视为一种探究过程的指导；另一种是“探究性教与学”，指教与学这个过程的教学方法上的探究，教与学的过程本身即一种探究。因此，在科学探究教学中，一方面，学生的学习材料要展现科学的探究；另一方面，学生通过这些材料被引导参与探究。① 在科学探究教学中，学生的学是积极的、主动的，教师的教是启发性的、引导性的，科学结论的传递是间接的，要求学生通过主动探究来获取，教学的过程应当具有情境性，引导学生在“提出问题、作出假设、制订计划、实施方案、得出结论、表达交流”的情境中展开探究，得出科学结论。

科学教育研究专家弗里克(L. B. Flick)和莱德曼(N. G. Lederman)曾经在关于“科学探究与科学本质”的讨论中，设计了一个生动的案例。

弗里克和莱德曼关于“科学探究与科学本质”的案例与疑问②

通过使用互联网，一名科学教师给学生提供了数百张地球外大气层的紫外线图像。查看这些图像后，学生们在外大气层发现了无数的黑洞。教师对学生提出了一个普通的问题：“怎样能够解释这些黑洞呢?”教师要求学生对黑洞做出解释，并指出能够支持这种假设的科学知识。

经过几天的学习和研究后，学生们对这些大气空洞的起源的解释产生了分歧。一组学生认为这些空洞是由来自太阳系其他地方的无数小彗星进入地球外大气层造成的。另一组学生则认为这些空洞的形成不是自然现象，而是多种电子噪声造成的。

这些学生正在进行科学探究吗?

这些教学策略能够恰当地被描述为科学探究吗?

正如你思考这些问题的回答，试着阐明你常常用来定义什么是探究式科学教学的标准，乃至，什么不是探究式科学教学。你是否专注于学生的角色？你如何思考教师的角色？具体而言，是教师而不是学生提出了一般性问题。

你有没有断定这是一个有意思的活动，而不是探究式教学？也许，你认为动手调查是作为探究的基本标准，而分析图片影像不是动手调查。

这里有更多的信息能够帮助你回答科学探究与科学教学这个问题。当学生分析图像并在图书馆收集科学知识，提出下列解释。有一组认为这些空洞由彗星造成，彗星主要是由冰组成，当它进入大气层时就会蒸发，从而形成水蒸气

① 韦冬余．科学本质与科学教学[M]．南京：南京大学出版社，2016：71.

② Flick L B, Lederman N G. Science inquiry and nature of science[M]. Holland: Kluwer Academic Publishers, 2006: 1-2.

云。水汽吸收了来自太阳的紫外线，这些紫外线反射离地球并返回到航天器的传感器，造成了图片上所见的黑洞。

基于同样的学习资源与学习机会，另一个小组提出了不同的解释：空洞是由不同的电子噪声造成的。这一组提出了如下的理由：宇宙射线可以影响航天器上的数据系统，使图像上指定的要素数(像素)变暗。此外，靠近接收器和其他电子噪声源的闪电会干扰传输，导致地球上的计算机将图像解释为黑洞。

这些信息是否能改变你对这些问题最初的回答：这些学生正在进行科学探究吗？这些教学策略能够恰当地被描述为科学探究吗？如果你改变了你的看法，你如何对这种改变做出解释？如果你保持你最初的立场，为什么你认为这是最好的回答？

弗里克和莱德曼从四个方面阐述了对科学探究教学的理解。① 第一，科学是一种解释自然世界的路径；第二，探究是目标内容和教学方法；第三，学习是学生如何进行科学解释；第四，教学是整合科学与学习的策略。

值得一提的是，美国NGSS中，用“实践”一词取代了“探究”，并将其作为科学教育的三个基本维度之一。然而，倡导“科学实践”并非是对“科学探究”的否定。“实践”的意图就是要更贴切地诠释“探究”在科学中的意义。使“实践”成为科学教学的基本维度，主要是期望学生不仅仅只是在学习“二手”的科学知识，更是要学会要将知识运用的科学实践中去。没有直接的亲身体验和实践，学生无法更好地从本质上理解科学知识，而科学探究则是进行科学实践的基本方式。

① Flick L B，Lederman N G. Science inquiry and nature of science[M]. Holland：Kluwer Academic Publishers，2006：2-12.

# 第三章　STEM 教育

“STEM 教育”这个概念来源于美国。随着科学素养和技术素养不断被大家重视，人们逐渐意识到不仅仅是科学，技术和工程也给人类的生活带来很多便利和变化。所以慢慢地，有一些人经常用 SMET，也就是科学、数学、工程和技术来描述多个学科。后来到了 20 世纪 90 年代，美国国家科学基金会首次使用了“STEM”代表科学、技术、工程和数学教育，就此，STEM 教育的概念被正式提出。但是那时候的 STEM 教育与我们现在所说的 STEM 教育在内涵上还有区别。大卫·安德森认为 STEM 教育大概最早从 2005 年左右起源于美国。奥巴马政府当政后颁布了一项名为“教育与创新”(education and innovate)的法令。这个法令促进和激励学生参与 STEM 相关课程的学习。①

2015 年 7 月 15 日出版的《自然》(*Nature*)期刊中，发表了几篇从幼儿园到大学的“科学、技术、工程和数学”(STEM)方面的文章，封面文章为“培育 21 世纪的科学家”和社论“一种教育”，系统审视了全球 STEM 教育的挑战和希望。② 这引发了全世界对 STEM 教育的进一步重视。

基于 STEM 教育涉及的学科多、范围广，在课外的环境中更容易实现 STEM 的教学。本章重点讨论以下问题：什么是 STEM 教育？STEM 教育的重要特征是什么？课外环境中的 STEM 教育对青少年儿童发展的意义及目标是什么？课外环境中的 STEM 教育评价方法是什么？等等。

## 第一节　STEM 教育的内涵与特征

科学(science)、技术(technology)、工程(engineering)和数学(math)教育——STEM 教育受到越来越广泛的关注，很多非常有影响力的报告都强调要不断扩展和提升 STEM 教育。越来越多的政策制定者、教育研究者都认为所有人，特别是年轻人，无论他们是否从事 STEM 领域的工作，仅仅是作为一个普通公民，为了将来更好的生活都需要掌握一定程度的科学和技术素养。

---

① 大卫·安德森，季娇．从 STEM 教育到 STEAM 教育——大卫·安德森与季娇关于博物馆教育的对话[J]．华东师范大学学报(教育科学版)，2017，35(4)：122-129+139.

② 赵中建．正确理解 STEM 教育——“中小学 STEM 教育”丛书总序[M]//赵中建．美国 STEM 教育政策进展．上海：上海科技教育出版社，2015.

因此，在今天这样一个科学与技术高度发达的社会，科学与技术素养无论是对一个明智的消费者，还是对社会公共事务深思熟虑的决策者，充分地了解和认识世界都是非常重要的、不可或缺的部分。

在K-12教育阶段，与工程教育和技术教育相比，在国家、社会以及家长层面，科学教育和数学教育一直都得到了相应的重视。比如，我国“重科学、轻技术”的思想也普遍存在。近年来，工程教育和技术教育越来越受到相应的重视。如《美国下一代科学教育标准》(以下简称NGSS)中将工程学与科学放在同等重要的位置，工程学和技术在K-12教育阶段受到前所未有的重视。我国教育部2017年颁布的《小学科学课程标准》中也将“技术与工程领域”作为一个重要模块，体现了对工程教育和技术教育的重视。

对STEM教育概念可以从两个角度去理解，第一种是分科思想，也就是STEM是分科的，它代表着科学、技术、工程和数学四门独立的学科领域。①相应地，STEM教育包括科学教育、技术教育、工程教育和数学教育等四个学科的教育。第二种是整合思想。《K-12年级STEM整合教育：现状、前景和研究议程》中指出：STEM整合教育远不是单独的、定义明确的经验，它包括一系列不同的体验，涉及一定程度的联系。② 基于上述两种理解的思路，STEM教育概念的内涵分别从分科视角和整合视角进行讨论。

## 一、STEM教育的概念内涵——分科视角

从分科的视角对STEM教育进行概念界定，首先要对科学(S)、技术(T)、工程(E)和数学(M)进行界定。科学、技术、工程和数学等概念，可以从多个角度去界定和解读，在《K-12年级STEM整合教育：现状、前景和研究议程》中对上述概念有如下的定义。

**科学：**科学是研究自然世界的学科，包括物理、化学和生物学有关的自然规律，处理或者应用与这些学科有关的事实、原则、概念或者惯例。科学是历经时间累积的知识体系，也是产生新知识的科学探究过程。科学产生的知识能够促进工程设计过程的发展。③

---

① 赵中建．正确理解STEM教育——“中小学STEM教育”丛书总序[M]//赵中建．美国STEM教育政策进展．上海：上海科技教育出版社，2015.

② Margaret Honey，Greg Pearson，Heidi Schweingruber. STEM integration in K-12 education：status，prospects，and an agenda for research [M]. Washington，D. C.：The National Academy of Sciences，2014.

③ NRC. A new biology for the 21st century：ensuring the united states leads the coming biology revolution[M]. Washington，D. C.：The National Academies Press，2009.

**技术**：严格的意义上讲，技术不是一门学科，技术包括用于创建和操作技术产品以及产品本身的人员和组织、知识、过程和设备的整个系统。有史以来，人类已经发明很多技术用以满足他们的需要。很多现代技术都是科学和工程的产物，技术工具也在科学与工程领域中得以广泛应用。①

**工程**：工程是关于设计和创造人工产品的知识体系，也是解决问题的过程。这个过程是在一定的限制条件下的设计。一种限制条件是工程设计、自然规律或者科学；其他的限制条件包括时间、金钱、可以获得的材料、工效、环境规则、制造能力和可修复性等。工程运用科学和数学中的概念以及技术工具。②

**数学**：数学是研究数量、数字和空间关系的学科。与科学不同，科学中寻求经验证据来证明或者推翻主张。数学中的主张是基于基本假设的逻辑论证来证明的，这些逻辑论证与主张都是数学的组成部分。与科学一样，数学中的知识也在不断地增加，但是又与科学不同，数学中的知识不会被颠覆，除非基本假设被转换了。K-12 教育阶段的数学的具体概念类别包括数字和算术、代数、函数、几何、统计和概率。数学可以用于科学、工程和技术。③

在对科学、技术、工程和数学进行界定的基础上，对 STEM 教育进行界定，主要是对科学教育、技术教育、工程教育和数学教育进行讨论。基于本书的读者群的定位，对科学教育、技术教育、工程教育和数学教育的讨论主要是在 K-12 年级范围内，以描述性的词汇为主。

**科学教育**：科学教育是 K-12 教育阶段的组成部分。狭义的科学教育是指在学校内针对中小学生开展的，以物理、化学、生物和地理等科学学科内容为基础的教育。广义的科学教育是指所有能够促进人的科学素养提升的教育，既包括面向中小学生的校内外与科学有关的教育，也包括培养科学技术专业人才的高等教育，同时还包括面向公众的科学传播活动。④ 在本书中，科学教育包括生物学、化学、物理和地球与空间科学等内容的教育。一直以来，科学教育都是 K-12 教育阶段的组成部分。科学教育强调探究式学习，核心概念的学习。

**技术教育**：技术教育是与技术有关的教育，也就是 STEM 教育中的 T，一直是以多种方式整合和展示。有一些老师认为技术教育就是在传统的实验室

---

① NRC. A new biology for the 21st century：ensuring the united states leads the coming biology revolution[M]. Washington，D. C.：The National Academies Press，2009.

② 同①.

③ 同①.

④ 罗晖，等. 中国科学教育发展报告 2015[M]. 北京：社会科学文献出版社，2015.

里，学生们用木头、金属、塑料或者其他材料做手工制品。这是相对狭义的定义，广义上来说，技术教育包括了技术与社会的互动，将技术视为理解诸如制造、建筑、运输和电信等主题的关键。另一种对 STEM 中的 T 的理解是在教育或者教学中的技术，比如：这些年来，这样的技术包括胶片、电影、电视、视频和学习辅助工具等作为计算器和电子白板。计算机、软件、传感器和其他数据收集仪器也是与 STEM 教育相关的技术的第三种解释的主要组成部分：科学、数学和工程实践者使用的工具。这些工具包括各种各样的东西，从用来精确测量物质体积或质量的刻度，到用来研究非常小和很远的物体的显微镜和望远镜，到用来模拟复杂现象的超级计算机，到用来模拟复杂现象(如天气)的超级计算机，到用来揭示物质最微小的构建块的粒子加速器。①

**工程教育：** K-12 教育阶段 STEM 教育中的四个部分中，工程教育是最新加入也是发展的最不好的一部分。在中小学中，工程教育的发展远远比不上数学教育、科学教育和技术教育。以美国为例，在过去 15 年里，美国在全国范围内在中小学设计并实施了一系列以工程学为重点的课程，为儿童教授工程学的努力取得了很大进展。同时，也有少量的项目为教师教授工程学活动帮助教师专业发展。但是在 K-12 教育阶段，目前为止，关于什么是工程学知识、什么是工程学技能等方面，并没有达成一致的意见。值得注意的是人们越来越认识到工程设计过程和诸如约束、标准、优化和折中等概念的重要性。NGSS(美国下一代科学教育标准)中将工程学的概念与实践放在与科学同等重要的位置上。这些都进一步提升了工程学教育在中小学阶段的受重视程度。

**数学教育：** 数学教育通常涉及算术、几何、代数、三角函数与微积分等内容。数学教学一直是各国 K-12 阶段的常规组成部分。国际上各个国家都非常重视数学教育。在一些大型的学生能力评测项目中，比如 PISA(国际学生评价项目)、TIMSS(国际数学与科学趋势研究)中都包含数学能力评测。

## 二、STEM 教育的概念内涵——整合视角

2010 年，美国瓦利市州立大学(Valley City State University，VCSU)成立了 STEM 教育中心。这个中心给出了该中心对 STEM 教育的理解和认识。STEM 教育不仅仅是科学、技术、工程和数学教育的缩写；STEM 教育总体来说，也是最重要的，是让学生参与其中的教育；STEM 教育是基于项目的

① Margaret Honey，Greg Pearson，Heidi Schweingruber. STEM integration in K-12 education：status，prospects，and an agenda for research [M]. Washington，D. C.：The National Academy of Sciences，2014.

学习；STEM教育运用科学探究过程和工程设计过程；STEM教育是跨学科的教育；STEM教育运用竞争的要素；STEM教育是关于积极学习的教育；STEM教育是关于合作和团队学习的教育；STEM教育是关于实际问题解决的教育；STEM教育将抽象与学生的生活联系在一起；STEM教育整合过程与内容；STEM教育是基于标准的；STEM教育给学生提供了探索复杂学科的机会和理由；STEM教育是21世纪的教育。

STEM教育从整合的视角理解，大卫·安德森(David Anderson)认为：STEM是一种整合了科学、技术、工程和数学的教育模式。STEM教育通过跨学科的视角整合了这四门学科的教学，这与我们的真实生活情境相符合。①这也是一种整合的视角。我国学界比较认可整合的视角，大部分学者都认为STEM教育是一种整合的教育，是一种跨学科的教育。

## 三、STEM教育的特征与目标

随着STEM教育的发展，我国的很多学者也对STEM教育的概念和内涵进行研究。总结这些学者的研究，会发现，"整合""跨学科""问题解决"是STEM教育的重要的一些特征。

从STEM教育整合视角的概念出发，可以说STEM教育最主要的特征之一即为"整合"。2001年，Hurley开展了一项数学与科学的整合研究，在其中对比了不同的整合程度，学生的成绩情况。在研究中，作者提及将别的学科整合到数学中，相对困难，将数学整合到别的学科中，相对容易。其中将整合分为如下类别②：

①依序型：科学内容和数学内容事先安排好，按照顺序讲授，一个接一个地讲。

②并行型：科学和数学通过并行的概念同时规划和讲授。

③部分型：科学和数学两学科部分内容一起讲授，其他部分则分开独立讲授。

④强化型：把科学或者数学一门课作为主要讲授的学科，另一门课贯穿其中。

⑤全部型：科学和数学以预期均等的方式整合在一起讲授。

---

① 大卫·安德森，季娇．从STEM教育到STEAM教育——大卫·安德森与季娇关于博物馆教育的对话[J]．华东师范大学学报(教育科学版)，2017，35(4)：122-129，139.

② Hurley M M. Reviewing integrated science and mathematics：the search for evidence and definitions from new perspectives[J]. School Science and Mathematics，2010，101(5)：259-268.

基于《K-12 年级 STEM 整合教育：现状、前景和研究议程》①报告中得出的研究结果，对整合的三个核心启发是：

①整合必须明确。大量 STEM 场景的观察表明，学生对各种学科间的整合不是自发的，因此不能假定其会自然发生。也就是说设计的 STEM 活动要给出明确具体的支持。

②支持学生学习单个学科的知识。强调整合，不意味着就不好好学习单科知识。没有单科扎实的知识支持，整合效果不好甚至不会发生。学生必须在深入理解单科知识的基础上，才能更好地将学科整合。

③整合不是越多越好。在 STEM 学科间建立联系，意味着需要一种策略性的方式实施 STEM 整合教育，这对教师和学生的要求都比较高。因此，采用恰当的方式整合合适的学科非常重要。STEM 教育中的整合方式多样，整合的程度也各不相同。

STEM 教育的目标与 STEM 教育的特征密切相关。依据《K-12 年级 STEM 整合教育：现状、前景和研究议程》报告中的内容，STEM 教育的目标是培育更多具有 STEM 素养的劳动力，有更多的学生从事与 STEM 有关的职业；对学生来说，STEM 教育的目标是培育学生的 STEM 素养，提升他们的 21 世纪技能，同时能够有能力在 STEM 学科之间建立联系。提升 STEM 素养，相对于科学素养来说，是比较新的概念。与科学素养相比，STEM 素养对整合的能力强调得多一些。STEM 教育的目标是培养高水平的人才。这类人才在各个学科都具有扎实基础，也能够在实际情境中遇到实际问题时，整合不同学科知识解决问题。这类人才具有创新性思维。

## 第二节　课外环境中实施 STEM 教育

随着技术的发展，学习的方式和场所都有很大的发展。学习不再局限于课堂上，也不再局限在校园内。大部分科学知识都不是来源于科学课堂，越来越多的校外的科学学习的场所，比如博物馆、科学中心，甚至动物园、水族馆等

① 这部分内容整合和翻译了《K-12 年级 STEM 整合教育：现状、前景和研究议程》报告中的内容。Margaret Honey，Greg Pearson，Heidi Schweingruber. STEM integration in K-12 education：status，prospects，and an agenda for research [M]. Washington，D. C.：The National Academy of Sciences，2014.

都为儿童青少年的科学学习提供了大量的素材和机会①。大量的研究表明，课外科学学习对科学课的学习已经产生了影响②。课外环境对 STEM 教育同样起到非常重要的作用。

## 一、在课外环境中实施 STEM 教育的重要意义

从时间上计算，学生每天在学校的时间一般在 8 小时之内，其他的时间都是在校外，加上周末的时间，假设每个孩子每天睡眠时间为 8 小时，那么孩子在学校的时间相当于他所有自由时间的 35%，其余 65%的时间都在校外。此外，如果将寒暑假的时间都计算在内的话，那么孩子在校内的时间约 25%，其余 75%的时间都是在校外。由此能够发现，儿童青少年的大部分时间都属于课外或者说是校外的时间。因此，尽管我们一直都在强调学校教育，但是课外教育的力量也不容忽视。

不仅仅中国如此，美国学生的课外时间也是占据了学生的大部分自由时间。美国课后教育联盟(after school alliance)2018 年发布的数据表明：学习不仅仅发生在学校。对小学生来说，超过 80%的时间都是在校外度过，如暑期夏令营、课后项目、图书馆、博物馆、科学中心或者家里。报告中认为：帮助儿童青少年学习科学、技术、工程和数学(STEM)是帮助社会创建经济繁荣的关键。国家和各州以及学校都需要增进与课后项目、夏令营项目、博物馆、科技馆、图书馆、大学以及企业的关系，来确保所有的学生无论在何地成长都有机会接受高质量的 STEM 教育。通过充分地利用校外的时间，采取万事俱备的方式最大化集中影响，确保所有的儿童都做好应对未来挑战的准备。

从时间的角度，我们能够充分的看出，在课后环境中度过的大量时间里，鼓励学生开展 STEM 教育对促进学生的发展和整个社会的 STEM 劳动力的培养是非常有益的。美国课后教育联盟的报告中还指出了课后特定的 STEM 教育项目对儿童青少年的重要性。报告中指出：聚焦于 STEM 主题的课后项目为学生提供了额外的与 STEM 接触的时间、多元的学习场景和学习方法；能够缩小贫富差距带来的影响。

---

① Falk J H，Dierking L D. The 95% solution：school is not where most Americans learn most of their science[J]. American Scientist，2010，98(6)：486-493.

② National Research Council. Learning science in informal environments：people，places，and pursuits. committee on learning science in informal environments [M]//Philip Bell，Bruce Lewenstein，Andrew W Shouse，et al. Board on science education，center for education. Division of behavioral and social sciences and education. Washington，D. C.：The National Academies Press，2009.

儿童青少年，特别是小学生，基于本书前面给出的数据，他们在学校里的时间不超过他们自由时间的20%，特定的STEM的项目能够为一些学生提供充分的时间让他们在STEM主题下提问、思考、学习和探索。同时，在STEM课后项目中，学生们可以接触到动手做以及真实世界活动。能够在课外的空间中锻炼学生的STEM技能。这使得孩子们觉得STEM学科更容易接近、更加有趣。

有研究表明：学生在课后STEM项目中的学习增进了学生对STEM学习和职业的兴趣。在来自160个课后项目的将近1600个青少年中，70%的人都说STEM课后项目中的学习使他们对STEM的态度更加积极，他们获得更多的STEM职业知识，增进了他们对21世纪技能的理解。①

从STEM教育的特征和内容上说，STEM教育中强调整合和问题的解决，课外STEM教育由于课外环境的特点，有机会和时间设计更多的动手活动、基于探究的活动。美国国家科学研究院发布的报告《非正式环境下的科学学习：人、场所和活动》中多次都指出：校外特定的STEM教育项目对参加者对待科学知识和技能的态度都有积极的影响。② 很多的课外STEM活动都能鼓励和激发学习者的兴趣。同时，学习者参加课外STEM教育活动，毫无疑问地扩展了学习者STEM领域的一些知识。当然，从事与STEM领域有关的工作影响的因素非常复杂，有的人是由于经济的原因，有的人是由于家里人的原因，很难以说与某次活动或者某一段学习经历有直接的关系。只能定性地说，儿童青少年在他课余时间多参加STEM活动，对其未来从事STEM领域有关的工作有一定的影响和辅助作用。从目前梳理到的上述文献看，几乎都肯定了课外环境中开展STEM教育对学生的发展起到了重要的作用。

## 二、高质量STEM教育项目的特征

美国国家研究理事会出版了报告《在校外设施中确认和支持高质量的

① Allen P, Noam G. Afterschool & STEM system-building evaluation 2016[EB/OL]. [2020-07-16]. https://docs.wixstatic.com/ugd/e45463_e14ee6fac98d405e950c66fe28de9bf8.pdf.

② National Research Council. Learning science in informal environments: people, places, and pursuits. Committee on learning science in informal environments [M]//Philip Bell, Bruce Lewenstein, Andrew W Shouse, et al. Board on science education, center for education. Division of behavioral and social sciences and education. Washington, D.C.: The National Academies Press, 2009.

STEM 项目》中给出了高质量的 STEM 项目的原则。① 具体描述如下。

(1)高质量的 STEM 项目能够让青年人智力、社交和情感三方面都投入其中。

①通过现象和材料为学习者提供第一手的学习经验。

②让学习者投入到持续性 STEM 实践中。

③能够建立起支持性的学习团体。

(2)高质量的 STEM 项目能够对青年人的兴趣、经验和文化实践做出回应。

①让 STEM 定位具有社会意义和文化相关性。

②支持合作、有领导力和所有权的 STEM 学习。

③把工作人员定位于与学习者一起的合作调查者。

(3)高质量的 STEM 项目能够联系校外、学校、家庭和其他设施中所有的 STEM 学习。

①联系不同学习设施中的学习经验。

②利用社区资源和伙伴关系。

③积极获取到额外的 STEM 学习机会。

如何具体理解"高质量的 STEM 项目能够让青年人智力、社交和情感三方面都投入其中"这样的描述呢？人在学习的过程中，涉及智力、社交和情感的投入，所以对 STEM 学习来说也是同样，能够创设出让年轻人参与其中，给他们提供机会和支持，让他们的智力、社会和情感得到发展的环境就是适合的环境。高质量的 STEM 教育项目能够让学习者通过现象和材料接触到第一手经验。有关研究证明：接触一手学习经验能够促进学习者的学习。② 在 STEM 学习中，一手学习经验通常被理解为"动手做"。实际上，一手学习经验的理解不仅仅是动手做，比如调查、计算机学习等，基于项目的学习，STEM 领域的实验等都可以理解为一手学习经验。在衡量高质量的 STEM 教育项目时，

---

① Committee on Successful Out-of-School STEM Learning; Board on Science Education; Division of Behavioral and Social Sciences and Education; National Research Council. Identifying and supporting productive STEM programs in out-of-School settings[M]. Washington, D. C.: The National Academies Press, 2015.

② National Research Council. A framework for K-12 science education: practices, crosscutting concepts, and core ideas. Committee on conceptual framework for the new K-12 science education standards. Board on science education, division of behavioral and social sciences and education[M]. Washington, D. C.: The National Academies Press, 2012.

关于一手学习经验方面，包括的范围比较广，比如去动物园接触小动物，去植物园观察植物，画出小区的地图，做调查，设计玩具，在电脑中给电子衣服染色，等等。比如，在STEM教育项目中，设计内容只有教师讲授，学生听讲，这就不属于一手学习经验。有研究表明：学习STEM最好的路径就是参与到STEM的实践中。① 直接参与STEM实践使年轻人增进了用于研究、建模和解释自然现象和人造世界的实践方法的理解。什么是STEM实践呢？STEM实践与科学实践类似，就是在STEM领域内开展如下学习：提出问题，界定问题，形成和使用模型，计划和实施调查，分析和解释数据，应用数学和计算机思维，构建答案和设计方案，参与到基于证据的争论中，获取信息，评价信息和交流信息。② 让学习者直接参与到科学与工程实践中，学习者可以更好地理解和体会STEM在探索、学习和解释自然现象和构建世界时的重要作用，以及学会STEM知识是如何发展的。评价一个项目是不是高质量的STEM教育项目，需要考察学习者是否能在该项目中体验STEM实践。在高质量的STEM教育项目中，要能够为学习者创设一个良好的学习环境，在其中，学习者能够发现值得探索的问题，开展研究或者创设模型，并且将结果或者方案与大家一起分享。本质上说，高质量的STEM教育项目要为学习者创设一个像科学家一样开展科学实践或者像工程师一样开展工程实践的学习环境。

如何具体理解“高质量的STEM项目能够对青年人的兴趣、经验和文化实践做出回应”呢？看过很多研究结果，从孩子到大人，对科学领域或者STEM领域都存在刻板印象。一般人对科学领域的刻板印象多是天才科学家们深夜还在实验室里做实验，孤独的身影搭配明亮的灯光，搭配科学家手里拿着试管，仔细的辨别溶液。孩子们对科学家的刻板印象常常是男性，穿着白色实验服，严肃，可能会有大胡子。对工程领域，人们也存在着一些刻板印象，比如工程领域就意味着盖房子、建筑工程。对工程师的刻板印象是戴着黄色安全帽，穿着橘色安全马甲，在脚手架下指挥。这些都属于人们头脑中与STEM有关的文化。实际上，科学实践工作常常需要团队合作，形成实验组。科学实践工

① Minner D D，Levy A J，Century J. Inquiry-based science instruction-what is it and does it matter? Results from a research synthesis years 1984 to 2002[J]. Journal of Research in Science Teaching，2010，47(4)：474-496.

② National Research Council. A framework for K-12 science education：practices，crosscutting concepts，and core ideas. Committee on conceptual framework for the new K-12 science education standards. Board on science education，division of behavioral and social sciences and education[M]. Washington，D. C.：The National Academies Press，2012.

作，不仅仅包括实验室工作，也包括野外探索工作。实验室工作的科学家常常穿白色实验服，野外工作的科学家也常常穿迷彩衣，在南北极探险的科学家还常常穿颜色鲜艳的防寒服，科学家做学术报告时也西装革履。科学家穿的衣服与他们工作的性质和内容相关。STEM 教育一个重要目标也是帮助学习者建立对 STEM 领域的全面认识和理解。只有对 STEM 领域有了更全面更充分的理解，学习者才能更加充分地认识到 STEM 教育的价值，也更愿意从事 STEM 领域的工作。因此，高质量的 STEM 教育需要为学习者创设出与他们的兴趣、经验和文化相联系的学习内容。依据建构主义理论，学习者先前的经验和兴趣会影响学习效果，因此，高质量的 STEM 教育要考虑到学习者的先前经验，帮助学习者将新的学习内容和话题与之前的经验和兴趣建立起联系，引起学习者的兴趣和继续探索的欲望。有研究表明：如果一个人对一个概念或者话题感兴趣，他们就更想继续研究。① 在 STEM 教育项目中，常常需要学习者以小组为单位共同完成一个任务。在小组活动的过程中，需要有主导者，也需要全体学习者通力合作，共同努力。高质量的 STEM 教育项目只有倡导合作的、能够提升学习者领导力的氛围和机会，才能保证 STEM 教育的效果。同时，在 STEM 教育中，教师并不是学习中的权威，教师是与学习者一起探索的合作者。在高质量的 STEM 教育项目中，教师要为学习者提供支持，这种支持不仅仅包括学习材料的提供，学习内容的选择和把控，还应该包括学习思路的引导。教师和 STEM 教育项目中的工作人员与学习者一起学习，共同探索，促进学习者对 STEM 的理解。

如何具体理解“高质量的 STEM 项目能够联系校外、学校、家庭和其他设施中所有的 STEM 学习”？很多研究都发现年轻人能够将一个情境下学习和理解的 STEM 内容迁移到另一个情境，包括从家里迁移到学校②，从学校迁移到校外活动③，从家迁移到校外活动④，以及在所有校外场所内

---

① Hidi S, Renninger K A. The four-phase model of interest development[J]. Educational Psychologist, 2006, 41(2): 111-127.

② Mehus S, Stevens R, Grigholm L. Interactional arrangements for learning about science in early childhood: a case study across preschool and home contexts[C]. Chicago, I. L.: Paper presented at the 9th International Conference of the Learning Sciences, 2010.

③ Falk J H, Needham M. Measuring the impact of a science center on its community [J]. Journal of Research in Science Teaching, 2011, 48(1): 1-12.

④ Vossoughi S, Escudé M, Kong F, et al. Tinkering, learning, and equity in the after-school setting[C]. Fablearn, 2013.

迁移①。高质量的STEM教育项目能够帮助学习者认识到和理解他们在校外的情境中学习到的STEM内容与校内学习的内容或者在其他情境中学习到的内容是互相联系的，也是互相支持的，二者之间能够互相促进。校外的STEM教育内容设计者一直都很纠结，要不要将STEM的内容设计成类似于学校里学习的STEM内容。实际上，单纯将学习分为校内学习和校外学习会给学习者带来学习上的误区。学习是连贯的。校内和校外只是情境上的差别。学习者在校内学习的STEM领域的内容，常常能够在校外情境中学习STEM时得到应用。因此，高质量的STEM教育项目的内容设计需要匹配相应的环境，不需要考虑太多与校内的差别，可以将一部分注意力放在与学习者以往的STEM学习的联系上。高质量的STEM教育项目需要考虑学习团体内的资源和伙伴关系，有研究表明馆校合作时如果博物馆的工作人员与学校的科学教师有很好的合作关系可以提升学生的学习效果②。此外，高质量的STEM教育项目还应该为学习者提供其他额外的学习机会。让每一次STEM学习机会成为下一次学习的链接。

## 三、课外环境中开展STEM教育

STEM教育可以在以下课外场所中开展：设计好的环境中的STEM教育、自然设施环境中的STEM教育和日常生活中的STEM教育③。

①设计好的环境，如学校、博物馆或者一些夏令营及其他特殊的短期项目。

②自然设施环境，如公园、动物园、林地、河边、湖边等。

③日常生活中的STEM教育，如网络、电视，家庭成员或者与朋友之间的交流等。

从上述环境中的STEM教育能够看出，能够开展STEM教育的环境十分丰富，STEM教育的类型和内容也由于环境的丰富而会层次多样。

在课外环境中，环境相对自由，时间相对自由。在STEM教育的开展中，

---

① Azevedo F S，diSessa A，Sherin B. An evolving framework for describing student engagement in classroom activities[J]. Journal of Mathematical Behavior，2012，31(2)：270-289.

② National Research Council. Identifying and supporting productive STEM programs in out-of-school settings[M]. Washington，D. C.：The National Academies Press，2015.

③ Committee on Successful Out-of-School STEM Learning；Board on Science Education；Division of Behavioral and Social Sciences and Education；National Research Council. Identifying and supporting productive STEM programs in out-of-school settings[M]. Washington，D. C.：The National Academies Press，2015.

一种非常好的方式是采用基于项目的方式开展 STEM 教育。为了更加清晰地描述项目学习，本书援引《中小学 STEM 教育丛书》中《基于项目的 STEM 学习》中的项目学习的常见特征和 STEM 项目学习与探究学习的对比，如表 3-1 与表 3-2 中的内容。①

**表 3-1 项目学习的常见特征②**

| 特征 | 描述 |
| --- | --- |
| 引入 | 使用包括“大概念”或者支撑点的项目引入。这种方法有利于激励学生，提供重点并强化学生表现 |
| 任务 | 任务和引导性问题为学生搭建脚手架，解释需要达成的目标，渗透所要研究的内容。任务应该能够让学生参与研究，既对学生有挑战又有可行性；允许学生就如何获得新知识，以自己先前的知识、背景和技能的基础进行选择、计划和设计 |
| 调查 | 过程和调查包括为完成任务而搭建脚手架所需的步骤，以及强化每一步中的参与度，包括回答引导性问题。这一过程应该包括要求更高级的批判性思维技能，如信息的分析、综合和评价的活动。处于不同认知能力和语言能力水平的学生可能需要替代性方法在恰当的级别展示自己的理解和表现 |
| 资源 | 资源提供了可用的数据，包括超文本的网络连接、电脑和科学探测指南针等。资源应该在学生能够接触到的环境内提供 |
| 搭建脚手架 | 不同的学生在不同的级别需要教师引导并为他们搭建脚手架，这些来自教师的帮助可能包括组织、社会性帮助、引导练习单、引导性问题等 |
| 合作 | 很多项目包括小组或者团队合作学习，特别是在资源有限的情况下 |
| 反思 | 做得好的项目提供了收尾总结、评价和反思等机会。这些可能包括相关的课堂讨论、日志记录，有关学生所学的内容的后续问题等 |

**表 3-2 STEM 项目学习与探究学习的对比③**

| STEM 项目学习 | 探究学习 |
| --- | --- |
| 以学生为中心，学生自主学习 | 以学生为中心，教师指导下的学习 |

① 罗伯特·卡普拉罗，玛丽·卡普拉罗，摩根．基于项目的 STEM 学习[M]．王雪华，屈梅，译．上海：上海科技教育出版社，2016：138，93.

② 同①.

③ 同①.

续表

| STEM 项目学习 | 探究学习 |
|---|---|
| 通过体验来学习 | 基于先前知识和经验来学习 |
| 生产出产品 | 不一定生产出产品 |
| 合作的小组学习 | 个人的或者合作的小组学习 |
| 模糊的任务和明确的结果 | 选择性任务和松散界定的结果 |
| 项目驱动 | 假设或者问题驱动 |
| 结构化较差 | 结构化 |
| 工程设计步骤是 STEM 项目课的核心 | 没有成品，也没有工程设计步骤 |
| 学生是问题的提出者，并确定模糊的任务或者现实生活问题的实际解决者 | 学生是问题的提出者 |
| 项目具有现实生活的适用性 | 并非总有现实适用性 |
| 项目有制约因素和计划好的时间表 | 没有制约因素也没有具体的时间表 |
| 问题是项目学习的重要部分 | 问题是探究学习和教授的核心 |
| 多学科 | 单一学科 |

STEM 项目学习在本质上是以任务为驱动，学生自主通过体验的方式开展学习，最终完成任务并且生产出产品。这样的学习与日常熟悉的探究式学习存在一定的区别。

课外环境中开展 STEM 学习时，可以采用基于项目的学习方式，要注意 STEM 项目学习的特点。比如，STEM 项目学习的特点之一是结构化较差，课外环境中学生的自由度较高，结构化也较差，因此在实施过程中需要注意内容的逻辑性和连贯性。下面将以案例的方式展示一下课外环境中 STEM 教育活动的设计。

**活动题目：**骨头的聚会。

**活动内容概要：**骨骼是运动系统中的重要组成部分。在这个主题中，通过探究和讨论来学习骨骼、骨和关节的概念及其重要作用。对骨的学习，主要采用观察分析骨模型的方法，让学生知道骨具有多种形态，并理解不同形态的骨在身体中有不同的作用。对关节的学习，让学生在一定范围内活动，感受自己身体各关节灵活程度的不同。在学习一定生物学知识的基础上，向学生介绍生物医学工程师这一职业，并让学生以小组为单位，设计并制作小腿假肢，学习分析问题、解决问题和小组合作。

**核心思路：**背景引入（解决骨折或者骨头损坏等实际问题）—科学概念学习（骨、骨骼和关节等）—理解科学家和科学工作（生物医学工程师职业介绍）—工程设计（设计并制作小腿假肢）。

**背景：**从日常生活中的骨折以及骨头和关节的损坏引入。这些内容是儿童日常生活中熟悉的情况。从而提出需要解决的问题。例如，如何制作假肢？如何制作关节？

**科学概念的学习：**骨骼和骨骼系统。

**理解科学家和科学工作：**认识生物医学工程师的工作。

**工程设计：**围绕着制作假肢的问题，开始小腿假肢的制作。按照设计—制作—使用—评价和改进等流程完成。

上述案例中围绕着科学、工程和数学的结合，以解决假肢制作这样一个问题展开，通过学生自己体验，在充分理解科学概念的基础上，开展模型设计，最终制作出产品。这样的案例大约需要2小时。可以选择在科学类博物馆中实施，学生可以在学习骨骼概念期间直接接触骨骼标本，在学习生物医学工程师的职业时可以通过视频学习，甚至可以由博物馆的工作人员扮演生物医学工程师来跟儿童交流。在制作假肢的过程中，科学类博物馆中可以提供非常丰富的场景和材料让参与者更有真实感。在很多角度上课外环境都非常适合开展STEM教育。

## 第三节　课外STEM教育的评价

众所周知，课外环境具有复杂性和多样性的特点，因此，对在课外环境中开展的STEM教育实施评价具有一定的难度。此外，多数课外STEM教育课程或者活动的不连续也给评价带来困难。短期的活动很难产生立竿见影的效果，很难确定学生的某一种能力是由于参加了一次或者两次STEM活动培养的。尽管有这样那样的困难，但是毫无疑问，评价是非常重要的，《美国国家科学教育标准》中指出：评价是科学教育体系中的一个基本反馈机制。例如，评价数据为学生提供他们满足教师和家长期望程度的反馈，为教师提供了学生学习成果的反馈，为学区提供了其教师和教学计划有效程度的反馈，为政策制定者提供了政策效果的反馈。① 教师做好课外STEM教育评价能够更充分地

① 国家研究理事会．美国国家科学教育标准[M]．北京：科学技术文献出版社，1999.

了解学生的学习情况，为以后改进课程或者活动设计提供依据和支撑；STEM 教育项目设计单位通过评价可以了解到项目在实施过程中的问题和优势，为开发更高质量的 STEM 教育做好准备。此外，一些政府机构通过对 STEM 教育项目的评价，为更好地分配 STEM 教育资源、建立 STEM 教育发展的平台打好基础。基于上述考虑，本书认为，无论是在课外环境中还是在课外环境中，做好 STEM 教育评价是非常有必要的。

## 一、评价对象

美国国家研究理事会出版的《在校外设施中确认和支持高质量的 STEM 项目》给出了全面的课外 STEM 教育项目评价，包括三个相互关联的层次：个人、项目和社区。① 这里援引了部分该报告中的内容。

第一层次，以个人为评价对象。以个人为评价对象，主要是以参与 STEM 项目的学生为评价对象。对课外 STEM 项目质量的评价包括但不限于：学生在 STEM 中的智力发展；对 STEM 领域的积极认同；学生的个性发展；学生个人视野的扩展，包括职业选择等。此外，如果通过评价，能够反映出学生通过参与课外 STEM 项目的学习，进而增加了对 STEM 领域的兴趣，提升了认知能力上，甚至仅仅是满足了学生的学习需求，都是课外 STEM 项目的成果。

第二层次，以 STEM 教育项目整体为评价对象。评价的目标是通过改进项目的设计和实施过程，进而提升 STEM 项目在支持年轻人的智力、社会和情感参与以及项目对参与者的兴趣和经验的响应程度。在项目层面的评价，可评价的内容包括但不限于：该 STEM 项目对 STEM 领域的投入程度，例如，该 STEM 项目的内容是不是与 STEM 密切相关，或者该 STEM 项目的内容是不是体现了 STEM 教育整合性的特点；STEM 教育项目对学生或者年轻人的学习需求的回应，也就是说设计的 STEM 项目是否满足了最初的需要；STEM 教育项目是否与社区之间有联系，关于这一点，在国外比较常见，国内的一些课外 STEM 项目主要以机构组织为主，与社区之间的联系不多，要因地制宜，不能强求所有指标都评价。项目实施过程的评价，还包括学生的参与程度等。此外，如果同时运行很多个 STEM 教育项目，那么也可以将每一个项目投入的资源与最终参与该项目的学生取得的成果建立联系，以此投入/产出比值来评价每一个 STEM 教育项目的效率。这种评价方法可以看出哪一个 STEM 教育项目运行得更好，其他运行不够好的 STEM 教育项目需要改进

① National Research Council. Identifying and supporting productive STEM programs in out-of-school settings[M]. Washington, D.C.: The National Academies Press, 2015.

的方面有哪些。

第三层次，是在社区层面去评价。这个方面的评价主要目标是为了更好地分配 STEM 学习的资源。评价的内容包括但不限于：社区的资源在多大程度上支持有效的课外 STEM 规划；社区在促进校内 STEM 教育和校外 STEM 教育之间的整合和联系上做出多少努力。

开展 STEM 项目评价之前，要考虑清楚要在哪一个层面对 STEM 教育项目开展评价。对 STEM 教育活动的设计者与实施者而言，在个人层面和项目层面的开展评价相对更常见一些。对一个地区的管理者而言，可以适当开展社区层面的评价。例如，某省开展了 STEM 教育的实施工作，那么对省级管理办公室而言，对该项目开展社区层面或者地区层面的评价对项目的发展是有价值的。

## 二、评价方法

无论是从哪一个层面上开展评价，都要注意评价的有效性。《美国国家科学教育标准》中关于评价的有效性有这样几条说明：评价的设计必须审慎；评价的目标必须明确说明；决策与数据之间的关系必须清楚；评价过程必须具有内在一致性。① 在开展评价的过程中，首先要注意评价的目标必须明确，为什么要评价，评价谁都要想清楚。评价的设计必须要仔细，其中的重点是数据的收集方法和途径。

一般来说，数据收集方法可以分为四种，第一种为书面测试，如问卷、量表等；第二种为访谈，如通过面对面的访谈获取数据，需要访谈提纲；第三种为综合应用法；第四种为观察法，可以通过 STEM 教育项目的课堂观察或者活动实施过程中的观察来获取数据。在问卷和量表中，收集数据的方法也不同，有的是采用学生自我报告的形式，有的是采用李克特量表的方式，也有的是采用了问答题的方式。由于评价目标不同，每一个 STEM 教育项目内容方面的差异，可能最终评价者选择的工具都不一样。本书提供一些常见的评价问卷和量表以及观察和访谈提纲，供大家参考。

问卷和量表是使用最广泛的方式之一，因此在这里给出的样例也更多一些。②

---

① 国家研究理事会．美国国家科学教育标准[M]．北京：科学技术文献出版社，1999.

② 以下 4 个量表，均来源于 https://www.thepearinstitute.org/stem 中的著作，翻译完成。仅供参考。

**量表1　对科学的态度量表**

请用此评价指标回答下列问题：

SA——非常同意

A——同意

N——不同意也　不反对

D——不同意

SD——非常不同意

（请圈出一个回答）

| | | | | | | |
|---|---|---|---|---|---|---|
| (1) | SA | A | N | D | SD | 科学很有趣 |
| (2) | SA | A | N | D | SD | 我不喜欢科学，学习科学让我觉得困扰 |
| (3) | SA | A | N | D | SD | 在科学课上我经常被内容吸引 |
| (4) | SA | A | N | D | SD | 我想学习更多科学 |
| (5) | SA | A | N | D | SD | 如果再也不能上科学课，我会觉得难过 |
| (6) | SA | A | N | D | SD | 科学对我来说很有趣，我很喜欢 |
| (7) | SA | A | N | D | SD | 科学让我觉得不舒服、焦躁不安、烦躁、不耐烦 |
| (8) | SA | A | N | D | SD | 科学吸引人而且有趣 |
| (9) | SA | A | N | D | SD | 我对科学的感觉是很好的感觉 |
| (10) | SA | A | N | D | SD | 听到科学这个词，我有不喜欢的感觉 |
| (11) | SA | A | N | D | SD | 科学是我喜欢的学习科目 |
| (12) | SA | A | N | D | SD | 科学让我觉得轻松，我非常喜欢它 |
| (13) | SA | A | N | D | SD | 我对科学有确切的正向反应 |
| (14) | SA | A | N | D | SD | 科学很无聊 |

**量表2　关于科学活动过程的调查问卷**

在您看来，以下事项在科学活动中的情况如何？

| 在科学探究过程中 | 从不 | 很少 | 有时 | 经常 | 总是 |
|---|---|---|---|---|---|
| 1. 科学观察由科学家的探究目的决定 | 1 | 2 | 3 | 4 | 5 |
| 2. 科学探究包括质疑其他科学家的观点 | 1 | 2 | 3 | 4 | 5 |
| 3. 科学观察受科学家价值观和信仰的影响 | 1 | 2 | 3 | 4 | 5 |

续表

| 在科学探究过程中 | 从不 | 很少 | 有时 | 经常 | 总是 |
| --- | --- | --- | --- | --- | --- |
| 4. 科学探究包括批判地思考自身知识体系 | 1 | 2 | 3 | 4 | 5 |
| 5. 直觉在科学探究中有作用 | 1 | 2 | 3 | 4 | 5 |
| 6. 科学观察中，科学家减少自己信仰和价值的影响 | 1 | 2 | 3 | 4 | 5 |
| 7. 科学观察由理论指导 | 1 | 2 | 3 | 4 | 5 |
| 8. 科学探究以观察自然为开始 | 1 | 2 | 3 | 4 | 5 |
| 9. 科学调查遵从科学的方法 | 1 | 2 | 3 | 4 | 5 |
| 10. 科学观点有科学的和不科学的起源 | 1 | 2 | 3 | 4 | 5 |
| 11. 科学知识正确描述了自然世界 | 1 | 2 | 3 | 4 | 5 |
| 12. 科学知识是不确定的 | 1 | 2 | 3 | 4 | 5 |
| 13. 科学知识与它产生的社会背景相关联 | 1 | 2 | 3 | 4 | 5 |
| 14. 科学知识可以被证明 | 1 | 2 | 3 | 4 | 5 |
| 15. 科学知识的评价随情景的变化而变化 | 1 | 2 | 3 | 4 | 5 |
| 16. 当前科学知识的准确性毋庸置疑 | 1 | 2 | 3 | 4 | 5 |
| 17. 目前公认的科学知识将来会被修改的 | 1 | 2 | 3 | 4 | 5 |
| 18. 科学知识受到文化态度和社会态度的影响 | 1 | 2 | 3 | 4 | 5 |
| 19. 科学知识不受人的思维方式的影响 | 1 | 2 | 3 | 4 | 5 |
| 20. 科学知识受到神话故事的影响 | 1 | 2 | 3 | 4 | 5 |

**量表 3 我对技术的看法**

我们希望通过这份问卷得到你对技术的看法。我们所说的技术指的是视频、光盘、电脑、扫描仪、打印机和互联网等。请回答问题，告诉我们你对技术的看法。答案没有正确与否，只需要选出最接近你想法的那个选项。

| | 强烈同意 1 | 同意 2 | 不同意 3 | 强烈不同意 4 |
| --- | --- | --- | --- | --- |
| 1. 技术在生活中非常重要 | | | | |
| 2. 技术让学校更有趣 | | | | |
| 3. 技术工作富有创造性 | | | | |

续表

| | 强烈同意 1 | 同意 2 | 不同意 3 | 强烈不同意 4 |
|---|---|---|---|---|
| 4. 女孩能和男孩一样做技术 | | | | |
| 5. 我确定不想做运用大量技术的工作 | | | | |
| 6. 通过技术人们可以赚很多钱 | | | | |
| 7. 技术对我太难了 | | | | |
| 8. 对我这个年龄的学生来说，技术没意思 | | | | |
| 9. 我想在学校学习更多技术 | | | | |
| 10. 我对技术不感兴趣 | | | | |
| 11. 在学校很少听到关于技术的东西 | | | | |
| 12. 我觉得技术有点可怕 | | | | |
| 13. 技术对女孩和男孩一样困难 | | | | |
| 14. 技术只适合聪明人 | | | | |
| 15. 用电脑工作很无趣 | | | | |
| 16. 离开学校时我可能需要学习怎么用电脑 | | | | |
| 17. 我喜欢用电脑做作业 | | | | |
| 18. 用电脑工作我觉得很自在 | | | | |
| 19. 比起看电脑屏幕，我更喜欢看书 | | | | |
| 20. 电子游戏能让我思考 | | | | |
| 21. 我喜欢在课堂上观看视频 | | | | |
| 22. 老师使用视频和电脑时，我学到的东西更多 | | | | |
| 23. 技术不可靠，在你需要它时经常不起作用 | | | | |
| 24. 用电脑工作时我觉得很放松 | | | | |
| 25. 使用技术我可以做得很好 | | | | |
| 26. 我很习惯使用技术 | | | | |

### 量表 4　批判性思维(12～18 岁)

下表描述了你在日常生活中如何思考。根据你最近 30 天之内的情况，在表格中描述的事项上选择合适的答案。例如，如果某一事项你选择了 5“总是”，表明你时常做该项所描述的事，你总是做该事。

| 序号 | 事项 | 1<br>从不 | 2<br>很少 | 3<br>有时 | 4<br>经常 | 5<br>总是 |
|---|---|---|---|---|---|---|
| 1 | 我在采取行动之前想到可能的结果 | | | | | |
| 2 | 有任务需要完成时，我从其他人那里获得观点 | | | | | |
| 3 | 我通过搜集信息发展自己的观点 | | | | | |
| 4 | 面对问题时，我确定出选项 | | | | | |
| 5 | 我能就一个问题轻松地表达自己的想法 | | | | | |
| 6 | 我有能力为自己的观点提供理由 | | | | | |
| 7 | 获得信息支持自己的观点对我来说很重要 | | | | | |
| 8 | 在做出决定之前，我有不止一个信息来源 | | | | | |
| 9 | 关于一个主题，我计划从何处获得信息 | | | | | |
| 10 | 关于一个主题，我计划如何获得信息 | | | | | |
| 11 | 我将自己想法按重要性排序 | | | | | |
| 12 | 我用获取的信息支持自己的决定 | | | | | |
| 13 | 即便不同意，我也会倾听别人的想法 | | | | | |
| 14 | 思考一个主题时，我会对观点做出比较 | | | | | |
| 15 | 计划做决定时，我会对不同观点保持开放的思想 | | | | | |
| 16 | 我知道有时一个问题没有正确或错误的答案 | | | | | |
| 17 | 我用清单表帮助自己思考问题 | | | | | |
| 18 | 我能轻松地辨别出自己做的是对是错 | | | | | |
| 19 | 我有能力发现解决问题的最好办法 | | | | | |
| 20 | 我确定自己使用的信息是正确的 | | | | | |

上述量表，分别列举了学习者对科学的态度，对技术的态度，批判性思维的情况以及科技活动等的相关评测。量表仅供参考，因此并没有给出具体的施测方法和评分标准。

观察表案例(表 3-3)通过观察 STEM 教育项目中师生的互动情况等，收集相关数据，以衡量该 STEM 教育项目是否体现了 STEM 教育本质以及特征。观察表改编自一项基于博物馆项目的观察研究。①

**表 3-3　观察表案例**

| 项目 | 代码含义：D 项目教师　　S 学生　　O 其他 |
|---|---|
| 行为代码说明 | 说(l)：在学生、STEM 项目教师或其他人之间没有直接互动的情况下进行说话 |
| | 互动(i)：至少两个人之间的谈话，包括提出问题，进行解释，或其他任务上的行为 |
| 行为代码说明 | 操作(m)：活动内的行为，包括动手制作一些产品或者设计 |
| | 观察/倾听(o)：任何非互动的行为，包括观察或倾听 |
| | 管理(mg)：任何形式上的行为，包括方向、日程安排、纪律 |
| | 活动外行为(ot)：任何与 STEM 项目内容无关的行为 |
| 观察的程序与规则 | 1. 每 5 分钟或活动发生变化时，记录 STEM 老师和学生的行为(使用代码) |
| | 2. 在每个代码旁边记录现场笔记，包括 STEM 老师或学生提出的具体问题或评论，以及特定的活动或活动外的行为 |
| | 3. 记录与每个数据代码相关的学生人数，例如，Si-4，表示有互动行为的学生 4 人 |
| | 4. 当您进行观察时，记录一些其他信息(如，STEM 老师对种族、年龄、性别和语言的敏感性) |

访谈提纲参考案例 1(表 3-4)：通过访谈教师，收集相应的 STEM 教育项目设计的内容信息，以改进项目。访谈提纲也同样改编自前面所提到的博物馆观察研究。②

---

① Cox-Petersen Ae M，Marsh D D，Kisiel J，et al. Investigation of guided school tours，student learning，and science reform recommendations at a Museum of Natural History[J]. Journal of Research in Science Teaching，2010，40(2)：200-218.

② 同①.

表 3-4 访谈提纲参考案例 1

| | |
|---|---|
| 教师访谈内容 | 1. 您为什么选择带学生参观参加这个 STEM 教育项目 |
| | 2. 参与之前是否让学生为参加此项目做任何准备？如果有，请解释做了哪些准备 |
| | 3. 您能否解释参加此 STEM 教育项目与学校课程之间有什么联系 |
| | 4. 请评价此次活动(1～5，1 代表价值最低，5 代表最有价值) |
| | 5. 这次 STEM 教育项目中您最喜欢什么 |
| | 6. 这次 STEM 教育项目中您最不喜欢的是什么 |
| | 7. STEM 教育项目需要做些什么改变以更适合您的学生 |
| | 8. 您回到学校后，还会打算通过课堂活动继续进行 STEM 教育项目活动吗？如果是，您的学生将会参加什么类型的活动 |
| 教师访谈规则 | 教师共访谈 30 人。<br>每组选择一位教师做访谈。访谈分为两部分完成。一是在参观开始前，由一位数据收集员访谈教师，问题主要为教师带学生来博物馆的目的和选择某个展区参观的思路等。二是参观结束后，再次访谈该教师，主要是了解教师对此次参观的价值判断和对下次参观的建议 |

访谈提纲参考案例 2：(表 3-5)通过访谈学生，收集相应的 STEM 教育项目设计的内容信息，以改进项目。

表 3-5 访谈提纲参考案例 2

| | |
|---|---|
| 学生访谈内容 | 1. 如果让你从这次 STEM 教育项目中说出一个大概念，那会是什么 |
| | 2. 你能说出你从今天的 STEM 教育项目中学到的两件事吗 |
| | 3. 你喜欢 STEM 教育项目中的老师吗？如果喜欢，最喜欢哪些方面？如果不喜欢，最不喜欢哪些方面 |
| | 4. 在这次 STEM 教育项目中你最喜欢什么？最不喜欢什么 |
| 学生访谈程序与规则 | 参观结束后，数据收集员立即从他所负责的学校团体中选出 2～4 名学生进行访谈 |

尽管评价非常重要，但是要充分地认识到，学生的学习不是截断的，是连续的。学生在某方面的收获，有可能是横跨校内和校外的，也有可能需要持续很长时间的学习和投入的参与才能产生效果。因此，在解释评价过程中收集的数据时，要考虑到上述背景，不要夸大或者缩小校外 STEM 教育的作用。

# 第二部分　不同领域的课外科学教育

## 第四章　博物馆中的科学教育

博物馆教育专家乔治·E. 海因(George E. Hein)在其经典著作《学在博物馆》(*Learning in the Museum*)中曾经感慨：No challenge may be greater than to make museum exhibitions that will be appealing，accessible，and meaningful for the wide range of visitors who frequent the public halls of museums(没有什么事儿比让博物馆展品更吸引人、更容易让人接近、更富有学习意义、吸引更多大厅的观众来参观更加具有挑战性了)。教育功能已经成为现代博物馆的主要功能之一。作为博物馆中的一种重要类型，科技类博物馆则成了课外教育场所中组织开展科学教育的理想场所。根据中国科协《2018 年度事业发展统计公报》，截至 2019 年年底，各级科协拥有所有权或使用权的科技馆 978 个，流动科技馆 1 773 个。科技馆全年接待参观人数 7 479.4 万人次，其中少年儿童参观人数 3 446.0 万人次。实际上，除去上述隶属中国科协的科技馆，还有名目繁多的各级各类科技类博物馆广泛分布在各个地区。博物馆中的科学教育是课外科学教育的重要组成部分。

### 第一节　博物馆及其科学教育价值

随着时代演变，博物馆日渐扩大其社会职能，变成了教育、收藏、展示、研究的场所。研究者詹姆斯·克利福德认为，博物馆的使命在于联络工作——通过文化和政治交流，架起多种文化之间的沟通桥梁。博物馆展示中真实被重构的现象，不仅与展示过程中意义的制造有关，还与展示所蕴含的政治性有关，根本原因在于博物馆本身即一个与政治权力密切相关的文化展示场所。①

① 徐玲，赵慧君. 真实与重构：博物馆展示本质的思考[J]. 东南文化，2017(1)：115-120，127-128.

这表明了博物馆不是纯粹的展览或教育的场所，向谁展览教育、怎样展览教育、呈现什么内容……博物馆的职能框架总是被限定在一定的文化立场之间，这样就导致了其教育功能的复杂性。在博物馆中开展科学教育，首先应当理解博物馆的内涵，追溯其历史变迁，进而领悟博物馆内在的科学教育价值。

## 一、博物馆与科技类博物馆

科技类博物馆是博物馆的一种重要而常见的类型，它在构成要素、功能特征上符合场馆的常规逻辑，而围绕科学主题组织展教内容与展教形式则成为科技类博物馆的鲜明特色。本节内容首先对博物馆、科技类博物馆的概念内涵进行了阐述。

### (一)博物馆

博物馆的英文翻译是“Museum”，Museum是由希腊语“Mouseion”演变而来的，其本义指的是“供奉掌管学问、艺术的缪斯等九位女神及从事研究的处所”。[①] 至17世纪英国牛津阿什摩林博物馆的建立，Museum才成为通用名称。

1946年，国际博物馆协会(ICOM)在首届会议章程上对“博物馆”进行了界定：是藏品对公众开放的所有艺术、技术、科学、历史机构，其中包括动植物园，不包括一般类型的图书馆，但包括拥有常设展厅的图书馆。[②] 这一定义历经1951年、1962年、1971年、1974年、1989年、2007年等多轮修改，最终形成了当前经典性的定义：是一个以教育、研究、欣赏为目的而征集、保护、研究、传播和展示人类及人类环境物证的，为社会及其发展服务的，对公众开放的，营利的永久性(固定性)机构。多个版本的嬗变，一方面体现了从“物性”到“人性”这一价值取向的转向，并围绕着人类社会生活，不断扩充博物馆的外延；另一方面则逐渐明确了博物馆的功能定位，即教育、研究、欣赏。

随着全球政治、经济、文化、科技等发展变化带来的冲击，对博物馆的定义进行修订以更好适应未来发展逐渐成为共识。2007年后，国际博协于2016年、2019年又进行两次修改，当前对“博物馆”的定义为：博物馆是用来进行关于过去和未来的思辨对话的空间，具有民主性、包容性与多元性。博物馆承认并解决当前的冲突和挑战，为社会保管艺术品和标本，为子孙后代保护多样的记忆，保障所有人享有平等的权利和平等获取遗产的权利。博物馆并非为了盈利。它们具有可参与性和透明度，与各种社区展开积极合作，通过共同收

---

① 王宏钧. 中国博物馆学基础[M]. 上海：上海古籍出版社，2001：36.

② Baghli S A，Boylan P，Herreman Y. History of ICOM(1946—1996)[R]. 1998.

藏、保管、研究、阐释和展示，增进人们对世界的理解，旨在为人类尊严和社会正义、全球平等和地球福祉做出贡献。

Museum 一词是 19 世纪后期传入国内的。《左传·昭公元年》记载："晋侯闻子产之言曰：博物君子也"；《汉书·楚元王传赞》有云"博物洽闻，通达古今"。在中文意境里，"博"指出了博物馆的多元性和广泛性；"物"指出了博物馆基于实物的根本特征。中文一般翻译为"博物馆"，取博识万物之意。20 世纪 30 年代，中国博物馆协会(CMA)将博物馆界定为：一种文化机构，是以实物的保管和认证而作教育工作的组织及探讨学问的场所。① 1949 年，毛泽东《新民主主义论》提到要建设"民族的科学的大众的新文化"，如何改造和筹建博物馆，是当时的主要任务；1956 年，全国博物馆工作会议第一次明确提出博物馆的三项基本性质是"科学研究机关、文化教育机关、物质文化和精神文化遗存以及自然标本的收藏所"，博物馆的两项基本任务是"为科学研究服务、为广大人民群众服务"；1979 年，《省、市、自治区博物馆工作条例》(草案)在重申"三性二务"的同时，指出了当前国内最经典的表述："博物馆是文化和标本的主要收藏机构、宣传教育机构和科学研究机构，是我国社会主义科学文化事业的重要组成部分"。2015 年国务院发布《博物馆条例》，指出博物馆是指以教育、研究和欣赏为目的，收藏、保护并向公众展示人类活动和自然环境的见证物，经登记管理机关依法登记的非营利组织。

对比英文语境"Museum"和中文语境"博物馆"，二者既有共性又有区分。共性之处在于，二者对博物馆的功能的表述十分一致，教育、研究、展示、收藏成了博物馆应有之功能的共识。区分在于，英语语境下的"Museum"将博物馆边界扩展到人类生活所能涵摄的广泛领域②，而中文语境下的"博物馆"虽具有公共属性，但是其外延更侧重于文化类、静态类的专门博物馆③。通俗地说，中文语境中的"博物馆"是一个狭义的概念，科技馆、科学中心、动植物园均不属于这一概念范畴。然而，随着终身学习等理念的广泛影响，这一概念的边界日渐模糊。时至今日，我们更倾向于把"博物馆"置于更广义的视野下理解，其与科技馆、科学中心，以及动植物园等园囿性场所亦可一概而论。

在当前，随着科学技术迅猛发展和经济全球化的到来以及多元文化冲击下，各级各类专门性、特殊性的博物馆纷纷出现。这些博物馆的出现虽然对传

① 马继贤．博物馆学通论[M]．成都：四川大学出版社，1994：70.

② 王乐，涂艳国．场馆教育引论[J]．教育研究，2015，36(4)：26-32.

③ 宋娴．博物馆与学校的合作机制研究[M]．上海：上海科技教育出版社，2016：7.

统文化下关于博物馆的建设理念形成一定冲击，但是博物馆仍然保持着两个区分于其他场所的独立特征。第一，实物性。实物是博物馆的最根本特征，博物馆必须要具备一定数量的藏展品。“物”载负了人类活动或自然变迁的信息，博物馆的核心功能的发挥，也是基于“物”来开展的，利用“物”开展研究，利用“物”来进行教育，总之，“物”是博物馆的立馆之基，而基于实物性，博物馆也延伸出直观性、广博性的特点。第二，强调人与物的结合。20 世纪初，日本博物学家鹤田总一郎就提出这一理念，在博物馆中，“物”和“人”是以同等地位而互相联结着的。博物馆立足于人类社会，是为社会服务的机构，博物馆实物的收藏和展示，也应围绕着人类社会而展开，而现代意义上的博物馆，也应围绕着人的需要、社会的需要，来进行人与物的互动。

### (二)科技类博物馆

国际上，对 Museum 的类型划分方式很多，而如上文所言，围绕“实物性”这一博物馆的根本特征，可以按照藏展品和基本陈列内容将 Museum 划分为：历史博物馆、艺术博物馆、科技类博物馆、综合博物馆和其他类型①。

本书旨在引导读者更好地从事课外科学教育，博物馆是课外教育的重要场所，而科技类博物馆则是进行课外科学教育的专门场所。

何谓科技类博物馆？国际博物馆协会(ICOM)指出，以自然界和人类认识、保护和改造自然为内容的博物馆称为科技类博物馆。清华大学刘立教授指出，科技博物馆是指征集收藏、保存保护、研究、传播和展示自然物以及人类所创造的科学、技术、工程和产业成果的，供公众参观、学习和休闲的，有公益性质的场馆和场所。② 世界最早的科技类博物馆是英国科学博物馆(1909 年)和德国德意志博物馆(1903 年筹建，1925 年开放)。具影响力的科技馆则是奥本海默创建的美国旧金山探索馆，该馆以基础科学展示为定位，被称为科技馆的楷模，具有里程碑式的意义。

科技类博物馆历经了四个发展阶段：17—19 世纪，以展示技术发展史为主；20 世纪初期，通过展示科学技术来提高公众知识水平；20 世纪后期，让公众接触科学技术，促进知识为民所有；当代，突出科学技术与社会的互动关系。③ 在这个过程中，各行各业、各种类别的博物馆纷纷涌现，有的以承载历

① 王宏钧．中国博物馆学基础[M]．上海：上海古籍出版社，2001：36.

② 刘立．国际科技博物馆和科学中心的发展阶段、趋势及对我国的启示[J]．科学教育与博物馆，2015(6)：401-404.

③ 同②.

史和描述科学为目的，有的以促进公众动手参与科学，引导参观者通过对生活情境中科学内涵的体验、培养“科学的思考方式”为目的。科技类博物馆的类型是多种多样的。综合科学技术馆、科学中心、科技馆、自然博物馆、动植物博物馆(或标本馆)、天文馆、地质馆、水族馆、航空航天博物馆、汽车博物馆、农业博物馆、电影博物馆、建筑博物馆、船舶漕运博物馆、铁道博物馆、印刷博物馆、动植物园、海洋世界、森林公园、湿地、地质公园……这些都可以列入科技类博物馆的范畴。有研究者通过“自然—人工”“过去—未来”建立二维坐标系，将科技类博物馆划分到四个象限，如图 4-1。当然，这种划分方法建立的坐标系中，象限与象限之间并非有绝对的隔阂，每类场馆中，总会包括其他象限的内容。

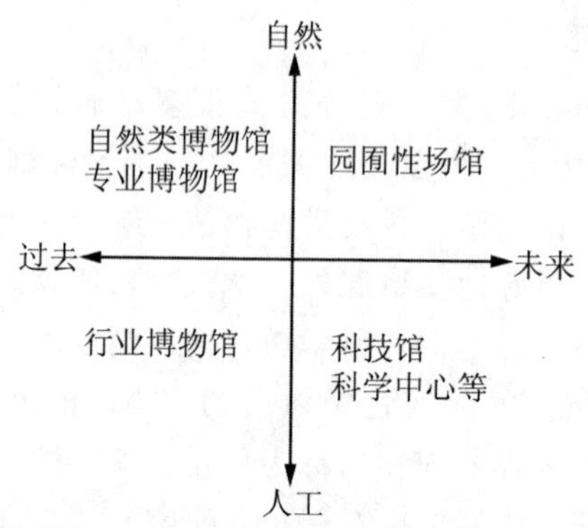


**图 4-1　基于内容的科技类博物馆分类①**

## 二、博物馆教育功能的历史演变

在博物馆发展的萌芽阶段，博物馆是统治阶级收藏私有物品的场所。博物馆教育功能从出现到成为其核心职能，实际经历了漫长的过程。追溯博物馆教育功能的历史演变，有助于理解博物馆内在的教育价值。

### (一)博物馆的早期发展(公元前 3 世纪—18 世纪)：从统治阶层专享到平民化

学界公认的建立最早的博物馆，当属公元前 284 年托勒密将军在亚历山大城亚里士多德学园基础上建立的亚历山大博物院，如今若谈及大学、博物馆、图书馆的历史，都要追溯至此。亚历山大博物院赋予博物馆以科学、知识、教

① 李响. 论科技类博物馆的科学中心化：英国案例研究[J]. 自然辩证法研究，2017，33(5)：46-50.

育、收藏的意义，欧几里得、阿基米德等众多著名的学者都曾在此学习。

应当说，博物馆出现以来，教育使命一直伴随其身，然而在久远的历史时期内，统治阶级为巩固自身的统治地位，大部分博物馆一直不曾向公众开放，许多博物馆往往是王公贵族的私人收藏室，用以保藏或炫耀。直到14世纪欧洲文艺复兴开始，人类经历了一轮伟大的思想变革，走出黑暗笼罩的中世纪的同时，古希腊、古罗马等地历史遗迹逐渐被广受重视，而这种对古物的收集研究，伴随着15世纪航海事业的发展达到高潮。这一时期，藏品的数量迅速积累，由此催生了许多著名的私人收藏家，如意大利保罗乔瓦·梅蒂奇家族，英国的约翰·崔生，荷兰的昆齐贝等。① 1682年，英国阿什墨林艺术和考古博物馆成立并面向公众开放，这是世界上第一个具有近代博物馆特征的博物馆。

18世纪的工业革命和欧洲资产阶级民主文化运动的兴起，推动了博物馆事业的发展，在这一历史时期内，一批重要的博物馆纷纷出现，如爱尔兰国家博物馆、维也纳自然历史博物馆、伦敦不列颠博物馆等。18世纪末，法国大革命开创了博物馆社会化的起点，代表性事件是伴随着1792年法国公众教育委员会“关于普遍建立公共教育的报告及法律草案”的发布，巴黎卢浮宫改建为共和国艺术博物馆并向公众开放。这对世界各国产生了深远影响，一大批私人收藏室、王公殿堂等纷纷改建为博物馆，并面向社会开放，确定了博物馆作为国民教育的重要环节，保证了公众享受博物馆教育的应有权利。应当说，当走进博物馆、观赏和学习藏展品成为国民的基本权利后，博物馆的教育功能才具有了社会价值。

**(二)教育功能的进一步探索(19世纪至20世纪中期)：为了更好地吸引和服务公众**

19世纪是自然科学飞速崛起的时代，正是深受自然科学发展的冲击，博物馆在教育内容上逐渐出现了分化。例如，1853年英国坎星顿科学技术博物馆成立，1880年美国洛杉矶加利福尼亚科学与工业博物馆成立，1871年日本国立科学博物馆成立等，一些以科学技术为主题的博物馆纷纷建成。

然而，在这个阶段，博物馆的展示、管理还十分落后，工作水平低下，藏品和展品缺乏分类的概念，博物馆的秩序混乱、体系驳杂，公众的学习效果十分有限。1836年，《汤姆逊分类法》出版，不少博物馆竞相采用，博物馆的工作体系逐渐走向清晰和成熟。

19世纪中叶，接受学校教育已经成为不少国家公民的法定权利与义务，

① 王宏钧. 中国博物馆学基础[M]. 上海：上海古籍出版社，2001：62-63.

然而大多数人家的孩子接受教育的年限较短，不能满足学习需求，许多人渴望在工作之余的休闲时间接受教育，博物馆的教育功能被重视起来。1873 年，英国皇家艺术学会提出："使所有的公共博物馆，皆具有教育及科学的目标。"应该说，博物馆教育功能得以重视，在很大因素上缘于学校教育资源的不足，公众渴望在博物馆如同在学校一样得到良好的教育。

此时，博物馆教育功能的发挥仍处于初级状态，在向学校、公众提供教育服务中，大多以馆藏资源外借、到馆参观等形式为主。但是，国家层面也开始着力推动博物馆与学校的深度合作，包括制定相关的政策法规等。比如，1884 年，美国国家自然历史博物馆成立公众教育部，确定其工作职能为"与教育系统开展合作"；① 1892 年，美国波士顿美术博物馆开设学术讲演课程，学生和教师可以享受免费参观②；1895 年，英国在曼彻斯特艺术博物馆委员会的推动下，修正了《学校教育法》，明确规定学生要参观博物馆，并且还将参观的时长计入学时。③ 1931 年英国教育委员会(the Board of Education)发布《博物馆与学校：公共博物馆与公共教育机构不断增加的合作可能性备忘录》，其中详细描述了博物馆教育的发展历程，记载了当时馆校合作的优秀范例，并强调学校与博物馆的合作是十分有必要的。④

然而，在这个阶段，学校的发展比博物馆的发展更加迅速。早在 19 世纪中叶，学校和博物馆同样作为政府设置的公共服务部门，共同行使教育功能。但是，学校很快便建立起完备的教育体系，并形成了基于责任制的管理系统——有专人进行监督、检查、评价等，并制定了课程标准以指导学校的常规教学。与此同时，大部分的博物馆在探索行使教育功能的同时，却未能建立起相似的评估体系，不能对其公共服务质量进行有效的评价和反馈，因此，公众走进博物馆，易产生一种学习需求与学习内容割裂的感觉，到了 19 世纪末，学校已经完全取代了博物馆在教育方面的作用，博物馆无法拾起教育领导权，只能成为学校教育工作的辅助和补充。⑤

---

① Osborne H F. The American Museum of Natural History：its origin，its history，the growth of its departments[M]. New York：The Irving Press，1911：116.

② 王宏钧. 中国博物馆学基础[M]. 上海：上海古籍出版社，2001：70.

③ Hooper-Greenhill E. The educational role of the museum[M]. London：Routledge，1994：258-262.

④ Harrison M，Naef B. Toward a partnership：developing the museum-school relationship[J]. Journal of Museum Education. 1985，10(4)：9-12.

⑤ George E Hein. Learning in the museum[M]. London：Routledge，1998：3-6.

### (三)走向深化与成熟(20世纪中期至20世纪末)：在教育系统中的角色突破

在这一阶段，博物馆通过与学校的全面合作，从而重新找到了发挥教育功能的新角色。

1938年，英国博物馆协会秘书长福兰克·麦克汉姆对博物馆的前景作出前瞻性的描述：博物馆应建有专门学习室、展品与学校课程相一致、学生有更好的机会参观。他把博物馆教育功能划分为三个水平，即馆内参观、借出服务和场馆学校。①

到20世纪中期，馆校之间的联系加强，交流逐渐深入，馆校合作不再停留在外借馆藏资源、学校组织参观的简单层面。例如，1975年，《美国博物馆》(*Museums USA*)报告中指出：约有90%的博物馆工作者提供学校教育活动，70%的博物馆将学校教育活动列为博物馆例行活动。② 同时，博物馆行业开始成立专门组织，推动博物馆教育的学术研究，也开始发行专门的博物馆教育期刊等。③ 例如，1969年，成立了博物馆教育圆桌组织(Museum Education Roundtable)；1974年，Journal of Museum Education等专门的博物馆教育期刊诞生。

随着博物馆教育研究的勃兴，博物馆行业逐渐提升了对教育的认知，明确了“教育”是博物馆首要功能，甚至其对自身在馆校合作中的角色定位开始反思。博物馆难道只能在馆校合作中处于被动状态吗？只能作为学校教育的简单补充？能否将博物馆与学校教育充分融合，甚至发展成为“博物馆学校”？

1984年，美国博物馆协会指出，阻碍博物馆与学校合作的影响因素主要是，教育被认为是博物馆的附属功能，其财政预算总被削减；博物馆教育工作者感觉自己处在博物馆教育和学校教育的夹缝中；教师总是抱怨他们不能及时了解博物馆的各种资源更新和价值。④

带着对这些困惑的思考，学校和博物馆彼此反思对方的价值，而到20世

① 王乐．馆校合作研究：基于国际比较的视角[M]．厦门：厦门大学出版社，2017：113.

② NRCA. Museum USA[Z]. Washington, D.C.: Summary of Highlights Published by the National Endowment of the Arts(NEA), 1974.

③ Hooper-Greenhill E. The educational role of the museum[M]. London: Routledge, 1994.

④ 李君，隗峰．美国博物馆与中小学合作的发展历程及其启示[J]．外国中小学教育，2012(5)：19-23.

纪 80 年代，两者把对方置于教育对等的地位，开始进行从资源到课程再到人员的深度合作，馆校合作模式已经相对成熟，博物馆教育与学校教育逐渐走向高度融合。例如，1988 年，英国以“国家课程”的形式，明确指出了博物馆教育和学校课程合作的可能性，博物馆结合国家颁布的课程标准及学校课程内容，设计了不少活动项目。在美国，各类社会组织在推动馆校合作上发挥了积极的作用。如“史密森学会”下属的 K-12 教育部门一直作为馆校合作的桥梁，旨在加强学校教师与馆内教育工作者之间的联系，进而促进馆校合作。① 20 世纪 90 年代，“博物馆学校”开始出现，例如，美国纽约州的布法罗科学博物馆与明尼苏达州科技馆等，这些博物馆与所在地区的中小学结成伙伴关系，达成共同的承诺和目标，使在博物馆的上课、学习设计成为了日常课程的一部分。②

## 三、科技类博物馆的当代教育理念

科技类博物馆的教育理念与国际科学教育理念的变革是相一致的，这具体表现在下述四个方面。

第一，以人为本，注重开发促进学生主动学习的科教展品和活动。国际科技类博物馆的建设理念大多定位于促进公众体验科学、理解科学，因此，展品的研发体现出人性思考，积极对接公众需求，少见“以展为主”的怪象。例如，澳大利亚国家科技馆(Questacon)的建馆理念是让科学变得有趣，人人得以参与，促进人们理解和认识身边的科学知识与技术，体验乐趣，参与互动，多角度、多方位地学习科学原理，掌握科技知识。美国波士顿儿童馆的开发以游戏为主，强调“玩”对儿童的重要性，使儿童在多感官互动的环境中进行探索。

第二，STEM 教育成为科技类博物馆教育项目开发的热点。许多场馆立足跨学科概念，积极探索、研发和实践形式各类的 STEM 教育活动，基于项目、基于探究的 STEM 活动在科技馆活动中的运用普及度十分之高，如美国波士顿儿童博物馆，其围绕玩偶、玩具室、美洲土著及全球文化等打造多项工程性活动，为儿童的前期思维锻炼提供很好的机会；旧金山探索馆通过自主研发的展品，打造属于自己的展项活动，从这里走出了全球科技馆行业如声波可见、凹面镜成像、陀螺仪、机械钟等经典的展品，等等。国外的科技馆以 STEM 教育理念为基础的活动开展已经发展相当长一段时间，其理论构建不

---

① American Association of Museums. The sourcebook 1992 annual meeting: vision & reality[Z]. Washington, D. C.: The American Association of Museums, 1992.

② 许立红，高源. 美国博物馆学校案例解析及运行特点初探[J]. 教育与教学研究，2010，24(6)：38-40，78.

断发展，渐趋成熟。

第三，与中小学开展合作，积极探索馆校教育的有效整合。实现科技类博物馆教育资源与学校科学教育的整合已经成为一种普遍共识。例如，在普遍的社会和行业共识下，德国科技博物馆将自己作为教育系统的一部分，而且明确定位于课外科学教育环节，这种课外科学教育理念主要体现在：一是科技博物馆不讲知识，博物馆要做的主要是增强对科学和技术的兴趣，了解科学技术的应用；二是科技馆实验教育活动的策划实施与本地科学课程标准有机融合，场馆教育参考当地的课程标准进行实验课程的设置，并积极创建“第二课堂”。如芬兰科技馆“Heureka 项目”——汇集不同类型学校的教师和其他对物理教育感兴趣的人，开展培养物理教学人才的主题研讨会。①

第四，协同构建“学校、家庭、社会”三位一体的教育网络。国际场馆教育逐渐注重观众研究，注意到“家庭”在营造“学校、家庭、社会”三位一体的教育网络中的重要性和核心位置。例如，新加坡科学中心一直致力于构建“学校、家庭、社会”三位一体的教育网络，强调青少年的学习不应该仅仅局限于课堂，同时，新加坡科学中心通过开展丰富的年度活动和比赛、外展计划和校本活动及资源吸引社会共同参与。②

与国际场馆科学教育相比，国内科技类博物馆的科学教育也积极地响应国际发展趋势，许多场馆纷纷开始了形式各异的实践。当前，国内有多家科技馆作出了教育品牌活动；STEM 教育和“学校、家庭、社会”三位一体的合作实践也成为当前国内科技类博物馆科学教育的关注热点，但是对有关观众领域的研究仍然十分匮乏。

## 第二节　在博物馆中实施科学教育

王乐阐释了博物馆的“教之义”，指出在博物馆中，展品即知识、参观即学习、互动即教育行为、场馆即教育场域。③ 在博物馆中进行科学教育，就

① Marjatta Vkevinen. Volunteers as explainers at the Finnish Science Centre Heureka[J]. Journal of Science Communication，2005，4(4)：1-4.

② Science Center Singapore，School Programmes[EB/OL]. [2020-07-08]. http://www.science.edu.sg/Pages/SCBNewHome.aspx.

③ 王乐．馆校合作研究：基于国际比较的视角[M]. 厦门：厦门大学出版社，2017：75-79.

是将场馆的教育要素向更规范、更合理、更有序、更系统的方向发展，使其在教育目标上接轨全面育人的需要，在教育内容上适应学生个体经验的动态发展需求，在教育组织上有效实现师生、资源、经验载体、过程和环境的整合，在教育评价上发挥对教育过程的诊断和反馈、对学生成长的激励作用。

## 一、科技类博物馆的展陈、展品与展教

展示陈列是科技类博物馆进行科学教育与科学传播的基本形式。展品是最主要的学习资源。围绕展品展项，组织实施展示教育活动，则可以有效发挥科技类博物馆的科学教育价值。

### (一)科技类博物馆的展陈

科技类博物馆的展示策划与设计应当依据建馆宗旨和教育目标来凝练展示主题。目前，科技类博物馆展厅的展陈内容组织主要有“学科中心”和“课题中心”两种形式。

“学科中心”是依据学科的概念原理、知识点来系统组织的展示形式，其内容主要是基础学科的基本科学原理，体验方式侧重互动性。“学科中心”内容系统性很强，包含丰富的概念、原理和知识点，以“学科中心”为组织的展厅往往是以展品为核心，围绕一个科学原理或概念设计展品，但这种展示模式通常也只能介绍一部分的概念和原理，知识的综合性较差，且从单一学科的角度考察具有一定局限性。例如，有的场馆以“基础科学”“应用科学”为展厅主题，依据声、光、电、磁等学科领域设置展品，这是比较典型的“学科中心”模式。

“课题中心”强调科学技术的综合性，以及社会的应用性，它通过在社会性课题的认识过程中来呈现科学原理和技术，或通过呈现科学技术及其应用来展示某个特定的社会课题。“展区制”是采取“课题中心”模式的场馆的常见展示模式——以展区划分场馆的展陈空间，每个展区往往围绕某个特定的、可以激发公众兴趣的主题，围绕主题来塑造展陈内容，沿着内容发展的线索来进行展品的设计开发。展品与展品之间有明确的关联和逻辑，有时候用一组展品或展项群来体现某种科学技术的发展历程，还原科学发现的过程，展示的目的并不完全为了呈现单一展品所传递的概念，更重要的是要通过若干展品来理解一个完整的内容体系。“课题中心”式的博物馆，体验内容主要是综合性的主题或社会议题，体验的方式丰富而多元。但这类内容形式有时为了反映社会性和现实性，容易使参观者忽略其本身的科学知识。例如，有的

场馆以“人类与健康”“科技与生活”“感知与思维”等为主题设置展品，这是比较典型的“课题中心”。

当前，国内科技类博物馆比较主流的展厅主题形式往往是以“课题中心”为主，以课题划定展区主题，展区内部再适当以“学科中心”作为重要的补充，这样就成功结合了“课题中心”和“学科中心”的优势，既突出了场馆的社会性、现实性，能够与公众的生活实际、科技发展的动态紧密结合，又能够凸显科学概念、科学知识的教育学习，同时有助于科学思想、科学态度与科学精神的培育，更适用于面向多元人群开发展教内容。立足对国内部分科技类博物馆的走访，发现目前科技馆的内容类逻辑大致有以下主线，第一，以过去、现在、未来的时间轴来归纳，如探索与发现、科技与生活、挑战与未来等；第二，以空间线索来归纳，如宇宙遨游、地球探秘、海底巡礼等；第三，以行业领域来归纳，如生活科技、防灾科技、交通科技、国防科技、宇航科技和基础科学等；第四，融合哲学思考，探究人与自然、科技和谐互动的关系，如以“自然·人·和谐”为主题，以“演化”为主线，从“过程”“现象”“机制”和“文化”入手，再如围绕“人·科技·和谐”的思想，用“海洋·摇篮”“探索·发现”“创造·文明”“和谐·发展”“儿童·未来”设置主题展区等。

### (二)科技类博物馆的展品与展教

展品是用于呈现科学技术内容的展览器材，是科技类博物馆最大、最丰富、最有特色的资源，展品研发、基于展品的展教活动设计是场馆的核心工作，也是评价场馆建设质量的重要标准。按照不同角度，展品的类型有多种划分方式，例如，大卫·迪恩(David Dean)以展品呈现倾向的不同组合方式为标准，把展品分为了收藏中心类展品、主题类展品、教育类展品、概念导向类展品。① 贝尔彻(Belcher)立足参观者的体验，把展品分为了情感型、教育型、娱乐型以及包括互动型、响应型、动态型、展品主导型、系统型、主题型与参与型在内的其他类型。②

当前，展品在研发中心常使用的技术要素包含标本或实体模型、普通多媒体、机械装置、传感技术、虚拟现实、智能控制技术、全息影像等(图 4-2、图 4-3)。

① Dean D. Museum exhibition: theory and practice[M]. New York: Routledge, 2002.

② Belcher M. Exhibition in museum[M]. Washington, D.C.: Smithsonian Institution Press, 1991.

图 4-2　合肥科技馆“万有引力”

图 4-3　上海自然博物馆“演化的乐章”

对不设展教人员专门提供服务的展品，往往通过提供各种辅助讲解来引导学生进行自主学习和体验。展品的展教文本对学生的学习体验具有重要意义。在场馆中，展品常见的辅助讲解形式包含实体文字辅助、普通多媒体、触控式(或感应式)讲解仪或平板电脑、感应或按钮式音箱及其他形式。实体文字辅助，主要指标签铭牌、挂图、标识语等；普通多媒体，通过电子屏幕展示文字、图片或视频等内容；触控式(或感应式)讲解仪或平板电脑，指学生通过触控按钮或动作感应的方式，在屏幕上获得展品的讲解内容；感应或按钮式音箱，指学生通过触控按钮或动作感应的方式，获得展品的有声讲解。

展品辅助讲解的文本往往包含导语、知识讲解、操作说明、安全规范及其他内容。导语，即引导参观者了解展品的讲解内容主体或进入展品讲解情境的简要说明；知识讲解，包含术语解释、基本知识、故事或传说，以及展品的原理、发展、应用、意义等内容；操作说明，即介绍展品操作步骤的内容；安全规范，即对参观者的安全提示文字等。

展教即利用展品进行展示教育活动，这是科技类博物馆的基本教育方式。科技类博物馆基于展品的教育活动包括基于展示展览的知识教育(如标本或实物、装置或模型等)，基于动态互动展项的体验教育(如互动操作展品、沉浸式体验场景等)，基于探究活动的探索教育，基于常规科普活动的普及教育(如科普讲座、科学秀、科学剧场、科普影视等)等(图 4-4、图 4-5)。① 展示展览类展教往往以静态的模型、标本或动态的视频、图板为主；动态互动类展教还可分为单独交互、对抗交互、合作交互三类，单独交互即参观者与展品之间的独立体验互动，对抗交互即参观者与展品、参观者之间通过对抗、竞技比拼的形

① 聂海林. 科技类博物馆公众参与型科学实践平台建设初探[J]. 科普研究，2016，11(1)：56-62，98-99.

式进行交互，合作交互即参观者之间合作完成一项展品的体验；探究活动往往包括任务驱动、角色扮演、实验探究、模型制作、科学游戏等。对学生而言，通过体验、探究从事科学实践，是进行科学学习的基本途径。因此，进行体验学习、参与探究活动是科技馆开展教育活动的重要形式。

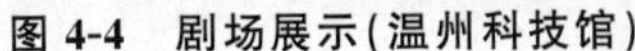

图 4-4　剧场展示(温州科技馆)

图 4-5　学习活动空间(上海自然博物馆)

## 二、博物馆科学教育目标的设计

博物馆具有教育、展示、保存、研究等功能，博物馆教育功能的发挥，是在一定社会时期内，由党和国家所赋予的职责，有着相关政策、管理部门的约束。以科技馆为例，科技馆是在中国科协的领导下，从事科学教育与科学传播的场所，普及科学知识、弘扬科学精神、传播科学思想、倡导科学方法是党和国家赋予科技馆的重要历史使命。在科技类博物馆中从事科学教育，教育目标的设计应当与场馆教育目标的定位有机结合。

### (一)科学知识目标

博物馆科学教育所涉及的科学知识目标，在学习的难度要求上应与学校科学课程相一致，以学生能够感知的物质科学、生命科学、地球与宇宙科学、技术与工程中的重要内容为载体，重在培养学生对科学的兴趣、正确的思维方式和学习习惯；在学习的广度要求上，则以国家课程标准为引领，重点结合学校科学课程的教学重难点、拓展性内容，特别注重对跨学科知识、技术与工程知识的学习要求，体现博物馆实物资源的学习优势。

科学知识的学习目标涵盖以下内容：

(1)各种科学原理、科学概念、科学现象的演绎与解释以及科学创新与前沿科学，如生命科学、物质科学、地球与空间科学等领域内容；

(2)各种技术原理、技术工具与设施、技术成就，如科学技术在不同领域的应用(航空航天、交通运输、工程制造等)、中国科技成就(中华文明、长江文明、荆楚文化等)、科技创新(重大科技进步、新型技术应用、未来科技展望等)；

(3)科学技术史、重要科学发现与实践、科学技术革命，如经典科学实验、技术实践、思想实验等；

(4)科技与社会生活、科技与社会发展，如科学与人文艺术的结合、可持续发展、科技改变生活观念与方式等。

**(二)科学精神目标**

科学精神决定了人在从事科学实践活动时的思维方式、价值取向和行为规范。科学文化是科学技术的精神土壤，是科学技术与创新发展的思想基础和重要因素。科学文化建设的核心是塑造科学精神。① 科学精神的培育是一项艰巨而长期的工程，在博物馆科学教育中，体验与生成、互动与交往式的学习过程，有助于打通外部学习经验与学习者内部精神世界的桥梁，更容易塑造其科学精神。

博物馆科学教育应确立的科学精神目标，重点在于衔接学校教育目标要求，形成尊重事实、乐于探究、与他人合作的科学精神，此外，还可从以下方面进行塑造：引导学生形成理性、求实、求真、实证、协作、民主的科学精神；引导学生认同科学家敢于质疑、求真务实、坚持不懈、勇于挑战、不畏艰难的科学精神；引导学生正确认识人类、科学技术、社会与环境之间的关系，树立科学世界观；引导学生养成科学、文明、健康的生活方式。

**(三)科学思想目标**

科学思想的形成来自于人的科学实践活动，是其认识的结果。科学实践具有社会属性，一段历史时期、一定社会范围内，统一的科学思想有助于个体价值的实现、社会文明的进步。

博物馆科学教育中，科学思想目标的确定，应在国务院《全民科学素质行动计划纲要(2006—2010—2020年)》的引领下，发展形成四个方面的科学思想：尊重事实和证据，运用科学的手段认识事物，解决实际问题的思想；创新、协调、绿色、开放、共享的发展理念；高效安全、资源节约、环境友好的观念；尊重自然、绿色低碳、科学生活、安全健康的社会责任感和价值取向。

**(四)科学方法目标**

在从事科学活动时，人们往往很难从杂乱无章的信息中收集证据，寻找依据。科学方法的作用就是使混乱、混沌的表象逐渐呈现出内在规律，从而揭示

---

① 潜伟．科学文化、科学精神与科学家精神[J]．科学学研究，2019，37(1)：1-2.

问题或事物的真实面目。科学方法可以简单理解为获取真实事实的手段、策略、途径。科学之所以能够揭示客观世界、提供可靠知识，就是因为它可以立足于对科学事实的获取和处理，进一步提供令人信服的证据，而得到这些证据则依赖于科学方法。①

博物馆科学教育中，科学方法目标的确定，应当结合小学生不同阶段的身心发展特点，在经验方法方面，以观察、实验、比较、分类、测量等方法为重点，同时进行调查、统计等方法的培养；在思维方法方面，以发展推理、类比、归纳和演绎等方法为重点，同时进行分析、综合、抽象等思维方法的培养。

## 三、博物馆科学教育内容的选择

博物馆科学教育隶属于课外教育环节，其功能定位上应当是对课堂教育的强化补充、拓展延伸。因此，教育内容应与学校科学教育相辅相成，要引入核心概念体系；要发挥博物馆的独特优势，通过故事线、科学史等多样化策略设置展项群或分主题内容，重视工程实践和跨学科内容；注意内容编排面向不同受众群体，由浅入深体现学习内容延展性，实现学习进阶。

### (一)内容与选题

博物馆科学教育内容与选题，除了围绕着场馆优势内容、传统内容，满足自身从事科学传播的基本使命之外，应以结合学校科学教育需求，以核心概念为引领，重点面向以下内容进行选择：

(1)应基于国家政策、国际热点、科技前沿和社会需求；

(2)应围绕物质科学、生命科学、地球与宇宙科学、技术与工程等基础科学知识；围绕计算机与信息技术、生物工程、生态、环境、资源、能源、交通等与可持续发展相关的社会与科技问题；

(3)围绕运动、饮食、心理、生理、保健等与人类健康及生活质量相关的科技问题；围绕宇宙天文、航空航天、未来城市等方面的知识；

(4)应注重融入科学、技术、社会与环境的内容；

(5)应注重挖掘本地区的民族元素、人文资源和科技创新的内容。

### (二)主题提炼与结构演绎

博物馆科学教育主题应简明清晰、定位准确、重点突出、与展品内容紧密切合，应根据场馆的指导思想与建设理念，设置富有科学性、前瞻性的主题，

① 朱家华. 再论科学及其内涵的多维意蕴[J]. 江汉学术，2019，38(1)：25-33.

此外，还应通过展览分主题支撑，展览分主题应根据展览总主题来凝练。

博物馆科学教育结构演绎应重点包括以下内容：应依据教育目的、学习主题、内容特点和学生学情来科学规划内容主题结构；教育内容结构层次分为部分、单元、组和展品四个层次。结构层次应脉络清晰，各层次间应注重逻辑性和连贯性；注重下一级服从和服务于上一级；紧扣上一级主题，对上一级的具体化；应利用多层级的主题结构将多元的展览展示内容进行有机整合。

### (三)形式与呈现

博物馆科学教育形式包括：①基于标本、实物、装置、模型的展示展览教育活动；②基于互动操作、手工制作、游戏的工作坊等结构性教育活动；③基于模型制作、科学实验、科学调查的科学营等综合性教育活动；④基于科普剧、科学秀、科普讲座报告的教育普及活动等多种类型。基于此，教育内容应基于模型、展品、多媒体、看板等实物资源，配合教师的教学组织、学习单等辅助性资源共同呈现。作为科学教育的内容媒介，资源的呈现应注重整体协调性、科学性与思想性、参与性与活动性、安全性与可靠性。

博物馆科学教育内容依托于展区展品或科技馆拓展空间(如科学教室、实验室)，以及互联网资源呈现。

对展区展品的内容呈现，可应用音频技术、影像技术、数字媒体技术、机电一体化技术、3D打印技术、场景合成技术、虚拟现实、复合动态全息影像、情景交互、4D动感影院等技术手段进行展品的开发，展品的设计应基于如下原则：

①探究性与启发性。展品设计应当构建开展科学学习的一般路径。展品展陈时应注意结合多样化的展示策略(如定点展示、互动展示、情境展示、剧场表演等)或教育活动，以学生为学习主体，呈现科学探究的基本流程，体现对学习过程的塑造。引导学生由问题入手，体验确定问题、做出假设、收集证据、验证假设、得出结论和表达交流的科学探究过程，启发学生像科学家一样从事科学实践活动，在与展品的互动中进行探究式的学习。

②科学性与直观性。展品设计应当保证内容的科学严谨，准确、客观地呈现学习内容。在呈现方式上，以直观性作为基本原则，形象具体地呈现科学现象、演示科学原理、还原科学场景，充分运用科技馆的资源优势，提供学习的直接经验，增强学生的好奇心与求知欲，提高学习效率。

③趣味性与互动性。展品设计应当注意以互动性展品为主，引导学生在参与中开展学习。运用单独交互、对抗交互、合作交互等多种策略，结合游戏竞技、趣味竞答等方式，寓教于玩，提升学生的参与感，打破陌生人社交群体的

壁障，实现体验-生成、互动-交往的学习过程，激发学习兴趣，充分调动感官。

④体验性与沉浸性。展品设计应当利用空间环境和辅助手段，强化学生的心理暗示，通过空间布景，创设进入式的学习空间。通过内容引导、辅助标识等方式，烘托故事场景或人物场景，营造主题氛围，提升参观者的体验感与沉浸感，增强心理暗示。

⑤创新性与技术性。展品设计应当与当前技术发展结合，运用视觉技术、信息采集技术、传感触发技术、自动化技术和虚拟仿真技术等进行创新设计，为营造身临其境的展示环境与氛围提供技术支撑，迎合参观者的心理需求。

⑥安全性与环保性。展品设计应当满足国家关于公共场所、玩具教具、工业生产等基本标准。对展品进行必要的耐用性、可操作性、安全性、环保性检验。凸显人机协调和人性化设计，选择绿色无污染的材料，并降低运营消耗和维护成本。

除了展品之外，教育展区拓展空间既可以成为主展区的重要补充，也可以进一步延伸教育形态，拓展教育内容。教育展区拓展空间一方面可以作为主展区的重要补充，可通过"展区参观体验-教室课堂讲授"的形式，将展区空间开放式的探索体验和教室空间封闭式的课堂教学相结合，引导学生在动手实践中认识科学现象、开展科学探究，同时使其回归所熟悉的课堂形态；教育展区拓展空间另一方面可以作为教育内容的延伸和拓展，成为讲授馆本课程的重要场所。

## 四、博物馆科学教育活动的组织

博物馆科学教育在组织实施中，分为教学准备、教学实施两个阶段，施教者是教学的具体执行者，对施教者的课程与教学服务也应作出必要的要求。

### (一)教学准备

"准备"是教学过程的首要环节。教学准备是教育实施之前，为保证教学有条不紊地进行，教育组织者所做的准备工作，包括基于系统计划的方案准备、基于职能和需求的主体准备两部分。①

在方案准备上，要按照教学设计的一般流程，进行必要的学情分析，收集相关信息资料，确定学习目标、教学重难点和教学策略，设计教学环节与活动流程，计划资源筹备工作。首先，依据对参与学习的学生进行预调查，明确学

① 王乐．馆校合作的理论与实践[M]．北京：科学出版社，2018：133.

情，依据教育目标凝练内容主题，并进一步梳理展示脉络，选择或布置合适的展厅或展区；其次，在主题展厅下以分主题的形式构建展项群，将展项群与学习内容、核心概念体系建立关联；再次，在展项群下设置具体的独立或组合的展品、辅助性媒体材料和空间布局等，筹备教学资源，围绕展品选择教学策略、设计学习环节；最后，将展品展项与教育目标相对应，结合学生学习过程设计展教活动，完成展教资源、学习材料的开发。

在主体准备上，包括场馆、施教者、学生等多类主体。场馆可主动向施教者和学生发布提供的教学准备要求。场馆方面，馆方完成教学空间、教学资源、学习内容的准备；施教者方面，熟悉服务内容和教学内容，对教学的过程进行设计、演练；学生方面，准备学习资料，熟悉场馆学习环境，对学习内容做好预习。

### (二)教学实施

在教学实施的一般程序上，针对不同类型的科技类博物馆、不同主题的学习内容，教学的实施无法使用固定套路，应当做到因地制宜。王乐提出了适用于场馆教学实施的“五步教学”基本环节①：教学探索、教学提示、教学类化、教学推理和教学巩固。在博物馆科学教育的过程中，在教学探索阶段，教师有序地安排学生与展品的互动，或发布学习任务与游戏规则，使学生在自由探索中发挥好奇心，产生思考；在教学提示阶段，教师依据学生学习反馈，及时介入指导，通过设计、启示，进一步激发学生学习动机；在教学类化阶段，围绕着问题解决、知识理解和经验的系统化，采取多种学习策略使学生产生认知冲突，通过理解、内化，将新的经验与头脑中原有概念体系相连接，丰富认知图式；在教学推理阶段，学生带着新的经验，再次回归自由探索，通过新的体验、实践、思考，实现学习迁移，达到由特殊推一般、触类旁通的效果；在教学巩固阶段，组织学生进行交流和分享，将新的经验与现实生活相关联。

在教育活动的类型设计上，可通过：①基于标本、实物、装置、模型的展示展览教育活动；②基于互动操作、手工制作、游戏的工作坊等结构性教育活动；③基于模型制作、科学实验、科学调查的科学营等综合性教育活动；④基于科普剧、科学秀、科普讲座报告的教育普及活动等四大类活动类型组织教学。

在教育活动的开展策略上，基于项目的学习活动和基于 STEM 的学习活动应成为博物馆科学教育实施的重要手段。在基于项目学习的活动组织与实施

① 王乐．馆校合作的理论与实践[M]．北京：科学出版社，2018：145-150.

中，应以产出为导向，创设问题情境，发布活动任务与要求，指导划分学习小组，通过完成项目，在实践中解决问题，实现“做”中“学”，手工制作、游戏工作坊、模型制作等。在基于STEM的活动组织与实施中，应注重科学、技术、工程、艺术、数学的整合，加强创新能力与创造力培养，注重知识的跨学科迁移，科学表演、科普剧、标本模型、实物装置、科普讲座等。

对教学活动的组织，应当遵循“以人为本”的原则，发挥学生主体意识；教学活动应体现互动性、体验性、探究性、趣味性、针对性，注重实践。教育组织应适合既定学习目标和教学要求，充分考虑不同学生的个人需求，以真实情境为基础，组织学生自主学习或小组合作学习，全身心地投入科学探究和问题解决中，创造性完成学习任务，并形成学习成果。

对教学组织者，其自身应在符合相关政策法规的前提下开展展陈教育活动的组织实施，推动任务和目标的落实。相关个人或集体应按照活动实施方案分工安排，充分履行工作职责，发挥各自优势，密切配合，形成合力。

### (三)课程与教学服务提供

在博物馆科学教育中，教师、展教人员、家长都可能成为“课程与教学服务的提供者”。施教者的课程与教学服务提供包括服务前、中、后三个阶段。

(1)服务前：第一，能对学生学情、身心发展特点作出科学判断，结合馆校合作整体目标要求确定具体学习目标。第二，能围绕核心概念体系，结合馆校合作实际需求进行学习内容的编排；注意学习内容可用于从事科学探究、科学实践；注重跨学科思想、STSE(科学·技术·社会·环境)、科学史在学习内容中的渗透。第三，能做好统筹规划，结合教育研究的前沿理论、学生反馈意见等，根据不同学段学生的认知心理和审美习惯等不同特点，准备适当的学习资源和场地布置。第四，能完成并优化教育活动的设计和开发，确定学习重难点，确定学习时长和环节设置，应提前对展教活动进行演练和检查。

(2)服务中：第一，能秉持以学生为中心的服务理念，坚持安全第一的原则，确保学习活动的秩序。第二，能运用导入、讲解、演示、强化、变化、提问、结束等基本教师技能，确保教学的流畅性和层次性。第三，能使用合作探究式、情境创设式、体验生成式、任务驱动式、自主实践式、角色扮演式教学策略，维持学习动机，促进学生的主动参与。第四，能合理应用展品、多媒体、学习单、教室等资源设备，体现寓教于乐的教学思想，激发学生的好奇心和求知欲。第五，对教学具有较好的调控能力，能够按照计划执行教学设计，能够应对不同学生的即时学习反馈。

(3)服务后：第一，能及时对学生作出评价反馈，并按照要求将活动或课程资料整理归档。第二，能对自己的教学过程进行总结、反思。

## 第三节　在博物馆中进行科学教育评价

评价是一套用于判断某程序、策略、方案的有效性或质量的方法和技术，以提升其实效，并为决策提供有关其设计、开发和实施的反馈信息。评价的目的决定了评价的形式。在当前博物馆的建设中，“年度接待量”“季度接待量”“日均接待量”等一系列描述参观人数的指标成为评价博物馆业务质量的“KPI”。诚然，这是一个十分有效且易于进行量化比较的关键指标。关键指标彰显了场馆对自身业务职能的定位，追求接待量，或许在一定程度上映射了博物馆的吸引力和工作效能，然而对于是否能客观评估其本身的教育效果却有待商榷。

评价是对博物馆科学教育的质量作出事实与价值判断的过程。在博物馆中实施科学教育评价则应指向学生的发展。判断学生是否获得个体有意义的成长，是评价科学教育是否有效的关键指标。博物馆科学教育评价有哪些内容？又有何特点？博物馆科学教育评价有哪些方式？本节内容拟围绕这两个问题展开讨论。

### 一、博物馆科学教育评价的内容与特点

在学校教育中，评价的组织是常态化、系统化和基于标准的。考试或测验是评价的常见形式，合理地运用纸笔测验，可以快速、准确和高效地测量个体在多大程度上掌握了所学内容、知识和概念。此外，辅以家庭作业、学习报告等其他资料，同样可以帮助施教者系统地判断个体学习的质量和程度。

学校教育的这种评价组织，是以学校教学组织高度的目的性、计划性、执行性作为前提的，是以学校各个教学环节的系统化、标准化作为保障的。在校外教育中，从事评价往往被认为是一种用于获悉个体是否学有所得的手段——用于评价学习者是否能表明他们达成学习目标，按照要求掌握了信息、概念、技能和程序等。① 在博物馆科学教育中，学习具有碎片化、偶发式和开放多元的特征，学校中那种通过纸笔测验、分数量化、集体排名的方式则难以适用于此。

在博物馆这类经过设计的学习场景中，学习者参与的学习，有时候往往是

① National Research Council. Learning science in informal environments: people, places, and pursuits [M]. Washington, D.C.: The National Academies Press, 2009: 54-55.

以兴趣拓展为目的的，这类学习有时候会超越学习者当前的学习经验，更无法预设其学习的结果和程度，博物馆这种非正规的学习空间实际上提供了学习参与者的一种“闲暇经验”，学习者完全从事以个体需求为中心的学习，学校的常规教育评价是行不通的。此外，在博物馆科学学习过程中，学习是伴随着教育活动的全过程的，学习的结果不仅指向智力因素方面的发展，还包括情绪、态度、心理社会能力等非智力因素方面的发展。因此，学习的评价更要追求全面、多元。

美国科学院科学研究理事会(NRC)提出了课外科学教育中的科学学习模型，指出了学习者在课外科学教育中可以从六个方面进行实践和发展。NRC立足该模型，进一步指出了在课外科学教育中，可以从对应的六个方面来评价学习者的学习结果，在博物馆中进行科学教育评价，也应当体现对此六个方面的评价。这六个方面包括①：

①发展学习兴趣(Developing Interest in Science)；

②理解科学知识(Understanding Science Knowledge)；

③从事科学推理(Engaging in Scientific Reasoning)；

④进行科学反思(Reflecting on Science)；

⑤参与科学实践(Engaging in Scientific Practices)；

⑥认同科学事业(Identifying with the Scientific Enterprise)。

根据上述六个方面的评价内容，结合博物馆科学教育的特征，可以总结博物馆科学教育评价的四个特点：①全面性。博物馆科学教育评价注重全面评价，不仅关注学生在概念、原理知识等方面的学习情况，更关注学生的能力提升、情感体验等，强调学生科学素养的全面发展。②过程性。博物馆科学教育的实施包括前、中、后三个环节，教育评价始终贯穿于学习的全过程，评价重心指向学生学习的整体表现。③多维性。博物馆科学教育的参与主体是多元的，就学习者群体而言，存在着“随时进入、随时退出”的特征，相对陌生和开放的社交环境使学习者之间的互评趋向复杂；在学习者之外，场馆工作人员、教师、家长等都可以成为教育评价的参与者。此外，博物馆科学教育的场景是多样的，一个完整的教育活动或许要经历多个场景的转换。因此，博物馆科学教育评价在评价主体、评价环节上存在多维性的特点。④独特性。博物馆教育活动形式的多样化，造就了博物馆教育评价的独特性。在博物馆中，不同的教

① National Research Council. Learning science in informal environments: people, places, and pursuits [M]. Washington, D.C.: The National Academies Press, 2009: 58-74.

育活动内容和目标不同，所投入的教育资源、展品、展区空间不同，活动的组织形式也不相同。教育组织者很难采用同一套评价方案去评价不同的教育内容。在博物馆中，不同的教育项目往往需要开发独特的教育评价方案。

有研究小组提出了适用于博物馆科学教育的四种主要的评价形式：前端性评价（front-end evaluation）、形成性评价（formative evaluation）、补救性评价（remedial evaluation）和总结性评价（summative evaluation）。① 在项目规划过程中进行前端性评价，通常采用受众研究的形式，因为前端性评价重在收集有关目标受众的知识、兴趣和经验的数据。形成性评价则通过收集项目执行中可用于改进的优势和劣势的数据，指导项目在开发过程中的优化。当一项展示或活动首次开放并结束时，可通过补救性评价，来检查活动中的单个成分如何促成了整体的协同工作，目的是在开始总结性评价之前，看看是否需要进行小范围的调整。总结性评价侧重于评价项目的整体有效性和影响。在做出是否要继续、重复或终止项目的决策时，总结性评估尤为重要。

在博物馆科学教育的评价中，评价应注重多元化的评价形式，旨在达成全面、客观、准确的评价效果。实际上，作为教育活动的组织者，追求评价的多元化，就应该在评价学生中，抛弃那种唯分数、唯知识的评价观，追求对学生的科学素养、科学态度的全面评价；在评价活动中，要从活动的目标、内容、过程和结果多个方面展开评价，注重表现性评价、真实性评价，实现“以评促教”“以评促学”。此外，还应该注重博物馆科学教育的特殊场景中的评价需求，针对不同的教育项目和教育场景，具备有针对性地设计评价方案的能力。

## 二、博物馆科学教育评价的方式

由于博物馆科学教育的实施是一个多主体参与的过程，在时间上区分前、中、后若干阶段，在项目类型上包括参观、讲座、科学实践坊等多种形式，在目标达成上包括知识、思想、精神、方法等多个维度，评价的方式应当是立体多元的，既不能实施彻底的以目标为导向的评价，亦不能开展脱离导向的目标游离式的评价。

### （一）按照实施阶段确定评价策略与形式

评价是以事实的把握为基础的价值判断过程，它既要求对客观的事实加以描述和把握，又要求从主体的目的需要出发对客体的价值做出判断，是事实判

① 2019 Center for Advancement of Informal Science Education［EB/OL］.［2020-07-08］. https://www.informalscience.org/evaluation.

断与价值判断的统一。[①] 在博物馆科学教育过程中，一次教育活动按照实施阶段分为前、中、后三个阶段，在不同的阶段实行不同的评价策略，评价的主体不同，获取的评价实施不同，价值判断的尺度也不同。因此，按照实施阶段实行不同的评价策略与形式，可以更加全面地评价一次教育活动的质量。

例如，模型制作、科学实验、科学调查等综合性教育活动是科技类博物馆的一种基本活动类型。以综合性教育活动为例，在场馆中开展教育评价，应当包括活动的前、中、后三个阶段：

综合性教育活动的前期评价应包含以下内容：①科学营等综合性教育活动应充分考虑各种教育活动的结合度与互补性、教育性活动与休闲类活动的相对比重；②科学营等综合性教育活动的活动设计应充分考虑每项活动可容纳的人数，保证学生得到体验、学习与训练的机会；③科学营等综合性教育活动的内容选择应充分考虑学生的兴趣。

综合性教育活动的中期评价应包含以下内容：①活动开展中应注重呈现方式的直观性和艺术性；②活动开展中应注重观察各种教育活动的吸引力及其影响因素，并尽力消除不利的影响因素；③活动开展中应灵活、恰当地处理模型制作、科学实验、科学调查等教育活动实施中的困难与挑战。

综合性教育活动的后期评价应包含以下内容：①科学营等综合性教育活动应结合学生在认知性表现、情感性表现、技能与行为性表现三方面事实，围绕科学知识、科学精神、科学思想、科学方法四维学习目标的达成进行评价；②科学营等综合性教育活动应基于模型制作、科学实验、科学调查等活动的成果来评估课程效果。

在不同的实施阶段，教育评价的侧重点不同。

活动前的评价主体是施教者，评价的主要目的是做好教学准备，优化教学方案，评价的内容应在于评价活动设计能否满足学生的学习需求，评价内容的选择、形式的设计、环境的创设、资源的准备能否取得理想效果，使学生获得良好的学习体验。

活动中的评价是形成性评价，评价的主体包括施教者和学生双方，通过对师生双方教学中的事实表现，如互动状况、空间使用情况、学生表现情况、资源投入情况等，即时对教师的教和学生的学作出双边反馈，以实时优化和改进教学。

活动后的评价主体是学生，评价的主要目的是对学生的学习成就作出判

① 皇甫全．现代课程与教学论学程[M]．北京：人民教育出版社，2006．

断，通过评价学生的自我表现、对展览主旨的理解程度及其他表现性指标，来检验个体是否发生有意义的成长、是否获得发展。

**(二)按照活动类型确定评价策略与形式**

博物馆科学教育活动的类型分为基于标本、实物、装置、模型的展示展览教育活动，基于互动操作、手工制作、游戏的工作坊等结构性教育活动，基于模型制作、科学实验、科学调查的科学营等综合性教育活动，基于科普剧、科学秀、科普讲座报告的教育普及活动四类。根据不同的活动类型，评价的侧重点应当予以区分。

对于展示展览教育活动，前期和中期评价侧重评价展品的布展况状，以评促展，力求展品的教育意蕴得到良好的表达，能够与学生的个体经验产生共鸣，达到"无声胜有声"的展陈效果；对于结构性教育活动，强调通过评价促进学生的参与，实现学生的深度学习，应注重维持教学的吸引力和学生的主动性；对于综合性教育活动，往往以拓展性学习主题为主，评价应当注重维持学生的学习体验，通过评价活动的组织情况、观赏性、科学性、艺术性等，以评促教；对于教育普及活动，评价要侧重内容的选题、表演的质量、学生的满意度等。

**(三)按照目标维度确定评价策略与形式**

博物馆科学教育中，学习目标围绕着科学知识、科学精神、科学思想、科学方法四个维度进行确定。博物馆中科学教育的评价是以事实为基础的判断过程，当学生作为评价主体时，评价的指标不应围绕着单一维度而设置。博物馆科学教育评价应以表现性评价作为主要形式，注重收集学生在学习过程中的表现性资料，包括认知性表现、情感性表现、技能与行为性表现等，从而将上述四个维度的学习目标与表现性资料之间建立联系，进而作出客观、准确、全面的评价。在评价中，依据目标维度，评价者可以采用多种评价策略与形式，使用观察记录、图式记录、行为检核、访谈与问卷调查等方式收集评价数据，从而对学习者的学习水平乃至整个教育项目的质量作出评价。

例如，某研究者为了研究某博物馆中的自然历史内容是如何传达给学生的、学生从导览式学习中学到了什么等问题，先后围绕讲解员、学生等设计访谈提纲，并进入活动现场进行观察记录，通过对讲解员、学生的表现作出评价，从而达成自己的研究目的。他设计了如下的观察工具表：①

① Anne M C，David D M，James K，et al. Investigation of guided school tours，student learning，and science reform recommendations at a museum of natural history[J]. Journal of Research in Science Teaching，2003，40(2)：200-218.

导览式学习观察表——内容与活动

| 项目 | 代码含义：D 讲解员　T 教师　S 学生　O 其他 |
| --- | --- |
| 行为代码说明 | 说(l)：在学生、讲解员、教师或其他人之间没有直接互动的情况下进行说话 |
| | 互动(i)：至少两个人之间的谈话，包括提出问题，进行解释，对展品作出评论，或其他任务上的行为 |
| | 操作(m)：活动内的行为，包括操作或触摸展品 |
| | 观察/倾听(o)：任何非互动的行为，包括观察或倾听 |
| | 管理(mg)：任何形式上的行为，包括方向、日程安排、纪律 |
| | 活动外行为(ot)：任何与展览或参观内容无关的行为 |
| 观察的程序与规则 | 1. 每5分钟或活动发生变化时，记录讲解员、老师和学生的行为(使用代码) |
| | 2. 在每个代码旁边记录现场笔记，包括讲解员、老师或学生提出的具体问题或评论，以及特定的活动或活动外的行为 |
| | 3. 记录与每个数据代码相关的学生人数，例如，Si-4，表示有互动行为的学生4人 |
| | 4. 当您进行观察时，记录包含在团体动力学工具(观察工具B)中的信息(如，讲解员对种族、年龄、性别和语言的敏感性) |

此外，他还设计了访谈提纲，分别对教师和学生进行访谈。

对教师的访谈问题包括：

1. 您为什么选择带学生参观博物馆？

2. 参观之前是否让学生为此次参观做任何准备？如果有，请解释做了哪些准备。

3. 解释参观的内容与课程之间的联系。

4. 请评价今天的参观活动。(1～5，1代表价值最低，5代表最有价值)

5. 这次参观您最喜欢什么？

6. 这次参观您最不喜欢的是什么？

7. 博物馆需要做些什么改变以使参观更适合您的学生？

8. 您回到学校后，还会打算通过课堂活动继续进行博物馆参观活动吗？如果是，您的学生将会参加什么类型的活动？

对学生的访谈问题包括：

1. 如果让你从这次展览中说出一个大概念，那会是什么？

2. 你能说出你从今天的博物馆参观中学到的两件事吗？

3. 你喜欢博物馆讲解员吗？如果喜欢，最喜欢哪些方面？如果不喜欢，最不喜欢讲解员的哪些方面？

4. 在这次参观中你最喜欢什么？最不喜欢什么？

基于此，他收集了大量的数据，并通过一种开放式编码的方式，对数据从多个层面进行分析，从而得到了客观、翔实、可靠的研究结论。

由上述案例可见，评价在本质上研究的是“价值”与“判断”这两个基本问题，如何选用合适的评价方式、采取何种评价工具、做到何种程度的评价效果，关键在于评价者本人的评价目标定位。

## 第四节　博物馆与学校之间的合作

博物馆能代替学校，成为科学教育的主要场所吗？从现阶段的发展来看，显然是达不到这种要求的。教育、收藏、展示、研究……恰恰是博物馆自身职能的复杂性，使它注定成为非正规的教育场所——它或许可以成为学习者的乐园，但却难以如同学校一样担负起系统化、规模化、有序化的教育职能。然而，馆校合作提供了一个使博物馆的教育功能得以最大化发挥的思路——博物馆相对有利的教育环节，如资源的多元设计、丰富的活动体验、情景化的学习场景，在与学校的彼此合作中得到充分的应用；博物馆相对不利的教育环节，如对学生学习经验的组织、对学生学习需求的理解、学习的概念强化和巩固环节等，在与学校教学的协调配合中得到必要的补充。

当前，博物馆与学校之间的合作日渐多元，“科技馆进校园”“流动科技馆”等是科技类博物馆走进学校的一种合作形式；“科技馆开放日”“小小讲解员”“定制科技馆之旅”等是学校走进科技馆的一种合作形式。馆校合作指的是科技馆与学校为实现科学教育目的，相互配合、共担责任、彼此效力而开展的一种教学活动，[①] 也是一种特殊的或创新性的教育实践活动，[②] 其目的是让孩子们进行丰富的、有意义的学习活动，它也让教师和博物馆工作者从身心上融合在一起[③]。然而馆校合作不是心血来潮的短暂活动，偶尔一次、两次的合作不足以称之为“馆校合作”，科技馆、学校两个主要的利益相关者需寻求馆校合作的长期有效机制。这种长效机制的建立，需要从投入、运行、保障等方面建立起

① 王乐．馆校合作的理论与实践[M]．北京：科学出版社，2018：9.

② 宋娴．博物馆与学校的合作机制研究[M]．上海：上海科技教育出版社，2016：8.

③ 郑奕．博物馆教育活动研究[M]．上海：复旦大学出版社，2015：37.

完善的合作体系。为何合作？如何合作？这是本节拟探讨的两个基本问题。

## 一、为什么要进行馆校合作

千百年来，场馆和学校从未彻底地彼此隔绝过，早期形态的场馆、学校，都以不同的形式行使着教育的功能。在人类历史的早期，教育并非是一项社会化的活动，能享受教育资源的仅是少数人，早期形态的学校、场馆都是实施教育的场所。因此，早期的"馆校合作"是不自主的、无意识的行为。到近代以来，学校教育逐渐普及，成为社会最主要的教育场所，而场馆的教育功能也逐渐在探索中成为公共教育体系的一部分，真正意义上的"馆校合作"才开始出现。20 世纪下半叶以来，随着国际范围科学教育改革浪潮的涌动，"馆校合作"的理念、实践等得到长足发展。博物馆中的科学教育无法与学校科学教育相脱离，在新形势下思考为什么要进行馆校合作，不仅值得每一位博物馆教育工作者深度反思，也值得学校教育工作者思考并获得启发。

### (一)馆校合作成为发达国家科学教育的典型环节

在科学教育发展浪潮下，一些西方国家正在积极促进馆校合作，寻求有效的合作方式，并已取得显著成效。以英国为例，在 20 世纪 90 年代，英国《国家课程标准》的实施，场馆开始尝试将馆藏资源与课程标准关联，开拓了馆校合作新的切入点。① 例如，曼彻斯特科技博物馆在成立之初就将国家课程标准作为重要的工作指南；1993 年，英国政府要求博物馆等场馆积极开发与学校教育相一致的场馆课程资源。② 现在，学校组织学生前往科技馆学习已成为学校教育的日常活动，学生可以接触到更多新科技事物、体验科技馆开设的特色交叉课程等。③ 同时，英国已搭建了馆校合作的评价机制，以学校的教育要求为核心，设立专项指导小组开展评价④，以追求馆校合作更优化。

再以美国为例，美国作为世界强国，其科学教育也一直走在世界前列，

① 王乐．馆校合作机制的中英比较及其启示[J]．现代教育论丛，2017(2)：80-86.

② Anderson D. A common wealth：museum in the learning age[M]. Norwich：Her Majesty's Stationery Office，1999：79-81.

③ Collins Trevor，Joiner Richard，et al. School trip photomarathons：engaging primary school visitors using a topic focused photo competition[J]. Research in Learning Technology，2011，19：79-89.

④ Moffat H，Woollard V. Museum and gallery education：a of good practice[M]. London：The Stationery Office，1999：122.

1996年《美国国家科学标准》以及2013年《下一代科学教育标准》等历代重要纲领性文件中均对学校教育与科技博物馆等场馆教育提出了一定要求。近年来馆校合作更是成为科学教育不可缺少的途径。除去学生团体前往博物馆进行参观教学、场馆人员进校服务、教师培训、网络服务等形式之外，现今更多的是场馆教育人员深入了解K-12阶段的课程目标，全面地了解各学段的教学要求，并将场馆资源与课程目标结合，学校与博物馆共同开设课程。借助这一模式来实现馆校合作的经常性、持续性。① 如美国史密森学校博物馆为学校教师提供培训，指导教师学习如何使用博物馆展品促进课程教学；② 纽约市博物馆的许多藏品是根据州或市的课程标准和课堂教学需要刻意收藏的，其博物馆学校根据政府课程标准来设计相关课程。③

### (二)我国正在着力推动社会共同参与的科学教育改革

《教育部关于全面深化课程改革落实立德树人根本任务的意见》指出，要整合和利用优质教育教学资源，“学校要探索利用科技馆、博物馆等社会公共资源进行育人的有效途径”。这为进一步落实馆校合作打下了政策基础。文件中还提出，进一步修订课程方案和课程标准，要求依据学生核心素养发展体系，明确各学段和各学科育人目标，增强时代性，根据社会发展新变化、科技进步新成果，及时更新教学内容。基于此，新修订的课程标准以落实立德树人为根本任务、培育社会主义核心价值观为指引，充分挖掘学科本质，在课程的性质、目标和内容等方面做出了重要调整，其中，充分利用科技馆资源是重要的课程实施建议。

### (三)国内博物馆正在经历凸显教育职能的历史转型

在2019年“两会”期间，国家文物局局长指出，博物馆正处于“成长期的烦恼”，主要原因在于公众对于场馆的需求日渐多元，而博物馆当前的建设水平和服务供给远不能满足公众的文化教育需求。从历史维度上看，教育功能始终是博物馆的基本功能。从博物馆教育价值体现角度来看，一些发达国家的博物馆在教育资源开发、教育活动设计方面起步较早，从19世纪中后期开始的邀

---

① 吴镝．美国博物馆教育与学校教育的对接融合[J]．当代教育论坛(综合研究)，2011(5)：125-127.

② 米歇尔·海曼，杨立平，马燕茹，等．寻找与学校教育的契合点——史密森学会的实践[J]．中国博物馆，2000(03)：30-34.

③ 许立红，高源．美国博物馆学校案例解析及运行特点初探[J]．教育与教学研究，2010，24(6)：38-40，78.

请学校进入科技馆的初步发展阶段到现如今以馆校合作为主的深度发展阶段，这些科技馆在教育方面已经走在了前列。以美国为例，美国将包括博物馆教育在内的 informal education 看作国家教育系统的重要组成部分。在博物馆活动内容设计方面，美国科技类博物馆在编制针对场馆的教学课程和教学手册时，很大程度上是依据国家科学教育标准，馆中各类活动的设计也是尽可能地结合国家科学教育标准。

进入 21 世纪之后，我国科技事业开始朝着重质量的方向发展，许多科技类博物馆也开始探索提升场馆教育价值的方式，教育部等 11 部门联合发布的"研学旅行"政策，对科技类博物馆教育功能的发挥带来巨大契机，上海自然博物馆、重庆科技馆等国内许多著名科技类博物馆纷纷推出了品牌教育项目……2020 年 9 月，教育部、国家文物局印发的《关于利用博物馆资源开展中小学教育教学的意见》指出，要"进一步健全馆校合作机制，促进博物馆资源融入教育体系"，为馆校合作的发展注入了新的动力。尽管我国各地区馆校合作正在如火如荼地开展，但较之西方各国仍存在较大差距。① 普遍存在的问题有两方面，第一，许多场馆在建馆之初未从馆校合作开展或教育价值发挥的视角设计展品，是随着国家日益对科学教育的重视，通过淘汰更新或拓展教育活动来补充教育功能；第二，场馆的教育形式过于简单，深度不够，展品质量上升但是内容不够全面，展品缺少引导参观者对科学过程与方法的深入思考，许多展品变成了"玩具"，无法做到寓教于乐。因此，部分科技类博物馆在教育资源挖掘方面存在较大缺口，大部分场馆都以展品的展览为主，将大部分资源都投入到展览教育上，忽视了挖掘教育活动的潜力。所以，在内容建设上，科技类博物馆应当注重以中小学科学课程标准为桥梁，主动适应国家科学教育改革的大形势，设计制作符合学生特点和需要的展品展项和教育活动，真正发挥教育功能。

## 二、如何进行馆校合作

馆校合作的实质是组织间的合作，从社会科学的意义上讲，主要是指场馆和学校之间为了实现各自的目标，主动调整自身的行为策略，促进教育产品供给的行为。从教育学的意义上讲，馆校合作同时也是一种特殊的或创新性的教

---

① Changyun Kang，David Anderson，et al. Chinese perceptions of the interface between school and museum education[J]. Cult Stud of Science Education，2010(5)：665-684.

育实践活动。①

国际上，场馆与学校之间从单向交流走向多边互动是时代潮流。博物馆提供了馆校合作的复杂场域，而馆校合作发展至今，博物馆在馆校合作中的角色定位已经趋于成熟。在内容上，国外许多国家使用了一以贯之的国家教育标准，这对学校开设课程和博物馆开发教育项目同时起到了指导作用，学校和场馆在教育内容上可以实现天然衔接；在形式上，馆校合作除立足于传统的资源出借、课程服务、合作教学等之外，还通过吸引学生到科技馆参与实地考察、校外服务等，结成稳定的馆校合作关系。许多新兴的馆校合作形式也逐渐出现，例如，除了博物馆学校，还通过构筑信息化同步课堂、教师专业发展项目、国家课程体系的融合、区域整体合作等进一步拓展了馆校合作的外延②③，博物馆与学校的合作衔接得以日益多元和丰富，越来越广泛地满足学校的不同需求。此外，伴随着博物馆教育实证研究的日益发展，其研究理论越来越丰富，在教师专业化发展与学生学习认知、学习态度等方面都有着深入的研究④⑤，对场馆学习的理解也愈发深刻，馆校合作不再限于早期博物馆对学校教育套路的“移植”或借鉴，而逐渐形成了自身的理论体系。

在国内，馆校合作正处于如火如荼的探索与变革阶段，各级各类博物馆各显身手，共同推动馆校合作发展。在科技馆主导的馆校合作中，有的场馆通过与当地教育管理部门、学校签订协议，形成稳定的合作关系；有的开发馆校合作品牌项目或馆本课程(如表 4-1 所示)，吸引学校到馆参观；有的立足青少年科技人才培养，代替学校承担一些教育功能等。

---

① 宋娴. 博物馆与学校的合作机制研究[M]. 上海：上海科技教育出版社，2016：8.

② Damian Maher. Connecting classroom and museum learning with mobile devices [J]. Journal of Museum Education，2015，40：257-267.

③ Philips P，Finkelstein D，Wever-Frerichs S. School site to museum floor：how informal science institutions work with schools [J]. International Journal of Science Education，2007，29(12)：1489-1507.

④ Orion N，Hofstein A. The measurement of students' attitude towards scientific field trips[J]. Science Education，1991，75(5)：513-523.

⑤ Falk J H，Dierking L D. The contextual model of learning. Reinventing the museum：historical and contemporary perspective on the paradigm shift[M]. Walnut Creek：AltaMira Press，2004：139-142.

**表 4-1 部分科技类博物馆馆校合作品牌项目(数据更新至 2017 年年底)**

<table>
<tr><th>科技馆名称</th><th>项目名称</th><th>科技馆名称</th><th>项目名称</th></tr>
<tr><td rowspan="4">上海自然博物馆</td><td>博物馆老师研习会</td><td rowspan="3">温州科技馆</td><td>科学秀</td></tr>
<tr><td>自然探索移动课堂</td><td>少科院</td></tr>
<tr><td>青少年科学日</td><td>科普知识讲堂</td></tr>
<tr><td>实习研究员</td><td rowspan="6">重庆科技馆</td><td>主题参观</td></tr>
<tr><td rowspan="2">中国科技馆</td><td>场馆学习单</td><td rowspan="2">主题活动</td></tr>
<tr><td>定制科技馆之旅</td></tr>
<tr><td>辽宁科技馆</td><td>教育实验室</td><td>趣味实验</td></tr>
<tr><td>广西科技馆</td><td>科学工作室</td><td>科普剧</td></tr>
<tr><td>浙江科技馆</td><td>亲子实验赛</td><td>科学梦工厂</td></tr>
<tr><td rowspan="2">杭州低碳科技馆</td><td>探索者俱乐部</td><td rowspan="4">合肥科技馆</td><td>展无止境</td></tr>
<tr><td>少创会</td><td>科普剧场</td></tr>
<tr><td rowspan="2">绍兴科技馆</td><td>科学梦工厂</td><td>探索角</td></tr>
<tr><td>浙江科学玩家青少年才能挑战赛</td><td>科普讲堂</td></tr>
</table>

在各级各类科技馆中，尽管从事馆校合作的路径不同，大致归纳起来，当前国内馆校合作主要有以下几种模式。

1. 场馆走出去

场馆走出去，即让科技馆走进校园，如流动科技馆、科普大篷车等。顾名思义就是将场馆中的展藏品或教育资源带到学校，或将教育服务打包带入学校，或送课进校，在校园内开展教育活动。这种方式既起到促进学生学习的作用，又便于学校对学生的管理，保证学生安全。但这样的活动难以发挥场馆的真正优势，精品的展教资源往往难以带出，而流动展品的教育效果有限，损耗较高，所以造成此类活动往往是偶发性、临时性的，场馆与学校的合作是不连续的，无法产生系统的、持续的教育效果。

2. 场馆引进来

场馆引进来，即学校走进科技馆，如研学旅行等。一般是由学校组织学生到科技馆进行参观学习活动。这种参观模式也分不同层次，其中较低层次的参观主要以娱乐性为主，比如春游、秋游等，教育目的并不强，学校与科技馆大多没有直接的合作关系，开展的多为普通的参观游览；而较高层次的参观一般由专业教师带队，有时候提前与科技馆进行预约，说明学习需求。此类活动中，学生学习目的明确，学校与科技馆有长期合作关系，学校会定期组织学生来馆开展相关教育活动。此外，科技馆还时常面向学校在校学生招募志愿者、讲解员等，学生可以体验辅导员的角色，进而参与到科技馆学习中来。

3. 场馆工作人员与学校教师间的合作

该模式是学校的专业教师与场馆的相关工作人员相互合作，将学校开设的课程与场馆的资源相结合，共同探讨、彼此完善，针对具体的内容设计操作性强、有价值的教育活动。这种模式最大的优势在于，一方面促进了教师和展教人员的专业发展，另一方面有利于开发优质教育项目，进行深度的馆校合作，往往能起到较好的科学教育效果。但是进行此类活动需要花费大量的时间与精力，国内关于这方面的实践尚不多见。

4. 共同开发馆本课程、开展科学竞赛培训等

一些有余力的科技馆还会通过开发馆本课程，或承担区域的科学竞赛指导培训等方式来实现馆校合作。在一些空间充足的场馆中，会专门建几间主题教室，并开发若干课时的馆本课堂，提供学校预约服务，或者安排专人进行科学竞赛培训辅导。

## 三、馆校合作案例述评

理想状态下的基于馆校合作的博物馆教育现场应当是何种样貌？在学校教学中，空间相对封闭、情感投入性强、思维注意力集中的教学方式更易于深度学习和复杂概念的掌握，而限制于环境因素，课堂教学难以展示生动形象的科学现象，更难以进行参与度、体验度高的科学体验；在场馆教学中，兴趣激发、情景模拟、互动体验式的教学方式更易于维持学习者科学学习的好奇心和求知欲，而由于开放性的环境、陌生的社交群体和缺乏引领的主动性学习，场馆教学对学习者自身的学习能力要求较高，教学中不易于开展深度学习。理想状态下的基于馆校合作的博物馆教育现场应当是学校与场馆学习优势的结合，而在不考虑内容选择、施教者业务水平、学习评价、教学策略等人为因素下，实际上即学校与场馆的教学资源与空间优势的结合。

下文呈现了两个馆校合作的案例，分别是在博物馆内基于学校教室和科技馆展区结合应用的教学案例，基于学校教室、科技馆展区、科技馆科学教室结合应用的教学案例。通过对两个案例的述评，可以概览博物馆基于馆校合作的教育现场的一般过程，并对展教者如何更好地从事馆校合作教学设计进行反思。

1.“学校教室＋馆内展区”结合的馆校合作

## 案例：地壳探秘①

（一）学习目标

1. 科学知识：通过场馆学习，学会辨别常见的矿物与材料；认识地球内部的圈层结构。

2. 科学探究：通过场馆的实地考察和互动探索，树立科学需要证据的意识，通过应用已学过的科学知识对实际问题做出解释，发展综合解决问题的能力。

3. 科学态度：通过身临其境地感受地震的惊心动魄，学会逃生的基本技能，形成珍爱生命、敬畏自然的态度。

4. STSE：体验矿物的开采和利用方法，体会科学技术对社会进步的巨大贡献，了解科学技术是社会与经济发展的重要推动力量。

（二）教学实施

| 环节 | | 内容 | 资源 |
|---|---|---|---|
| 教学组织 | 校内知识学习 | 学习内容为“地球、矿物与材料”中的“地球圈层结构”及“地球上的矿物资源”。<br>教师在充分把握教材基础内容的前提下，对教材做出了适宜的拓展与延伸，引起了学生足够的兴趣与探索欲，为后续科技馆内的课程开设做好了铺垫。<br>教师进行分组，布置明确的参观任务 | 场地准备：<br>校内：科学教室<br>辅助性材料：（科学）课本 |
| | 馆内实践地壳探秘 | 在区域讲解员的带领下参观“盐矿长廊区”“化石燃料区”“板块运动探索区”及“地震体验馆”展区，学生对地球内部圈层结构以及地球上丰富的矿物资源等有了一个整体的了解；<br>以小组为单位，充分利用馆内资源完成任务驱动单上的学习体验任务，进行“地壳探秘”实践活动；<br>重返情境，学生对自己在整个学习过程中存有疑惑的部分做深入的探究学习 | 场地准备：<br>校外：上海科技馆<br>盐矿长廊区<br>化石燃料区<br>板块运动探索区<br>地震体验馆<br>辅助性学习工具：<br>学习单 |

① 该案例摘引改编自：干露燕．基于场馆资源的科学校本课程的开发与实践[C]//中国科普研究所．面向新时代的馆校结合·科学教育——第十届馆校结合科学教育论坛论文集．北京：中国科普研究所，2018：5.

续表

<table>
<tr><th>环节</th><th colspan="2">内容</th><th>资源</th></tr>
<tr><td>教学组织</td><td>交流展示</td><td>我发现的秘密：<br>在馆内实践体验后，学生对自己感兴趣的主题进行深入探究，教师指导学生开展小组合作式的学习；<br>小组对探究成果进行交流与展示，教师给予点评</td><td>场地准备：<br>校内：科学教室</td></tr>
<tr><td>教学评价</td><td colspan="3">在基于场馆资源的校本课程的实施过程中，学生走出教室，与平时见不到的矿物资源亲密接触，在馆内利用场馆资源(实物展示、模型演示、文字、视频、资料查阅器)分小组进行了主题明确的自主学习，充分体验了探究性学习的过程。<br>场馆的体验结束后，学生以小组为单位，对课程体验的内容进行总结，尤其选取了自己感兴趣的内容进行了深入的研究。以 PPT 或小报或视频的方式在后续的课堂上进行成果的分享，在这个过程中，学生用科学观念解释现象，以及去解决实际问题的能力得到了提升</td></tr>
</table>

“地壳探秘”案例的学习主题是引领学习者认识地球内部的圈层结构，并在学习中通过对自然现象和科学规律的观察，培养记录和分析数据的能力，发展辩证分析和逻辑推理等科学思维。在科技馆中，关于该学习内容的展区内容相对较为丰富，有专门的矿石矿物展区，也通过数字媒体等技术，直观地呈现了地球内部构造，再现了板块运动、火山地震等过程。相比学校或教科书上的讲解，许多科技馆对此主题内容的演绎更加形象，如中国地质博物馆等，其关于地球构造、地质学方面的内容建设不仅全面，而且展陈的逻辑结构也符合常规地质学教材的内容逻辑，十分适宜于开展馆校合作学习。

在上述案例中，教学目标不仅要求学生能够掌握基础的地球与空间科学相关知识，还能够得到地震等自然灾害现象的体验，掌握基础的逃生技能，同时还要进一步发展信息搜集和整理的能力，能够结合走访参观进行汇报展示和分享交流。为了达成上述学习目标，教师采用了“学校教室＋馆内展区”结合的馆校合作学习方式。即，在科技馆内，以小组为单位，通过基于学习单的驱动式学习，学生对地球内部圈层结构以及地球上丰富的矿物资源等建立整体了解，此外，学生还可在“地震体验馆”内亲临地震场景，学习逃生技能；在学校教室内，进行信息整理、总结和分享交流。这种基于学校和科技馆不同学习空间的教学手段也是馆校合作中最常见的形式之一。在科技馆中，充沛的实物资源和身临其境的体验项目能够使学生更高效地建构起个体的认知框架，但是科技馆中展品陈设是多元的，如果缺乏学习的导向，学习效率就会大大降低，而在案例中，教师采用了任务驱动式的学习单作为学习引领，在一定程度上解决了这一问题；同样地，分享和交流汇报往往在封闭的教室环境、熟人社交环境中更易于个体的发挥。因此，在案例中，采用"学校教室＋馆内展区"结合的馆校合作形式是该主题学习中一种较为理想的设计。

2."学校教室＋馆内展区＋场馆科学教室"结合的馆校合作

## 案例：动物的自我保护①

(一)学习目标

1. 科学知识：初步认识到不同动物有着自我保护的机制，能举例描述动物自我保护的方式，形成结构与功能相适应的科学观念。

2. 科学探究：通过对不同种动物的自我保护方法的探究，培养观察分析归纳能力以及综合判断能力；通过小组合作探究并交流，培养沟通表达能力以及团队协作精神。

3. 科学态度：通过观察标本或模型，体验并了解生物的多样性，培养关注并保护生物、热爱大自然的情感。

4. STSE：通过对场馆的参观，理解仿生技术与动物自我保护的关系，了解社会需求是推动科学发展的重要动力。

(二)教学实施

| 环节 | 内容 | | 资源 |
|---|---|---|---|
| 教学组织 | 动物的自我保护 | 导入：<br>(1)教师将20名学生分成5组，4人一组。小组成员分配任务安排。<br>(2)教师分发裁成8片的图纸(哺乳动物：北美负鼠；爬行类动物：变色龙；鱼类：电鳐；两栖类：三线闭壳龟；鸟类：北蝗莺)。学生小组合作完成拼图，根据拼图提示以及任务单寻找馆内相应的动物。<br>(3)教师分发任务单以及提示可能会对解决答案有帮助的展馆 | 场地准备：<br>校内：班级、机房、图书馆<br><br>辅助性材料：网络、图书馆相关图书、科学教材、学习单 |

① 该案例摘引改编自：何佳艳．动物的自我保护——初中科学博物馆校本课程初探[C]//中国科普研究所．面向新时代的馆校结合·科学教育——第十届馆校结合科学教育论坛论文集．北京：中国科普研究所，2018：6.

续表

<table>
<tr><th>环节</th><th colspan="2">内容</th><th>资源</th></tr>
<tr><td rowspan="2">教学组织</td><td rowspan="2">动物的自我保护</td><td>实地参观：<br>教师在学生参观时，观察各小组在活动中的表现，及时给予学生辅导。<br>学生分组带着问题选择展厅分散活动，寻找探究答案，驻足感兴趣的展区，仔细观察并做好笔记</td><td>场地准备：<br>校外：上海自然博物馆生态万象、生命长河、生存智慧、体验自然（活体养殖区）等展区。<br>辅助性材料：展区动物标本、模型、学习单等</td></tr>
<tr><td>交流评价：<br>教师召集学生在B2探索中心集合并组织学生反馈活动情况：在探究过程中遇到了哪些问题？你们小组是如何解决问题的？组织学生开展自评、互评。<br>学生在B2探索中心集合，展示任务单，各个小组进行交流、自评与互评</td><td>场地准备：<br>校外：上海自然博物馆B2探索中心。<br>辅助性材料：学习单</td></tr>
<tr><td>教学评价</td><td colspan="3">本活动共分三个板块，板块之间循序渐进，紧紧相扣，充分体现了“促进每一位学生科学素养的发展”“体现科学本质的科学教育”“科学探究是科学教育重要的目标”“关注自然界的整体性是现代科学技术对科学教育提出的要求”的课程理念。<br>该活动通过对学生进行调查，围绕学生的兴趣进行，适应学生的特点，以满足学生个体差异的需要，更有效地促进学生和教师去发现、去创造、去设计，教学方法多元化，让科学教育更有效</td></tr>
</table>

“动物的自我保护”内容适宜于小学高学段学生或初中生进行学习，该主题内容的学习需要有相关的知识储备。在案例中，采用了“学校教室＋馆内展区＋场馆科学教室”先后结合的馆校合作形式，学习空间发生多次转换，实际上是围绕着学习者来设计的。开展该主题的学习需要具备一定的理论知识基础，认识生物的多样性，理解动物在长期的自然选择中发展进化出各种各样的自我保护机制。抽象知识的学习更适宜于在封闭、集中的教室环境中展开，而在学校教室完成理论学习后，教师便引导学生带着问题和学习任务来到科技馆展区，在参观中进一步将理论与实践相联系，学生通过对“生命长河”“生存智慧”等主题展区的参观学习，达到学以致用，甚至启发新的思考的目的，从而

在参观结束后，带着新的疑问在场馆的科学教室进行及时讨论和交流，使学习成果得到巩固和深化。

案例采用“学校教室＋馆内展区＋场馆科学教室”先后结合的馆校合作形式，每个环节的教学安排均围绕学生的学习需求展开，通过任务驱动式的学习，每个环节均充分调动了学生的主动性和参与性，同时，也充分发挥了学校、科技馆的空间和资源优势。

# 第五章 家庭科学教育

《人是如何学习的——大脑、心理、经验及学校》一书中指出："学习的一个关键环境是家庭。家庭作为一个学习环境，最适合儿童的早期发展"。① 美国国家科学教师协会发表的一篇文章中指出：父母参与到儿童的科学学习中，对儿童在学校中取得成功作用重大。② 有研究者通过对多个相关研究进行分析，结果表明：父母参与儿童教育在许多方面都有积极的效果。例如：父母参与孩子学习，儿童能够取得更高的成绩、更有规律的完成家庭作业、更多的积极行为等。③ 毫无疑问，家庭教育对儿童的科学学习有重要作用。

有学者指出，父母是儿童的第一任也是对儿童影响最大的老师。家长如何当好孩子的第一任科学老师？家长如何参与到儿童的科学学习的进程中？参与的方式有哪些？如何提升参与的质量？学校科学教师如何让家长参与到学校的科学教学中？上述问题，是家庭科学教育最核心和关键的问题。本章首先讨论了家庭科学教育的内涵、重要价值和实施有效家庭科学教育的理论基础，其次对于家长如何参与到儿童的科学学习、参与方式以及帮助孩子完成高质量的科学学习给出了建议，最后本章给出了如何帮助家庭更好地参与到儿童的科学学习中的案例。

## 第一节 家庭科学教育的内涵与理论基础

在终身学习的理念下，日常生活中的科学学习是促进人科学素质发展的重要途径。日常生活中，有多种学习方式，比如看电视、读书等。其中，家庭科学教育是重要且有效的类别。在儿童未正式进入学校之前，家长是儿童最主要的教育者，家长对儿童的影响是巨大的。

---

① 约翰·D. 布兰思福特，等. 人是如何学习的——大脑、心理、经验及学校[M]. 程可拉，等，译. 上海：华东师范大学出版社，2002：235.

② National Science Teachers Association. An NSTA position statement: parent involvement in science education. NATA reports! [R]. Arlington, V. A.: National science teachers association, 1994.

③ 大卫·杰纳·马丁. 建构儿童的科学——探究过程导向的科学教育[M]. 杨彩霞，等，译. 北京：北京师范大学出版社，2006.

儿童在12岁以前，除了在学校的时间，大部分时间是与家长在一起，家庭教育对儿童的影响也是比较大的。例如，节假日期间，城市的儿童可能会在家长的带领下出去郊游，接触大自然，有的家长选择带孩子去科技馆游玩，也有的家长选择带孩子与朋友聚会。不同的选择为孩子提供了不同的场景，儿童也会受到不一样的影响。在一些农村地区，儿童可能会帮助家长喂牛、喂鸡、去农田，等等。在这个过程中，儿童有可能会学到小鸡孵化的周期，水稻田里可以养鸭子，进而形成对水田生态系统的感性认识和理解。这些内容都与科学有关，会影响到儿童的科学学习。

即使是在学校的科学学习中，家长也仍然是学生科学学习的重要支持者。《美国国家科学教育标准》中教学标准D中指出：科学教师要营造和管理好学习环境，为学生们学习科学提供必要的时间、空间和资源。为此，教师要能鉴识和利用校外的学习资源。① 的确，课堂的时间有限，空间有限。必须要利用好课堂之外的学习资源。而家长是重要的资源。

## 一、家庭科学教育的内涵

明确家庭科学教育的内涵，首先要定义家庭教育。我国不同的学者对于家庭教育有不同的界定。有学者认为：家庭教育是父母或者其他年长者在家庭中对儿童进行的教育。家庭教育就是家长，主要指父母或家庭成员中的成年人，对子女的培养教育。社会的发展有一定的特殊需要，儿童的成长也有其自身特定的规律，家长应当了解这种需要，并根据子女的发展规律来积极地、有意识地进行培养教育。这种教育主要是父母在日常的家庭实践活动中通过言传和身教来进行，以达到满足某种预期作用的教育活动。② 家庭教育的发生地是在家庭活动当中。这种活动的目的是促进儿童的社会化，以满足一定社会的需要。亲子关系在这种过程当中建立和发展。一般是指父母对个体产生的影响和作用。③ 从这部分学者的定义能够看出，他们的立场是家庭教育是单向的，主要是家长对儿童的教育，目标是培养儿童适应社会。此外，还有一些学者从家庭成员之间的相互影响与教育的角度去定义家庭教育。如顾明远认为：家庭教育是家庭成员之间的互动教育，在教育活动中父母及子女都得到一定的教育。④

---

① 国家研究理事会．美国国家科学教育标准[M]．北京：科学技术文献出版社，1999.

② 孙俊三．家庭教育学基础[M]．北京：教育科学出版社，1997：18-19.

③ 邓佐君．家庭教育学[M]．福州：福建教育出版社，1995：3.

④ 顾明远．教育大辞典第1卷[M]．上海：上海教育出版社，1990.

第二种观点的立场是教育能够产生相互的影响。家庭教育是一种教育实践，家庭教育的产生是一个互动的过程，在这个过程中，影响是双向的。总体来说，本书中更倾向于认为家庭教育是双向影响的教育实践。

基于家庭教育的概念，可以定义家庭科学教育是发生在家庭成员之间的、与科学有关的互动教育。这种互动教育是双向的，家长能够教育孩子，反过来，在一定情况下，孩子也能够影响家长。家庭科学教育中，关键词是科学，参与者是家庭成员。在课外科学教育中，家庭科学教育是重要类型或者重要的组成部分。一方面，就场所而言，家庭是发生科学教育的重要场所；另一方面，就参与人而言，儿童在课外的环境中学习科学多是与家长在一起的。因此，可以说，家庭科学教育伴随人一生，家庭科学教育非常重要。从场所的角度理解家庭科学教育，常见的家庭科学教育方式包括科学阅读、科学游戏、共同观看科学节目、晚餐交流；从参与人的角度理解家庭科学教育，常见的家庭科学教育方式包括与家人一起去科技馆/博物馆、动物园/植物园/森林公园等。

## 二、家庭科学教育的理论基础

### (一)家庭科学教育的重要方式之科学阅读

科学学习离不开阅读，学习者在阅读的过程中，获取科学知识，感受科学思想，理解科学方法。科学阅读是科学学习的重要途径。诺里斯(S. Norris)与菲利普斯(L. Phillips)认为：科学素养并不仅仅只包括科学的实质性内容，还包括在所有阅读过程中所需的概念、技能、理解和广泛的价值观。① 很多学者都给出了科学阅读的定义。马明辉将科学阅读界定为一种探知意义的活动，是从科学的多种表征形式如语言、符号、数学运算、图标及其他可视化资源中建构意义的尝试。② 蔡铁权认为，科学阅读是通过阅读科学文本来进行教学，以促进儿童的科学学习的过程。③ 林盈秀将科学阅读的材料拓展到科学普及读物、科学文章、科学童话、科学故事等。④ 国外有学者关注网络媒介的科学阅读，比如Spence认为学习者可以通过网络媒介的科学阅读提取、评论及诠释

① Norris S，Phillips L. How literacy in its fundament al sense is central to scientific literacy [J]. Science Education，2003，87(2)：224-240.

② 马明辉．我国科学阅读类图书出版的前瞻性[J]. 出版广角，2015(6)：95-97.

③ 蔡铁权，陈丽华．科学教育要重视科学阅读[J]. 全球教育展望，2010(1)：73-78.

④ 林盈秀．概念构图应用于国小阅读指导之行动研究[D]. 台北：中国台北市立教育大学，2010.

科学相关信息，并形成和维持自身的科学素养。总体来说，广义的科学阅读是阅读与科学有关的内容，比如科普文章、科普读物、科学童话等都算是科学阅读。狭义的科学阅读是在科学教学中，通过给学生提供相应的科学材料，以阅读的方式，促进学生对科学概念的理解，提升科学素养。

儿童最初的科学阅读来源于家庭。认知心理学研究表明：2～3岁幼儿已经开始逐渐形成基本的阅读能力，而3～6岁是其形成的关键期。① 3～6岁的儿童，处于好奇和疑问的阶段，同时又迫切需要准确的答案。家长引导孩子通过阅读科学书籍或者科学绘本，有利于儿童自己探索和寻找答案。这个阶段的科学阅读对于培养儿童对科学的兴趣非常有帮助。在正式进入学校之前，很多儿童都已经了解大量的与自然有关的知识，以及一些解决问题的技能，而获取这些知识和技能的重要途径就是阅读。通过与一些科学家交流了解到，他们当中的一些人，小时候经常阅读《少年科学画报》《我们爱科学》等科学读物。这些读物对于他们的科学启蒙起到重要的作用。尽管进入学校以后，儿童的阅读会受到学校教师和同学的引导和影响，但是家长引导仍然重要。家长可以与儿童一起，在轻松愉悦的氛围中，以科学读物为主要载体，通过亲子阅读，指导儿童独立阅读等方式，促进儿童的科学学习。

### (二)家庭科学教育的重要方式之家庭参观科技馆/科技类博物馆

博物馆/科技馆是儿童与家人在一起学习的一个理想场所。有很多研究也都表明，家庭是博物馆/科技馆最主流的群体。一些研究者构建了最常见的家庭参观博物馆的行为模型。② 这些模型现在仍然适用。典型的家庭教与学的行为中，家长充当展览的解说员，孩子是学习者，家长可以通过明确指出知识点、提问题和解释模型等方法指导孩子学习。这样的行为对于年龄小的儿童来说，理论上来说是有效的学习方式。研究人员解释说：一般情况下，对于比较小的孩子来说，如果家长能够与儿童一起学习，那么儿童会在展品前停留更长的时间，而这有助于儿童的学习。③ 年龄大一些的孩子可以自行参观展品，也可以参与到博物馆组织的教育活动中。研究发现，家长的性别结构影响家长与孩子在场馆内的互动。父亲更愿意参与到与儿童的互动中。在家长与孩子的互

---

① 傅嘉．农村3—6岁幼儿家庭亲子阅读现状研究：背景与意义[J]．黑龙江教育(理论与实践)，2018(11)：39-40.

② Lederman N G，Abell S K．Handbook of research on science education，Volume II [M]．New York：Routledge，2014.

③ 同②.

动中，体现出家长会利用自己的先验知识和经验来解释科学。① 因此，在科技馆/博物馆中设计家庭友好型的展览可以促进家庭教与学的行为朝着促进学习的方向发展，例如，科技馆的展览设计人员可以将学习环境与先验知识结合起来，设计出能够更利于家庭学习的展览。

瑞妮(Rennie)认为家庭在参观博物馆时有自己的安排，因此他们经常会把博物馆作为学习的情境而不是学习的内容来源。有研究表明，家庭成员之间的学习，在离开博物馆之后持续发生。研究家庭成员在博物馆内的对话就能发现，家长在促进孩子学习方面与孩子的需求密切相关。有学者研究了 5～7 岁的孩子与父母之间讨论恐龙的知识，结果发现：有两组儿童，一组是对恐龙有很多了解的(专业组)，一组是对恐龙理解不多的(新手组)。专业组儿童在与父母交流的过程中，孩子比父母能说，而家长在保持沉默的过程中错过了挑战孩子和帮助孩子促进学习的机会。新手组中，父母比孩子说得多，父母让孩子参与到促进学习的对话中。② 另外一项研究发现，无论孩子多大，在家里，父母给孩子安排的有条理的任务更有指导性，但是在博物馆这种开放性的活动中，对孩子来说，家长更具有协作性。③

有研究调查了家长帮助孩子发展探究的行为。斯科特(Szechter)和卡瑞(Carey)(2009)在一个科学中心对 20 组父母-孩子的研究发现，父母的“学习谈话”包括描述证据、给出指导、提供解释、联系过去的经验和做出预测。家长比孩子们更多地谈论展品，但孩子们更经常主动参与。在参观展览的过程中，孩子们更愿意“做出预测”，家长更愿意“描述证据”和“给出指导”。④

基于社会文化学习理论，学习是发生在人们每一天实践中的活动，需要文化工具(如语言、科技、谈话类型、人工制品及渗透在社会中的各种观点等)的支持。这些文化工具贯穿于科技场馆的情境中，影响儿童在场馆中学习的最终

---

① 翟俊卿，毛天慧，季娇. 儿童如何在参观科技场馆过程中学习科学——基于国外实证研究的系统分析[J]. 比较教育研究，2018，40(7)：68-77.

② Palmquist S，Crowley K. From teachers to testers：how parents talk to novice and expert children in a natural history museum[J]. Science Education，2010，91(5)：783-804.

③ Siegel D R，Esterly J，Callanan M A，et al. Conversations about science across activities in Mexican descent families[J]. International Journal of Science Education，2007，29(12)，1447-1466.

④ Lederman N G，Abell S K. Handbook of research on science education，Volume II[M]. New York：Routledge，2014.

效果。[①] 有些文化工具是显性的，如阅读展览说明、家庭之间的对话等，有些文化工具是隐性的，如家长原有的学习经验等。

基于情境学习理论，学习是长期的。在博物馆里参观的时候，学习在发生，离开博物馆之后，学习仍然在持续。家长与孩子一起去博物馆，在离开博物馆、离开展品之后，家长与孩子仍然在一起，他们之间可能会继续讨论展品，可能会回忆在博物馆中发生的有意思的事情。这些都能够进一步巩固他们的学习。与此同时，对亲子活动的评估和研究也应该是一个长期的过程，不能仅仅限定在场馆之中，也要延续到离开场馆。

## 第二节　家长是做好家庭科学教育的主力军

家庭科学教育，范围比较广泛，与学校科学教育最大的一个区别在于：家庭科学教育是需要由兴趣引导的。儿童青少年对世界和周围环境有强烈的好奇心，让孩子保持住对科学的好奇心或者能够引导孩子对科学产生好奇心是最重要的一条原则。家庭科学教育中家长起到至关重要的作用。

尽管，我们很清楚本书不是面向家长而写，但是不论是学校的科学教师，或者校外机构的科学教师，或者其他对本书感兴趣的人，都有可能成为家长。此外，科学教师也可以在与家长沟通交流时吸取本节部分建议。

### 一、家长积极参与学校科学教育

随着家校合作的不断加强，越来越多的学校认识到家长是教育中非常重要的资源。家长能否顺利地参与到学校的科学教育课程或者活动中来，学校也起到了关键作用。学校需要给予家长积极的鼓励和支持，例如，通过家长会的机会积极宣传学校的理念以及学校正在开展的一些活动或者项目。

家长可以积极关注学校的有关信息，参与到学校的一些科学教育项目中。例如，很多学校都有“家长进课堂”活动。家长可以积极参与，利用这个项目，家长可以为学生提供科学领域的话题。

越来越多的学校有科技节或者科技周活动。家长可以积极关注，按照学校的要求，提供一些力所能及的帮助。比如，为学校的科学展览提供一些材料。如果家长具有科学背景，能够提供更多的帮助。

---

①　翟俊卿，毛天慧，季娇．儿童如何在参观科技场馆过程中学习科学——基于国外实证研究的系统分析[J]．比较教育研究，2018，40(7)：68-77．

家长也可以参与到科学教学中。例如，积极帮助孩子准备科学课上需要的实验材料，积极带孩子完成科学课的动手作业等。

家长要充分认识到，在基础教育阶段，学校的科学教育对于儿童青少年理解科学和学习科学是主流渠道，家长要充分的配合学校，为更好的教育孩子而努力。

## 二、家长与孩子开展科学探究活动

家长可以鼓励孩子在家里开展探索活动。在这个过程中，家长可以提供必要的支持和帮助。家庭环境中，到处都充满了可以探索的材料和内容。在城市小区绿地中、花园中，家长可以和孩子一起观察植物，观察蚂蚁世界；在农村地区，家长可以带小朋友一起去农田等地让孩子观察和学习。厨房里，蒸包子、做饺子，都可以让孩子从中学到科学内容。

有条件的家长也可以在学校科学教师的指导下或者自行购买一些成套的科学工具包。一般地，这样的科学工具包都包括全套的材料以及说明书。家长不用担心不会使用。家长可以和孩子共同在说明书的指示下完成相应的科学活动。

有一些家长可能不具备购买工具包的条件，下面将介绍一些简单可行的、不需要太复杂的材料就可以在家里完成的科学探究活动。

### (一)活动一

活动名称：葡萄干跳舞①

材料：葡萄干，透明的杯子，发酵粉，醋。

科学原理：醋和发酵粉(里面一般含有碳酸氢钠)反应可以形成二氧化碳气体。气体的小泡沫附着在葡萄干褶皱的表面，从而使得葡萄干漂到水的表面。当葡萄干浮到水面上时，葡萄干表面的气体又逸出到大气中，这样葡萄干就又沉到水底了。这种现象会一直持续下去。直到醋和发酵粉之间的反应作用完全停止。

操作说明：

1. 在透明杯子里装满自来水。把葡萄干放进去。观察葡萄干的变化。此处可以让孩子记录一下。可以采用文字记录，也可以采用画画的方式记录。

2. 倒 1 勺发酵粉放到水里使其溶解。再加 2 勺醋，放到水里搅和。观察葡萄干的变化。此处可以让孩子记录一下。可以采用文字记录，也可以采用画

① 本活动改编自：大卫·杰纳·马丁．建构儿童的科学——探究过程导向的科学教育[M]．杨彩霞，等，译．北京：北京师范大学出版社，2006.

画的方式记录。

多样性探索：

1. 尝试一下不同温度的水，观察葡萄干的变化。

2. 试试加入不同量的醋和发酵粉。

3. 尝试替换实验材料。如用碳酸饮料替代醋和发酵粉。

### (二)活动二

活动名称：冰冻游戏

材料：水，盐，耐冻的塑料杯，彩笔。

科学原理：冰的密度小于水，因此水结成冰后，体积会增加。加了盐的水凝固点降低，结冰的时间增加。

操作说明：

(1)在透明杯子里装半杯自来水，用彩笔沿着水面画线。放入冰箱里。每隔 20 分钟检查一下水的状况。记录一下。

(2)杯子里的水完全结冰时。记录一下水的状况。

多样性探索：

(1)尝试给水加不同量的盐。

(2)试试观察的时间间隔变短。

(3)试试往水里加一些果汁。(注意安全，不要加含有二氧化碳的碳酸饮料)

## 三、家长指导孩子开展科学阅读

科学阅读作为家庭教育中的重要组成部分，受到很多家长的重视。在幼儿阶段(3～6 周岁)，科学阅读主要以亲子阅读为主，在儿童进入小学之后，有了一定的识字能力，可以逐步过渡到独立阅读。儿童在科学阅读中，准确而完整地建立科学概念需要经历多个阶段，这是一个长期的过程。有学者研究认为，科学阅读如果促进学生的科学学习，有三种交互因素：读者、氛围和文本特征。首先要成为一个好的科学阅读者，随后是选取优秀的科学读物，最后是创设积极的阅读氛围。①

家长在指导儿童特别是幼儿开展科学阅读时，也可以从以下几个方面去努力。

### (一)努力培养孩子成为一个爱好阅读的人

家长在带孩子开展有效的科学阅读之前，首先要发现孩子的兴趣，了解孩子已经感兴趣的内容。每个孩子都会通过日常的与家人之间的交流或者是其他

---

① 蔡铁权，陈丽华．科学教育要重视科学阅读[J]．全球教育展望，2010(1)：73-78.

如看电视等方式对科学有一些认识，也有了自己的理解。家长要耐心地鼓励并发现孩子的兴趣。尽管强调科学阅读，但是在实际操作的过程中，可以从阅读开始。只要孩子对阅读有兴趣后，再选择科学领域的有趣图书。

### (二)创设适宜阅读的氛围

适宜阅读的氛围主要从以下方面去考虑。一是以学习者为中心。家长可以在家里布置一个小的阅读角，稳定的、舒适的阅读位置可以帮助孩子喜欢上阅读。二是建立一个学习共同体。简单说就是家长和孩子一起阅读。在最初，可以亲子阅读。随着孩子长大，鼓励孩子独立阅读，但是家长最好也在阅读角阅读，给孩子做一个好的示范。这样的阅读氛围会鼓励并且激发孩子阅读的愿望。

### (三)选择合适优质的科学书

合适的科学书，是指适合孩子年龄和认知水平的科学书。从容易的开始，慢慢调整难度。选择优质的科学书，家长可以从几个方面入手——一是书中是否有科学性错误。作为一本给儿童阅读的科学书，如果出现科学性错误无论是什么原因都不能再考虑了。这是最大的问题。二是内容编写。家长主要看内容方面是否具有一定逻辑性，能够循序渐进地安排内容。三是书的印刷和纸张。尽量选择环保印刷的书籍。字体的大小也应该适应儿童的阅读习惯。四是选择合适的领域。研究表明：婴儿和幼儿在生物学和物理学的因果关系、数学、语言等方面具有极强的好学易学的先天素质。① 因此，家长可以首先给孩子选择生物学和物理学领域的图书作为孩子科学阅读的起点。在选择的过程中，可以参考童书销售榜，也可以参考一些科学家推荐，也可以自己带着孩子去图书馆，看看孩子自己的选择。

## 四、家长带孩子参观科学类博物馆

我国幅员辽阔，不同地区在经济、文化等方面都存在着差异。显然，科学类博物馆资源不是所有家庭都能获得的家庭科学教育资源。因此，在有条件的情况下，家长应该多带孩子参观科学类博物馆。例如，在旅游时，可选择大城市的科技馆、自然历史博物馆、天文馆、海洋馆等地游玩，增加孩子接触到科学类博物馆资源的机会。

有研究表明，走进科学类博物馆之后，家庭在科技场馆参观过程中，家庭

① 约翰·D. 布兰思福特. 人是如何学习的——大脑、心理、经验和学校[M]. 程可拉，等，译. 上海：华东师范大学出版社，2002.

背景、角色定位、话语形式、辅助支架和展示形式五个因素影响了儿童在科技场馆学习科学。① 因此，本部分将基于上述因素给出家长带孩子参观科学类博物馆的建议。

### （一）家长不断提升自身的知识和能力水平

家长自身的知识和能力水平对于孩子理解科学有一定的影响。例如家长能够将科学概念解释得深入浅出，相信儿童也会记忆深刻，并且不会产生错误概念。解释科学概念既需要家长对科学概念有一定的理解和掌握，还需要家长学会如何用孩子能够理解的语言来做出解释。同时，能力水平较高的家长也会引导孩子一起就某个科学主题展开讨论，促进孩子的学习。因此，家长应该多学习，提升自己的知识能力水平。

在走进科技馆之前，家长可以在将要去的科技馆的官网上浏览，充分了解要参观的科技场馆的基本布局，常设展览的情况，以及最近是否有有特色的临时展览。此外，家长可以依据对孩子的观察和了解，有重点地对一些科学主题进行深入的学习，提前预习好。有条件的家长还可以请讲解员服务。很多科技场馆都有专门为儿童设置的教育活动，家长可以提前预约好，让孩子参与更加专业的活动中去。

在平时，家长可以通过读书、看电视以及网络等多种方式学习科学，全方位地提升家长自身对科学的理解。

### （二）家长要扮演辅助者的角色

走进科技馆后，如果有条件，家长尽量扮演辅助者的角色。以孩子为中心，鼓励孩子自己依据兴趣自己去探索。在儿童探索的过程中，家长可以帮助孩子收集资料或者查找资料，如果孩子需要，家长也可以给孩子讲讲有关的科学知识或者围绕着科学概念做出一些解释。

家长不要太强势，在孩子发出请求之前，最好别以教导者的身份提出要求，以免抑制孩子的理解或者让孩子不敢说出自己的想法。

在儿童参观科技类博物馆的过程中，家长最好别引导孩子，比如要看某个主题，最好让孩子跟随兴趣，主动探索。

### （三）家长要与儿童有效交流

有研究表明，家长通过描述观察现象，强调物体特点的对话以及解释科学

---

① 翟俊卿，毛天慧，季娇. 儿童如何在参观科技场馆过程中学习科学——基于国外实证研究的系统分析[J]. 比较教育研究，2018，40(7)：68-77.

概念的交流内容最有利于孩子深入理解科学。① 在参观科技类博物馆的过程中，家长与孩子开展有效的交流，多观察孩子，问问孩子为什么，从而进一步了解孩子对哪方面理解得不好或者有错误。从而家长给出一些科学性的解释，促进儿童更好地理解科学。

家长在与孩子对话中，多鼓励孩子表达，追问一句：你是怎么理解的？你认为为什么是这样呢？是什么呢？等等。激发和鼓励孩子思考。为孩子创设可以互动交流和提供科学解释的机会。

### (四)创设与儿童共同探索的机会

尽管多数时候，家长都愿意让孩子自己在科技类博物馆中探索和学习，但是如果家长能够与孩子共同参与一些探索性的项目，能够更深入地体会一些孩子的心情和感受，在后期的交流中就能够产生更多话题。例如，有一些科技类博物馆中，设置亲子共同参加的项目，家长可以积极地参与。家长的积极性可以鼓励孩子更深入地探索。

## 五、给所有家长的建议

未来的社会，科学技术高度发达，学习科学，理解科学，可以帮助孩子更好地适应未来的社会。因此，家长要重视科学教育，当好孩子的第一任科学老师。

建议一：发现并引导孩子对科学的好奇心。

很多家长都有这样的经验，在孩子很小的时候教孩子认识颜色，认识动物，认识花草树木，等等。这些是对孩子最初的科学启蒙。在做这些引导的时候，家长如果自己担心掌握不好科学知识的准确度，可以购买一些相关的书籍，和孩子一起学习。每个儿童感兴趣的点不同，比如男孩可能对机械、车等更有兴趣，女孩可能对颜色变化明显的化学反应更有兴趣。内在的兴趣能够让学习效果事半功倍。因此，家长要认真观察，积极发现孩子的兴趣点。

建议二：给孩子充分的鼓励。

在20世纪70—90年代，很多小男孩都有偷偷拆家里收音机的经历，拆了之后，有的男孩能够自己装回去，有的人就不能装回去了。能拆收音机但是不能装收音机的孩子大部分都会受到家长的责备。当然，当时的经济条件让很多家长没办法接受孩子把好东西给捣鼓坏了。腾讯公司的创始人马化腾童年时

---

① 翟俊卿，毛天慧，季娇. 儿童如何在参观科技场馆过程中学习科学——基于国外实证研究的系统分析[J]. 比较教育研究，2018，40(7)：68-77.

期，对天文学有浓厚的兴趣。他在 14 岁时，希望家长能给他买一台天文望远镜。由于望远镜太贵了，家长没有同意。马化腾在日记中写道：如果不给我买的话，可能扼杀了一个天文学家。后来父母偷看了他的日记，满足了他的愿望。这一台天文望远镜相当于父母两个月的工资。直到现在，这台天文望远镜还珍藏在马化腾的家里。马化腾父母的做法可以说是对马化腾的科学兴趣给予极大的鼓励和支持。后来他虽然没有在大学中学习天文学，但是这种支持和鼓励是让他受益一生的。因此，家长对于孩子在科学领域的探索给予积极的支持和鼓励，对于帮助孩子走上科学道路或者是具有更高水平的科学素养有重要的意义。

建议三：提供相应的资源。

家长在发现孩子对科学有兴趣之后，要积极提供相应的资源。例如，为孩子购买一些科学书籍，订阅科学杂志和报纸，带领孩子参观自然博物馆或者科技馆等。与此同时，如果条件允许，家长还可以让孩子参加科学夏令营，科学研学活动。鼓励孩子积极参加科学竞赛。

## 第三节　案例 1：俄勒冈州家庭科学俱乐部①

做好儿童教育工作，全社会都要共同努力。家庭科学教育事业中，不仅仅需要家长的努力，同样需要能够为家长和儿童提供资源的有关单位。俄勒冈州家庭科学俱乐部项目为家长参与到儿童的科学学习中提供了有效的资源，为促进家长和儿童共同成长提供了好的案例。

俄勒冈州家庭科学俱乐部以俄勒冈科学与工业博物馆为基础开展，具体的组织和承办都是俄勒冈科学与工业博物馆。所有参与家庭都在俄勒冈科学与工业博物馆与科学家和博物馆教育工作者一起学习，持续时间为 24 周。

### 一、走进俄勒冈科学与工业博物馆

作为俄勒冈家庭科学俱乐部的具体组织者和承办方，俄勒冈科学与工业博物馆(OMSI)具有良好的基础，不仅设施完备，且拥有丰富的经验。俄勒冈科学与工业博物馆位于美国波特兰市，收藏包括各种书籍、电影、图片、文物以及整个俄勒冈州的历史地图。俄勒冈科学与工业博物馆占地面积 20 300 平方米，设计的展览非常丰富，互动性强且妙趣横生，成为不同年龄段参观者的科学探索场馆。博物馆拥有包括科学实践游乐场和地球馆在内的五大展厅，共展

① 本案例信息和主要内容来源于俄勒冈科学与工业博物馆官网 https://www.mosi.org/.

出几百件可供互动的展品，还有200多项关于再生能源、全球气候、健康养生、化学、工程、科技等方面的互动展示和实验，旨在体现生活中无处不在的科技。OMSI每年为100多万名游客提供服务，并通过一些博物馆外的活动为更多的孩子提供参观和学习的机会，OMSI被评为美国顶级科学中心之一，并因其创新展品和教育计划而享誉世界。OMSI的愿景是：与合作伙伴一起，在科学、技术和设计的结合点上点燃教育，并将蓬勃发展的创新区融入波特兰的结构，在美国西北地区传播更多的科学。OMSI也致力于通过让学习者参与到科学学习中，促进思想交流，激发好奇心。经过多年的发展，OMSI已经成为全球最先进的鼓励公众探索科学的博物馆之一。

## 二、俄勒冈州家庭俱乐部概况

俄勒冈州家庭俱乐部持续时间为24周，在长达半年的时间里，参与家庭与科学家和博物馆的教育工作者一起在俄勒冈科学与工业博物馆学习。

所有的课程都由俄勒冈科学与工业博物馆的教育工作者设计和组织实施。学习活动安排比较丰富，参与家庭也有机会去俄勒冈科学与工业博物馆的沿海户外学校参与活动。在以往举办的家庭科学俱乐部中，参与的家庭覆盖波特兰的几乎所有地区，来源非常广泛，各个家庭的背景也非常丰富。因此，从参与家庭的来源能够看出，俄勒冈州家庭科学俱乐部项目的课程和内容非常丰富。因此没有哪一种单一的模式能够指导这么多不同背景的家庭，只有高质量的教学设计和高水准的经验才能完成这个项目。

俄勒冈家庭科学俱乐部的每节课时间为60分钟，学生最多可以一次上两节课。俱乐部每年9月中旬课程开始，第二年4月底课程结束。每星期二一次。分为两个学期，秋季开课时间为9月18日—12月11日；春季开课时间为1月15日—4月16日；春季假期：3月26日—4月2日。

在学生上课期间，每个教室都需要两名家长支持，一名家长志愿者和一名助手。其他的家长不参与课程的组织工作，可以在教室内安静的阅读，也可以在教室外的休息区与其他家长一起讨论，家长不允许离开俄勒冈科学与工业博物馆。有一些课程内容需要家长与孩子共同探索，并且在回家之后还要继续学习。

## 三、俄勒冈家庭俱乐部课程内容

家庭科学俱乐部项目的课程是一个系列，在课程中会涉及化学、物理学、生物学、地球、天文学和STEM。在不同的年级之间，有一些共同主题，这是为了让学生能够在关键的概念领域和核心技能方面深入的学习。

所有课程都是收费的。学生要参与，首先要注册成为俄勒冈科学与工业博物馆的会员，按照会员的级别不同收费标准也不相同。

下面是一些课程内容的具体介绍。

科学课(Science Classes)

每学期从科学大会开始，然后是10周的课程，最后以一部科学电影结束。

发现科学(K-1)

什锦科学课程：化学、物理、天文学、地球、生物学、技术、解剖学。

开始科学(1～2)

四个为期5周的科学课程：秋季为天文学、物理学；春季为地球科学、化学。

科学探索启蒙(2～4)

什锦科学课程：化学、物理、天文学、地球、生物学、技术、解剖学。

中级科学(3～4)

四个为期5周的科学课程：秋季为天文学、物理学；春季为地球科学、化学。

高级科学(5～7)

四个为期5周的科学课程：秋季为生命科学、地球科学；春季为化学、天文学。

食品科学(5～8)

课程名称：食品、积木、添加剂、生态系统、土壤科学、农业技术、嫁接、发酵/腌、微生物群系、饮食结构。

设计我们的世界(5～8)

整合各个科学分支，以解决现实世界的科学问题，并了解这些工作所需的科学职业和培训。

中学挑战(7～9)

秋季化学(10周)和春季生物学(10周)，以及组装和科学电影。

建筑/工程(3～5)

秋季为建筑与工程；春季为STEM课程。

设计技术(5-8)

秋季为STEM课程；春季为从原型到3D打印的设计过程。

数学科学(MS)/HS STEM设计(7～9)

电子纺织品；生物动力学挑战；鞋底设计。

### 四、助力家庭科学教育——来自科学类博物馆的贡献

俄勒冈家庭科学俱乐部的课程主要由俄勒冈科学与工业博物馆的教育工作者设计，设计者的期待是课程能够将兴趣与能力相匹配，同时符合美国国家科学课程标准和俄勒冈州的科学课程标准，也尽可能地吸引家庭参与的热情和深度。课程设计者也期待家庭俱乐部的课程能够让幼儿园到八年级的学生都有机会参与其中，也鼓励家庭使用这些课程。

这个项目主要面向家庭开放，不仅仅是家长带孩子来上课，还需要家长的参与，但是这种参与是半深度的参与。家长并不是全程都参与到课程中，家长是作为志愿者和教师助手的形式参与，只有个别的活动和项目需要家长参与。

这个项目为博物馆助力家庭科学教育提供了一个很好的示范。第一，课程以孩子为中心，以促进孩子的科学兴趣和能力为目标。这也是家庭教育的目标，这与家长的立场是一致的。第二，家长并不需要全程都深度参与，这一点会极大提高家长的积极性。第三，课程内容十分丰富，针对不同年龄的儿童开发了不同类型的科技课程，给家长和孩子提供了广泛的选择。

博物馆助力家庭科学教育的项目为儿童提供与父母一起学习，共同进步的好机会，也增加父母与孩子共同讨论和交流的话题，非常有利于促进家庭科学教育的发展。

## 第四节　案例 2：劳伦斯科学馆亲子数学与科学教育项目①

许多家长都希望自己帮助孩子，却不知道如何帮助他们更好地理解科学、数学或新技术，现在社会科学技术发展非常快，家长原有的知识系统已经不能给予孩子足够的支撑，此时，校外机构的支持非常关键和重要。

美国劳伦斯科学馆开展了一项家庭教育项目——亲子数学和科学教育项目，已经持续了 20 多年。这是一个是非常好的案例，旨在传播我们都具有学习数学的能力，并且数学在科学教育中扮演着重要角色的理念。劳伦斯科学馆开发家庭科学教育项目的大背景是基于家长希望引导孩子更好地理解科学，但是家长又缺乏相应的基础。

① 本案例的所有材料和内容改编自：Grace Dacila Coates，Harold Asturias. Family math and science education：a natural attraction[M]//Yager Falk. Exemplary science in informal education settings. Arlington，Virginia：NSTA，2008.

## 一、走进劳伦斯科学馆

劳伦斯科学馆(Lawrence Hall of Science，LHS)创立于1968年，用以纪念加州大学伯克利分校第一位诺贝尔奖得主——欧内斯特·劳伦斯。它是加利福尼亚大学在伯克利的科学中心，是全美唯一附属于顶尖公立研究型大学的科学中心。其愿景就是让公众更容易接触科学。在这样的愿景指导下，劳伦斯科学馆研发了大量的面向公众传播科学的活动和项目：常设展览和临时展览、学校项目、教材、专业发展和公众项目。劳伦斯科学馆是一个非凡的科学和数学教育的中心，也是适合所有年龄段的人群开展动手做活动的公众科学中心。

劳伦斯科学馆是为学生、教师、家庭和公众开发创新材料和课程项目的先驱，它的每一项活动都是紧紧围绕其使命为激励和促进所有人终身学习科学和数学设计的。劳伦斯科学馆培养所有年龄段观众对科学和数学的理解和兴趣。劳伦斯科学馆在教育领域的工作包括校内教育和校外教育，主要包括开展展览，为全国20%以上的K-12学生提供已出版的教材，以及为学生和教师提供数百个课程项目。劳伦斯科学馆利用了全方位的、严谨的方法来帮助公众理解科学和数学，包括大名鼎鼎的FOSS(full option science system)课程，数学与科学大探索项目(great exploration in math and science)，海洋活动和海洋资源教育(marine activities and resource education)，以及为家长提供的最激动人心的课程项目：亲子数学(FAMILY MATH，FM)项目。尽管这是一个数学领域的家庭教育项目，但对科学领域的家庭教育项目将有很多启示。

## 二、劳伦斯科学馆亲子数学项目的目标

亲子数学项目相信所有的孩子都能学习和享受数学乐趣，因此他们致力于帮助家庭和孩子一起学习数学。其目标包括：

①为学生和家长提供积极的数学体验；

②让孩子和他们的家人一起进行数学思考；

③让孩子们有机会看到他们的父母重视数学；

④帮助家庭形成数学不仅仅是一套数学难题的观点；

⑤为家庭提供资源，让他们可以继续在家里思考数学。

亲子数学项目中，帮助家长和学生认识到学习数学的重要性以及数学在生活中起到的重要作用。通过提供让儿童学习数学成功的策略，帮助儿童建立学习数学的信心，提升他们的数学能力，鼓励并且激励学生继续学习数学以及考虑从事与数学有关的职业。通过这个项目，家长和儿童一起建立起学习数学的

意识、信心和动机。这个项目帮助家长和儿童在更广泛的环境中接触数学，促进他们对数学的理解。

## 三、劳伦斯科学馆亲子数学项目的重点

亲子数学项目的重点是促进儿童从事与数学有关的职业。在项目实施的过程中，将职业教育作为家庭学习课程项目的一部分，可以帮助家庭理解数学的作用以及它如何影响个人目标。学生们经常会问："我为什么要学这个"，父母经常问："数学和我们的日常生活有什么关系"。虽然家庭成员在日常生活中可能不会想到数学，但他们认为在工作中需要了解一些数学知识。亲子数学项目属于课外教育，有相当的自由度，能够允许以不同的方式呈现职业信息，让家庭有机会了解各种职业或工作所需的技能或知识。通常这个课程项目可能包括一个有"秘密"(他们的职业)的人。这个人一般会提供给项目参与人一些线索，参与者会问问题，直到人们猜出他们的职业。项目会组织参与者讨论数学和科学在他们的工作中如何发挥作用。

## 四、劳伦斯科学馆亲子数学项目与科学课程标准之间的联系

亲子数学项目十分重视与《美国国家科学教育标准》(NSES)(1996)的联系。尽管这是一个数学项目，但是在美国很多地方的学校中，数学与科学教学是同一个老师，因此，项目非常重视与科学课程标准之间的联系。表 5-1 中给出了几个实例。

表 5-1 劳伦斯科学馆亲子数学项目与课程标准之间的联系

| NSES 标准 | 亲子数学活动 |
| --- | --- |
| 物体有许多可观察到的特性，包括大小、重量、形状、颜色、温度和与其他物质反应的特性。这些特性可以使用标尺、天平和温度计等工具进行测量(K-4) | 在亲子数学的教材中第 4 章"测量"是关于测量活动的，其中《比较和排序》《放大的英寸》《制作天平》《活动区域》《容量和体积》等旨在帮助家庭理解测量、体重、面积与体积的守恒 |
| 地球的物质组成是指岩石、土壤、水和大气中的气体。不同的物质有不同的物理和化学性质，这使得它们以不同的方式发挥作用，例如，作为建筑材料，作为燃料的来源，或者种植我们食用的植物。地球的物质组成为人类提供了许多可利用的资源(K-4) | 《树叶、贝壳和岩石》，要求家庭根据它们的物理特征对物品进行分类 |

续表

| NSES 标准 | 亲子数学活动 |
| --- | --- |
| 太阳、月亮、星星、云、鸟、飞机等都有可以观察和描述的性质、位置和运动(K-4) | 《月亮、星星和阴影》，源自给孩子们的亲子数学课程项目书籍，邀请家庭成员观察、描述和记录不同时间月亮的盈亏和它们的阴影 |
| 一种物质具有密度、沸点和溶解度等特性，这些特性都与样品的数量无关。一种物质的混合物通常可以用一种或多种方法分离原物质(5-8) | 对比例的深刻理解以及与比率和比例相关的概念是本标准的关键。一些活动，如《三份豆类沙拉》和《什锦干果果仁》，能够帮助家庭发展这些数学概念 |

## 五、如何开发好的家庭教育项目

第一，创设合适的环境。项目的设计者要明白，一个课程项目要在家庭中发挥作用，必须要能够创设好学习数学或者科学的环境。亲子数学项目就是鼓励课程项目的负责人尊重家庭兴趣、注重文化的相关性以及他们想法的应用。通过调查、活动和游戏将数学思想带给家庭。

第二，协作。校外课程，由谁来教授？谁来组织？负责人需要热情、不怯场，有学习的好奇心，善于查阅资料和持续学习。有的时候，家长们为孩子们的上课学习起到了好的带头作用。团队每个成员都需要努力，为课程项目的成功做出贡献。

第三，学习要延伸到家庭，促进家庭所有成员数学思维的问题发展。校外教育的课程负责人不一定是专家或者课程教学的权威。项目负责人能够提出相关问题，提出假设，进行解释，具备这样的能力在很大程度上能够成功。在很多工作中，都可以练习提出问题，在游戏中发展解决问题的策略，以及提出多种解决方案。家庭教育项目负责人的另外一个重要作用是鼓励家庭全体参与其中，使得家庭扩展成为课外教育的良好环境。

第四，家庭教育项目的负责人可以提出很多开放性的问题。下面这些开放性的问题是供课程负责人参考的。

①还有其他可能吗？如果有，它们可能是什么？

②关于我们如何开始，你还有什么其他的想法吗？

③我们如何知道什么时候达到了极限？

④我们怎么能确定呢？

⑤我们怎样才能做得不一样呢？

⑥你是怎么知道的？

⑦这里有规律吗？请描述它。

⑧把你的设计告诉我。

⑨你认为如果……会发生什么？

⑩我们还能找到其他像正方形/圆形/三角形的东西吗？

⑪下一步你要做什么？

⑫你为什么这么认为呢？

⑬我们能做个模型吗？描述它或构建它。

⑭你做过的其他问题让你想起了什么？

⑮我从没想过这个，请再多告诉我吧。

⑯我们如何检验你的猜想？

⑰你是如何确定哪些物体归入圈内的？

⑱我想知道……吗？

⑲我们怎么知道少了什么？

⑳这是有趣的，请告诉我你是怎么做到的。

㉑最有(最少)可能的是什么？

㉒我们还可以用什么方法来证明呢？

㉓你会怎么做？

㉔为什么会这样？

## 六、如何促进家庭参与到儿童教育中来

很多教育工作者，无论是学校的教师还是校外教育的项目负责人，都已经充分认识到家庭在青少年儿童教育中的重要性。但是如何能够促进家庭参与到教育中来，并且建立积极有效的课程项目，这是一个难点。亲子数学课程项目作为数学教与学领域改革与倡导的先驱，具有重要的现实意义。它以积极和安全的态度，将那些可能从未参加过学校活动的家庭联系起来，让他们能够有目的地学习。

我们通过总结亲子数学课程项目的成功经验，希望给开发家庭教育项目提供一点启示。

第一，家庭教育项目首先考虑参与家庭对科学(其他领域)的理解程度。亲子数学教育项目在开发项目之前，认真评估了周围可能参与的家庭对数学的理解水平，基于此开发的项目非常适合参与的家庭接受。同时，参与项目的家庭也在项目开始前接受了项目组的评估。这能够帮助项目组更好地调整活动和课

程，同时也保证了项目结束后评估的有效性。

第二，亲子数学项目充分考虑了数学在生活中的实际应用。这一点对于家庭教育非常重要。给家长讲太多的大道理，家长可能听不进去。但是讲与日常生活密切相关的内容，慢慢地，家长会将数学与生活联系起来，将数学与分析联系起来，当家长学会观察、学会运用数字和分析的时候，家长的推理能力也都得到提高，家长和孩子都变得更加逻辑清晰，有条理。当家庭成员一起讨论正在学习的内容时，会获得更深层次的理解。

第三，项目的成果。亲子数学教育项目的成果比较平实，关注的点都是项目可达成的内容。包括：减少家庭和孩子对数学的焦虑感；增强父母的自信心，帮助父母更好地辅导孩子的数学作业；促进家长对孩子学习问题的理解；改变参与者对数学及其在生活中运用的看法；端正儿童对数学的态度。开展面向家庭的教育项目，项目的可达成目标非常关键和重要。不建议项目在开始之初就设定过于复杂和难以达成的项目目标，设定太高的目标，会对参与者有更高的要求，此时，参与者会退缩；同时，项目的持续时间，建议6～8周。时间过短，不容易产生效果，时间太长，家庭参与者的出勤率较低也同样影响项目效果。在亲子数学项目中，有一些人在学习了数学项目之后，还希望参加其他的项目。父母们希望在孩子的教育方面，与孩子一起学习，成为孩子学习的榜样。

学习是原有经验的迁移。① 学生在走进学校之前，已经建构了一些对科学的理解。儿童早期经验是他未来学习的基础。因此，我们应该给予家庭科学教育足够的重视。为了促进儿童青少年的科学学习，家长首先要努力提升自身对科学的兴趣、对科学的关注和对科学的理解。其次，家长应该努力学习采用科学的方法来开展家庭科学教育。与此同时，社会的其他机构和部门也要尽可能多开发面向家庭的科学教育项目，特别是针对学龄前儿童，以此为儿童进入学校前打下良好的基础。

---

① 约翰·D. 布兰思福特，等. 人是如何学习的——大脑、心理、经验及学校[M]. 程可拉，等，译. 上海：华东师范大学出版社，2002：235.

# 第六章　特定科学教育项目

科学学习被看作一个跨越各种场所的、终生的、广泛的和深入的学习。① 科学学习的目标是促进学习者的科学素养的提升。研究表明，持续参与课外的与科学有关的教育项目可以提高人们的科学兴趣。② 很多机构，比如大学、博物馆以及其他一些机构，常常组织夏令营等科学学习项目，以达成特定的科学教育目标。例如，美国芝加哥科学与工业博物馆开发了科学少年项目(science minors)，为期 10 周，目的就是为了培养参与者对于科技的新兴趣以及加深对科技职业的认识，加深参与者对科学的理解。③ 中国林学会主办青少年林业夏令营旨在培养青少年对生物学、林学的兴趣，全面认识和理解森林生态系统，已经持续举办了 35 年。④

这种有着特定目标、专门设计的科学学习项目，在本书中被称为特定科学教育项目。特定科学教育项目范围广，与家庭科学教育、博物馆科学教育等有交叉，本章将重点讨论特定科学教育项目的概念界定、设计原则以及评估方案等内容，期望能够对特定科学教育项目的专属内容做初步的讨论。

## 第一节　特定科学教育项目的内涵与作用

众所周知，对于儿童青少年来说，校内的科学学习中由于课时限制等原因，在科学课上很难完成一个完整的科学探究项目。特定科学教育项目为儿童青少年开展完整的科学探究项目提供了机会。一些研究表明，参与关注科学和

① National Research Council. Learning science in informal environments: people, places, and pursuits. Committee on learning science in informal environments [M]//Philip Bell, Bruce Lewenstein, Andrew W Shouse, et al. Board on science education, center for education. Division of behavioral and social sciences and education. Washington, D. C. : The National Academies Press, 2009.

② 同①.

③ 内容来源于芝加哥科学与工业博物馆官网 https://www. msichicago. org/.

④ 内容来源于中国林学会官网 http://www. linyekepu. cn/.

数学的校外项目能够支持更积极的科学态度，特别是对女孩来说。① 从另外一个角度上看，每个儿童的时间都是固定的，在儿童的空闲时间增加他接触科学的时间也增进了他参与科学的机会。特定科学教育项目实施的对象也非常丰富，如儿童青少年、青年，也有专门面向女孩和老年人实施的。本章主要讨论面向儿童青少年的这一类。

## 一、特定科学教育项目的内涵

特定科学教育项目可以在多种环境下开展，如公园、博物馆或者大学。也有可能在中小学校内；可以在室内开展，也可以在室外开展；特定科学教育项目的时间周期不同，有的每天都安排，有的是一周一次或者一个月一次；项目的学习内容不同，有的是专门提升某种技能，如科学调查能力，有的是专门学习某方面的知识，比如认识植物，等等。特定科学教育项目与校内的科学课和校本课程都不同，与科技类博物馆中的教育活动也不同。

特定科学教育项目的共同点是专门设计。这类项目是专门设计了项目目标，在一定的周期内(如几周或者几个月)，面向特殊人群的项目。其中，项目目标可能包括：科学知识类，科学技能类，科学兴趣或者情感类，等等。一定的周期，周期根据项目的内容等不同。面向特殊人群，是指符合项目要求的人群。如项目目标是专门培养10～15岁女孩的科学素养，那么参与者必须要符合这样的要求。一般来说，这一类项目结束时都设计有项目评估。

从上述的描述中，能够看出，这部分内容十分丰富，包括夏令营、课后项目、短期课程等都属于特定科学教育项目。专门提升学生科学竞赛能力的相关课程或者项目也属于特定科学教育项目类。基于科学竞赛的重要性和影响的广泛性，本书中安排有专门一章内容介绍，在本章中则不做赘述。

与学校的学习相比，这类特定科学教育项目也有一定的课程，有科学教师或者科技辅导员，甚至在学习内容上，有一些课外的科学学习项目的内容设计与学校的科学课之间有密切的联系，二者最大的区别是，校内的学习是在学校的课程体系中，而这一类项目学习是在科学课程之外的时间里学习。同时学习的要求、指导方式、评估方式等都有区别。

---

① National Research Council. Learning science in informal environments: people, places, and pursuits. Committee on learning science in informal environments [M]//Philip Bell, Bruce Lewenstein, Andrew W Shouse, et al. Board on science education, center for education. Division of behavioral and social sciences and education. Washington, D. C.: The National Academies Press, 2009.

## 二、特定科学教育项目的价值

几乎所有的特定科学教育项目都致力于促进学生对科学的兴趣。辛普金斯(Simpkins)等研究者 2006 年开展的一项纵向研究认为：初中时期的课外活动能够影响青少年接下来的价值观和能力的自我概念。并且初中阶段的课外科学学习对于保持学生对科学的兴趣十分关键。① 有研究者对一个持续 2 周的工程学领域夏令营开展研究，发现持续 2 周的工程师夏令营有利于培养高中生对工程学的积极态度。②

研究表明，特定科学教育项目给青少年儿童提供了大量的科学学习的机会。③ 美国国家教育数据中心的数据表明：2005 年，40％的 K-8 年级学生至少有一周时间是参加了没有父母陪伴的活动(不需要父母陪伴的)。这些活动中，大部分都是特定科学教育项目。这些特定科学教育项目，有一些由学校组织，另一些是由科学中心组织。④

对于青少年来说，寒暑假的时间较长，适合组织一些集中的学习活动。因此，寒假或者暑假的科学夏令营成为促进儿童青少年投入到科学学习的好时间。已有研究表明，暑假的科学学习项目已经成为 STEM 教育中非常重要的组成部分。⑤ 很多研究都表明，科学夏令营对于参与者的科学学习非常有益。这些研究大致可以分为两类：一类是研究者聚焦在夏令营自身以及夏令营是否可以让参与者直接受益；另一类是研究者研究了夏令营对参与者的 STEM 领域的兴趣的影响程度。研究表明：夏令营对于提升参与者的能力和提升参营者与科学有关的积极态度都有一定的作用。在一项物理学夏令营中，学生通过积

---

① Simpkins S D，Davis-Kean P E，Eccles J S. Math and science motivation：a longitudinal examination of the links between choices and beliefs[J]. Developmental Psychology，2006，42(1)：70-83.

② Elam M E，Donham B L，Solomon S R. An engineering summer program for underrepresented students from rural school districts[J]. Journal of STEM Education：Innovations & Research，2012，13(2)：35-44.

③ Xiaoqing Kong，Katherine P Dabney，Robert H Tai. The association between science summer camps and career interest in science and engineering[J]. International Journal of Science Education，Part B，2014，4：1，54-65.

④ National Center for Education Statistics(NCES). Digest of education statistics：2006 digest tables[R]. Retrieved from October 2008.

⑤ National Research Council(NRC). learning science in informal environments：people，places，and pursuits[M]. Washington，D. C.：The National Academies Press，2009.

极的学习体验，提升了物理学领域的学习信心。① 此外，很多对夏令营的研究都要求学生做自我报告，在学生自我报告中，学生表示他们从夏令营中收获了对科学的深入理解。②③ 此外，夏令营对学生的创造性，积极学习和科学学科间的理解也有很多帮助。④ 有一些研究者对夏令营对学生的长期影响开展研究。一些研究者认为，参加科技夏令营的初中生到了高中之后选择科技相关职业的比例比没有参加夏令营的学生比例更高。吉邦(Gibon)等人对参加夏季科学探索营(Summer Science Explore Program，SSEP)的学生开展研究，参加了SSEP的学生对科技的兴趣比没有参加 SSEP 的学生对科技的兴趣减弱得少一些。⑤ 有研究者对参加了化学夏令营的学生进行追踪研究，结果表明参加了化学科学营的学生后期选择更多与科学有关的选修课。⑥ 有研究者用持续 2 年的时间对六年级和七年级的学生开展研究，结果表明：参加了科学夏令营的学生更希望选择科学和工程作为以后的职业领域。⑦ 不论是短期效果研究还是长期效果研究，研究都表明科技类的夏令营有利于培养学生对科学的兴趣，鼓励学生在离开夏令营之后仍然受到夏令营的影响而能够持续地学习科学。

课后科学俱乐部对于学生继续学习 STEM 专业有一定的作用。芝加哥男

---

① Bischoff P J，Castendyk D，Gallagher，et al. A science summer camp as an effective way to recruit high school students to major in the physical sciences and science education [J]. International Journal of Environmental & Science Education，2008，3(3)：131-141.

② Fields D. What do students gain from a week at science camp? Youth perceptions and the design of an immersive，research-oriented astronomy camp[J]. International Journal of Science Education，2009，31(2)：151-171.

③ Sterling D R，Matkins J，Frazier W M，et al. Science camp as a transformative experience for students，parents，and teachers in the urban setting[J]. School Science & Mathematics，2007，107(4)：134-148.

④ Saxon J A，Treffinger D L，Young G C，et al. Camp invention：a creative inquiry-based summer enrichment programme for elementary students[J]. Journal of Creative Behavior，2003，37(1)：64-74.

⑤ Gibson H L，Chase C. Longitudinal impact of an inquiry-based science programme on middle school students' attitudes toward science[J]. Science Education，2002，86(5)：693-705.

⑥ Robbins M E，Schoenfisch M H. An interactive analytical chemistry summer camp for middle school girls[J]. Journal of Chemical Education，2005，82(10)：1486-1488.

⑦ Xiaoqing Kong，Katherine P Dabney，Robert H Tai. The association between science summer camps and career interest in science and engineering[J]. International Journal of Science Education，Part B，2014，4：1，54-65.

孩女孩俱乐部通过开设动态课程和组织学生与导师之间的亲密互动，让孩子们理解真实世界中的科学和工程主题，促进参与者更喜欢 STEM 领域，效果显著。最初，仅有 1%的学生在大学继续 STEM 领域的学习，在参加了课后科学俱乐部之后，32%的学生在大学继续 STEM 领域的学习。① 技术桥女孩俱乐部为 5～12 岁的女孩提供了深度体验多种职业的机会。参加这个俱乐部的女孩中，90%的女孩都表示他们了解了多种不同种类的工作。在他们角色体验的基础上，82%的参与者表示他们愿意在今后从事与科学、技术、工程和数学相关的工作。② 众多的研究证据都表明，课外的特定科学教育项目对于提升青少年儿童的科学素质特别是促进儿童青少年选择 STEM 领域相关职业都有促进作用。

总体上看，特定科学教育项目对于提升儿童青少年的科学素质有一定的作用，尤其在激发儿童青少年对科学的兴趣、增加儿童青少年对科学知识的理解等方面效果明显。当然，这些作用与项目的目标设计有密切关系。

## 第二节　特定科学教育项目的设计

特定的科学教育项目在设计的过程中，既要考虑到科学课程标准的要求，又要考虑到这种特殊的科学教育项目与学校科学课程之间的区别。在特定的科学教育活动中，我们首先要考虑到孩子是天生的探索者和实验者，他们在完成科学探究方面有很多潜能。并且在特定科学教育项目中的自由且考评压力很小的氛围中，孩子的天性能够得到很好的释放，要将特定科学教育项目作为儿童青少年深入探索真实世界中的科学、技术、工程和数学世界的机会，给他们充分的时间和可能。

### 一、特定科学教育项目目标的设计

尽管特定科学教育项目由于面向的对象不同，类别不同等，目标都略有区别。但是整体来说，应该在以下三方面开展设计：促进参与者理解科学知识，让参与者学习开展科学探究的技能，促进参与者理解科学的本质。

---

① Kennedy M，Daugherty R，Garibay C，et al. Science club：bridging in-school and out-of-school STEM learning through a collaborative，community-based after-school program [J]. Science Scope，2017，41：1.

② Techbridge Girls. Evaluation results：Celebrating our 15th year[R/OL]. [2020-10-20]. https://www.techbridgegirls.org/index.php? id=45.

### (一)促进科学知识的理解

项目设计之初，要对项目的目标做充分的考虑。对于科学教育项目来说，促进参与者对科学知识的理解是一类较为普遍且达成度比较高的项目目标。

目标的设计过程要与后期的项目评估相呼应，因此这类目标在设计的过程中要尽量具体，如通过这个项目，儿童能够理解岩石的基本性质。目标不要太空，如增加小学生的科学知识，就是一个比较空的目标。

依据建构主义学习理论，新知识是建构在学习者已经掌握的知识的基础上的。因此，在设定知识目标前，项目设计者需要提前了解一下设定参与人群的基础，在此基础上设定具体的科学知识目标。

### (二)学习科学探究技能

在基础教育阶段，理解科学探究和学会开展科学探究的技能是重要目标之一。特定科学教育项目是儿童青少年开展完整科学探究活动的好机会。因此，项目目标中可以包括促进学习者学会开展科学探究的技能。

《美国国家科学教育标准》(1996)中指出：探究是一种多侧面的活动，需要做观察；需要提出问题；需要查阅书刊及其他信息源以便弄清楚什么情况已经是为人所知的东西；需要设计调研方案；需要根据实验证据来检验已经为人所知的东西；需要把研究结果告知于人。探究需要明确假设，需要运用判断思维和逻辑思维，需要考虑可能的其他解释。① 基于上述对于探究的解释，能够看出来做科学探究的技能有很多，如观察、提出问题、查阅资料、设计调研方案或者设计实验，表达交流研究结果，明确假设，分析其他的解释，等等。项目设计者在探究技能的目标时，从上面选取一种或者几种技能作为项目的目标。

### (三)理解科学本质

理解科学的历史和科学的本质是科学教育的内容之一。促进学生对科学本质的理解也是科学教育的目标之一。这个目标，对于特定科学教育项目来说也适用。

关于科学本质的学习，《美国国家科学教育标准》(1996)中指出：许多个人和集体已经并且继续对科学事业做出贡献。科学家有科学家的道德传统，注重同行评议，忠实地报告自己的研究结果。科学家会受到社会、文化和个人信仰以及世界观的影响，科学不能脱离社会，科学是社会的一部分。科学采用实证

---

① 美国国家研究理事会．美国国家科学教育标准[M]．戢守志，等，译．北京：科学技术文献出版社，1999．

标准、逻辑论证和怀疑精神，因为科学家的任务是努力以最好的方式解释自然界。科学解释必须要满足一定的标准。这种解释必须要与实验证据和从观察自然中获得证据一致。由于所有的科学概念均依赖于实验和观察的证实，所以从原则上讲，当出现新的证据时，一切科学知识都可能发生变化。在一些数据尚不完整、理解尚不充分的领域(如人类进化的细节)，新的证据一旦出现很可能要导致现有概念的变化或者当前冲突的解决。

科学本质是相对复杂的一个领域，上述对于科学本质的理解是基于学生能够理解的基础上作出的。项目设计者可以从中选择一条或者几条作为项目目标。同时，值得注意的是，项目设计者如果希望将理解科学本质作为项目的目标之一，那么项目设计者自身需要对科学本质有一定程度的理解。

## 二、特定科学教育项目的内容设计

特定科学教育项目的内容包含了实现项目目标的所有内容，如课程或者活动，以及具体的实现路径。在这部分中，设计者要在充分分解和理解特定科学教育项目目标的基础上，设计具体的内容。以下是一些设计的原则。

### (一)主体内容为儿童青少年学习体验科学探究和工程学实践

2011年，美国发布《K-12科学教育框架：实践、跨领域概念和核心概念》，其中提出了科学实践和工程学实践的概念。① 儿童在活动中能够学会提出问题、开展调查研究或者模型的设计，就像一个真正的科学家或者工程师做自己的工作一样。这份报告引领了全球科学教育的风潮。而像一个真正的科学家或者工程师做自己的工作，在特定的科学教育项目中更容易实现。因此，建议内容上尽量是在这个主题下。

### (二)课程或者活动的设计中逻辑性强、主题之间联系紧密

有一些活动或者课程，声称是STEM，但是实际上就是科学、技术、工程和数学领域的拼盘，不同的部分之间缺乏必要的紧密的联系。例如，设计一个持续5天的科学夏令营，每一天的活动之间缺乏必要的联系，缺乏一条线索将5天的活动内容串联起来。这种活动对于参与者的帮助会打折扣。建议活动或者课程的设计，逻辑性强。同样是持续5天的夏令营，可以围绕一个主题设计。例如，在某森林公园开展一个持续5天的夏令营，可以以“生态系统”为核

① National Research Council. A framework for K-12 science education: practices, crosscutting concepts, and core ideas[M]. Washington, D.C.: The National Academies Press, 2011.

心，基于森林生态系统的要素和特点组织设计不同的活动，让学生在探究活动中充分地认识和学习森林生态系统和生态系统。

### (三)一个项目最好是有限目标、具体主题

在一个科学教育项目中，最好是有限目标，不要设定过于庞大、难以完成的目标。比如，某一个课后项目通过丰富的活动，致力于培养学生观察的能力，这样的目标比较具体，也相对容易。无论是选择项目还是设计项目，都要强化有限时间、有限目标的准则。

### (四)以学生为中心

无论是活动设计还是课程设计，都要尽量以学生为中心，教师处于辅助者和指导者的角色。

研究表明，如果希望让学生在科学领域获得成功，他必须在三个领域获得支持：投入地参与到科学之中；能力不断提升；持续较长一段时间。本质上就是兴趣、能力和时间都有投入，才能获得在科学上的成功。因此，设计的项目要真正地以学生为中心，能够激发学生在 STEM 领域中某个点的兴趣；活动能够培养学生的技能，帮助他们进入下一个认知层次或者能力层次；项目也需要有一定的持续时间。以学生为中心，还意味着项目的设计者要考虑学生的情况和背景，如年龄、发展水平、目前对科学概念的理解情况甚至当地的文化。

### (五)比较好的特定科学教育项目要能够突破“舒适区”

特定的科学教育项目与学校的科学课程不同，不能是学校科学课程的重复。要激发学生的潜能，就要突破学生的一些传统的认识，突破学生们已经习惯的学习的“舒适区”。同时，如果希望自己设计项目，那么最好也突破设计者的“舒适区”，尽量有一些内容作了提升或者改进。

### (六)充分考虑时间、预算等因素

对于一个特定的科学教育项目来说，没有完美，只有更好。因此，要基于实际情况，如果是购买，要考虑到预算和实施条件。如果自行设计，要考虑到时间和预算等因素。

如果是项目设计者，要充分考虑到安全问题。无论校内还是校外，安全始终都是首要问题。一般来说，特定的科学教育项目中，师生比应该控制在 1∶(5～10)。如果学生年龄较小或者在室外，那么师生比要扩大；如果学生年龄较大，或者在室内，相应地可以稍微调低师生比。

如果是室外活动，要提前考察活动地点，并且确保安全。科学实验中，经常触碰各种药品，要注意让学生做好防护措施。任何一个项目都要有问题预

案。万一出了问题，怎么办要提前想好。

总体来说，由于环境的不同，基础设施不同，可以说没有绝对一致的方法可以适应所有的环境中的所有设计的内容。每一位特定科学教育项目的设计者，都需要依据项目的类别，持续的时间，针对的对象，对象的具体需求，项目要达成的目标来设计。因此，在项目设计之初，项目的设计者要充分地对上述问题进行调研和考虑，然后再设计合适的活动或者课程。

## 第三节　特定科学教育项目的评估

特定科学教育项目的评估是一个完整的科学教育项目的重要组成部分。从项目的设计者和实施者的角度去开展评估，对项目的评估能够让项目的设计者和实施者对项目有更加全面的认识，同时能够对项目的进一步完善提供重要的证据；从项目的出资方的角度去评估，能够发现特定科学教育项目在设计和实施中出现的不足，有利于出资方衡量项目投入的效率。本节主要基于项目质量提升的立场，从项目设计者和实施者的角度出发，讨论评估的内容和评估的方法。

### 一、评估的内容

在项目评估的过程中，评估什么是第一个需要考虑的问题。美国国家科学基金会在资助项目时，他们对项目评估提出具体的要求。例如，数学与科学合作计划(MSP)要求项目使用基于证据的研究和评估设计，将当前的研究与项目的策略、目标和结果等相关的问题联系起来。项目需要采用可靠的定量和定性措施，以记录对学生学习和教师质量的影响。将项目评估正式指导项目进展，并对项目在提升学生和教师的成果等方面的效果进行测量。MSP 项目中对于评估的要求比较细致，对于评估什么，如何评估都给出了较为详细的规定。

对于不同的科学教育项目，评估的内容大体相似，一般都是以评估项目目标的完成情况、项目的组织与实施过程情况等内容。由于项目不同，项目的目标也差别较大，因此，评估的内容也各不相同。

项目评估时要评估项目的目标是否已经实现。例如，某科技夏令营设计的目标是促进参与者了解林地生态系统，体会林业工作的情况。在评估的时候，需要设计部分关于林地生态系统的知识或在林地开展科学探究的相关技能，以及对林业领域职业的认识等方面内容来考查参与者是否已经完全达成了夏令营的学习目标。对于学习目标的评估能够让项目的设计者更好地提升和完善项目。不同的科学教育项目目标不同，那么评估的内容也需要因项目而异。评估项目的目标是否实现本质上是属于项目的效果评估。

项目评估时要考虑项目的组织与实施过程。例如，某夏令营完成后，评估时要包括参与者对夏令营组织和实施过程的满意程度。满意度的评估一般采用李克特式量表的方式。具体的内容则由项目的设计者把握。比如可以测评夏令营的食宿条件，也可以测评夏令营的日程安排。

## 二、评估的一般方法

在评估开始时，确定好评估的目标和内容之后，首先要制订评估的指标体系。指标体系是将评估目标具体化的有效方法。在制订评估的指标体系的过程中，可以通过咨询专家、查阅文献等多种方法。

确定好评估体系后，就进入确定评估方法阶段。一般来说，评估方法有：文本分析法和调查研究法。文本分析主要是通过分析文本材料来评估项目本身的设计，判断其与最初设计的特定科学教育项目的目标之间的一致性。文本分析法主要采用文本编码的方法对相关材料进行统计分析，得出关于项目设计与教育目标符合程度的评估结果。通过调查研究，能够了解特定科学教育项目实施的具体情况和实际效果，进一步明确特定科学教育项目的目标实现程度。

调查研究法是非常常用的一种评估方法。调查研究法一般包括问卷调查和访谈调查。其中，在问卷设计的过程中，要依据评估指标体系开展设计，一些关于态度或者感受的问卷通常使用题型以李克特五点量表(Likert's Five-option Scale)为主；一般地，在问卷最后要设置1～2个开放性问题供被调查群体补充观点；题量篇幅控制在30个题目左右为宜。

关于评估方法，应该多借鉴社会科学调查方法的相关内容，值得深入地学习和研究。推荐几本参考用书：《社会研究方法》(第十一版)(艾尔·巴比著，邱泽奇译，华夏出版社)、《社会学研究方法》(第三版)(风笑天著，中国人民大学出版社)、《社会研究方法——定性和定量的取向》(第五版)(劳伦斯·纽曼著，郝大海译，中国人民大学出版社)、《案例研究：设计与方法》(中文第2版)(罗伯特·K. 殷著，周海涛、李永贤、李虔译，重庆大学出版社)。

## 三、案例：青少年高校科学营评估

### (一)青少年高校科学营的背景

青少年高校科学营是由中国科协、教育部共同主办，由具有资质的知名高校、科研院所、中央企业、学术机构承办，面向高中学生开办的暑期科技夏令营。青少年高校科学营旨在借助各承办单位的优势资源，为高中学生搭建起接触并体验相关领域科技前沿的平台，从而增强高中学生对科学技术的兴趣、增进不同地区的文化交流，为一部分学生未来大学专业的选择奠定基础，同时，通过参营人员的辐射效应，带动越来越多的人关注科学技术领域，从而推动全民科学素质的建设和发展。

自2012年首届青少年高校科学营举办以来，每年暑假都有来自各地的万余名高中学生入住指定承办单位，参加为期1周的科技活动。在此期间，承办单位通过名师讲座、参观实验室等活动为营员展示相关领域的科技前沿及行业特色；通过体验互动、动手操作、任务展示等方式为营员提供亲历专业技术人员工作方式的机会；同时，各项活动期间，营员不仅有机会与优秀科技工作者、专家教授、院士等进行对话，还能与来自其他地区的同龄伙伴进行交流，也能对大学的学习、生活状态有所体验。

青少年高校科学营每年活动都开展评估工作，青少年高校科学营旨在通过监测科学营活动的效果与影响，发现和分析活动中存在的问题与不足，探索活动改进与提升的对策，从而保障活动的实施效果和可持续发展。

**(二)评估对象**

科学营即科学营评估项目的评估对象，作为教育活动的一种形式，其核心价值在于教育目标的实现。根据科学营本身的定位，区别于学校正规课程教学(formal education)，结合过去4年科学营的开展经验，可以将科学营的教育目标界定为：

①给营员展示高等院校、科研院所、企业单位相关领域的发展前沿及行业特色，拓展营员视野；

②为营员提供体验高等院校、科研院所、企业单位相关领域专业技术人员工作方式的机会；

③培养营员对科学的兴趣和科学精神，并提供深入交流、对话的机会，包括营员与相应领域杰出专家之间的对话，以及不同地区营员之间的交流合作；

④借助多样化的媒体报道，充分发挥辐射效应，带动越来越多的人群关注公民科学素养建设的议题。

评估科学营实质上就是评估科学营活动对于以上教育目标的实现程度。而科学营教育目标的实现又包含两个方面的内涵：一方面涉及科学营本身的设计策划与其教育目标之间的符合程度；另一方面涉及科学营的实际实施情况在教育目标上的实现程度。因此，对科学营的评估应当从这两方面着手。

### (三)评估方法

科学营评估的两个方面实际上又指向了两种评估方式：文本分析(content analysis)和调查研究(survey)。一方面，通过文本分析对科学营活动本身的设计进行评估，判断其与教育目标之间的一致性；另一方面，通过调查研究对科学营的实施情况进行探查，评估其实际落实情况在教育目标上的实现程度。文本分析中主要采用文本编码的方法对各科学营的日程和承办单位提交的材料进行统计分析，得出关于科学营活动设计与教育目标符合程度的评估结果。

科学营的实际实施情况涉及多方面的人群，这些群体不仅是科学营的参与者，其参与态度和情况直接关联到科学营的实施效果；同时也是科学营的体验者，其对科学营的观感是对科学营活动设计质量的一种反馈。所以，综合考虑调查研究的需求和必要性，科学营评估项目的调查研究对直接涉及科学营开展情况的 4 类群体进行调研，包括省级管理办公室、承办单位、科学营营员、中学带队教师。针对这 4 类群体分别设计调查问卷，以收集不同视角对科学营的评估数据。基于以上论述，4 类问卷的开发遵循如下原则：

①每类问卷都包含对科学营活动本身的评估；

②每类问卷包含其调查群体对另外 3 类群体的评估；

③每类问卷包含其调查群体的参与情况自评；

④题型以李克特五点量表(Likert's Five-option Scale)为主；

⑤设置 1～2 个开放性问题供被调查群体补充观点；

⑥题量篇幅控制在 30 个题目左右为宜；

⑦省办、承办单位问卷可视需求不局限于上述原则。

此外，调查问卷都是被调查群体根据自身的主观感受来填写，受限于被调查群体的视角、认知水平以及问卷题目的范畴，调查数据可能会存在疏漏。所以，配合问卷调查，还开发了半结构化访谈(semi-structured interview)提纲，对不同群体进行抽样访谈，以获取更加深入、客观的评估数据。访谈提纲包括：

①营员访谈提纲；

②带队教师访谈提纲。

### (四)评估工具的设计

分别针对省办、承办单位、营员、带队教师 4 类群体的调研工具。考虑到省办、承办单位的角色以及样本量的限制，没有设计关于科学营举办质量的直接调查问卷，而是采用设计需要提交的材料模板和开放性问题，以获取科学营本身设计方面的信息，进而了解科学营的举办质量。这2类群体提交的材料将用于文本分析。

营员、带队教师是科学营活动的直接参与者，对科学营的体验感是一项重要的评判科学营质量的信息。项目组严格按照评估方案的调查问卷设计原则，分别开发了针对营员、带队教师的调查问卷。这2份问卷的维度完全相同(表6-1)，具体题目因调研对象不同而有所不同。同时，配合调查问卷还分别开发了半结构化访谈提纲，对调查对象进行抽样访谈。

**表6-1 营员、带队教师调查问卷维度表**

| 维度 | 指标 |
|---|---|
| 1. 科学营内容的设计质量 | 1.1 展示相关专业发展前沿及行业特色，拓展营员视野 |
| | 1.2 提供体验专业技术人员工作方式的机会 |
| | 1.3 培养科学兴趣，提供交流机会 |
| | 1.4 发挥辐射效应，体现社会效益 |
| 2. 科学营的实施开展质量 | 2.1 营员参与情况自评 |
| | 2.2 对活动承办的评估 |
| | 2.3 对带队教师的评估 |
| | 2.4 对科学营志愿者的评估 |
| 3. 开放性问题 | 3.1 参与科学营的最大收获 |
| | 3.2 给科学营的建议 |

评估工具示范：

**2016年青少年高校科学营评估调查问卷(营员卷)**

亲爱的各位营员：

你好！科学营是课外科学教育的一种重要方式，为了了解大家对本次科学营的看法及其实施情况，从而更好地改进和开展科学营活动，我们进行本次问卷调查。问卷匿名，回答没有对错之分。请根据实际情况如实作答，谢谢！

1. 你参加的科学营是(选分营)

2. 你的性别　　　　A. 男　　B. 女

3. 你来自(选省份)

4. 你开学即将就读的年级　　A. 高一　B. 高二　C. 高三

5. 文理分科你打算选择或已经选择

A. 理科　　　B. 文科　　　C. 还没想好

6. 此前，你还参加过类似的以“科学/技术/工程”为主题的夏令营(冬令营)

A. 零次　　B. 一次　　C. 两次　　D. 三次及以上

**一、你对本次科学营活动的看法，请根据所参加科学营的实际情况作答，在相应等级上画“√”。**

| | 完全赞同 | 比较赞同 | 中立 | 比较不赞同 | 完全不赞同 |
|---|---|---|---|---|---|
| 1. 科学营展示了相关领域的发展前沿 | 5 | 4 | 3 | 2 | 1 |
| 2. 科学营体现了相关领域的行业特色 | 5 | 4 | 3 | 2 | 1 |
| 3. 我通过科学营获得了原本不知道的知识 | 5 | 4 | 3 | 2 | 1 |
| 4. 科学营提供了动手操作机会 | 5 | 4 | 3 | 2 | 1 |
| 5. 我通过科学营了解了科研人员的工作方式 | 5 | 4 | 3 | 2 | 1 |
| 6. 科学营提供了与杰出专家(院士等)对话的机会 | 5 | 4 | 3 | 2 | 1 |
| 7. 科学营要求不同省份营员进行交流协作 | 5 | 4 | 3 | 2 | 1 |
| 8. 我通过科学营认识了新的朋友 | 5 | 4 | 3 | 2 | 1 |
| 9. 科学营的内容，我很感兴趣 | 5 | 4 | 3 | 2 | 1 |
| 10. 科学营的活动形式丰富多样 | 5 | 4 | 3 | 2 | 1 |
| 11. 我认真参加了科学营的每一项活动 | 5 | 4 | 3 | 2 | 1 |
| 12. 科学营增强了我对科学/技术/工程学的兴趣 | 5 | 4 | 3 | 2 | 1 |
| 13. 本次科学营与我的预期有较大落差 | 5 | 4 | 3 | 2 | 1 |
| **科学营结束回家后……** | **一定会** | **可能会** | **不确定** | **可能不会** | **一定不会** |
| 14. 我会跟家人或朋友分享科学营经历 | 5 | 4 | 3 | 2 | 1 |
| 15. 我会推荐同学参加下一年的科学营 | 5 | 4 | 3 | 2 | 1 |
| 16. 我会和新认识的朋友继续保持联系 | 5 | 4 | 3 | 2 | 1 |
| 17. 我希望有机会参加其他类似的科学营 | 5 | 4 | 3 | 2 | 1 |

**二、你对本次科学营实施情况的看法，请根据实际情况评分，10 分为满分。**

| | 你的评分： |
|---|---|
| 18. 科学营活动日程安排合理、组织有序 | |
| 19. 科学营活动期间，交通出行安排井井有条 | |

续表

| | 你的评分： | | | | |
|---|---|---|---|---|---|
| 20. 科学营所在单位的住宿环境整洁、舒适 | | | | | |
| 21. 科学营所在单位的餐饮有较大选择空间 | | | | | |
| 22. 我的带队教师全程参与科学营活动 | | | | | |
| 23. 遇到问题，我能及时得到带队教师的帮助 | | | | | |
| 24. 科学营的志愿者对工作尽职尽责 | | | | | |
| 港、澳、台地区营员作答以下题目 | 完全赞同 | 比较赞同 | 中立 | 比较不赞同 | 完全不赞同 |
| 25. 参加本次活动丰富了我对大陆风土人情的了解 | 5 | 4 | 3 | 2 | 1 |
| 26. 本次活动为我提供了充分的与大陆同龄青少年交流的机会 | 5 | 4 | 3 | 2 | 1 |
| 27. 我未来会考虑在大陆地区学习或工作 | 5 | 4 | 3 | 2 | 1 |

28. 本次科学营，给你印象最深刻的活动或报告是什么？(20～100 字)

29. 通过本次科学营，你在科学领域最大的收获是什么？(20～100 字)

30. 本次科学营，你认为有哪些需要改进的地方？有什么改进建议呢？(20～100 字)

### (五)评估工具的信效度分析

效度决定了调研工具能在多大程度上有效地探察研究者拟探察的内容，信度决定调研工具所探察的内容的可信程度。在科学营评估项目中，省办、承办单位按模板提交材料，因此，不讨论效度和信度。

营员、带队教师调查问卷严格按照评估方案的设计来构建维度，进一步细化出具体指标，在此基础上拟定每个指标下的题目。因此，可以认为这 2 份调查问卷从维度到具体指标，再到每一个题目，都是围绕评估目标来设置的，能够有效地探察评估组拟探察的内容。另外，这 2 份调查问卷也得到了科学教育领域专家的一致认可，具有良好的专家效度。

关于营员、带队教师调查问卷的信度，评估组采用教育领域广泛认可的克隆巴赫 $\alpha$ 信度系数(Cronbach's Alpha)法，分别对营员卷、带队教师卷的整卷信度、各维度信度进行计算(表 6-2)。根据克隆巴赫 $\alpha$ 信度系数的约定，当信度系数大于 0.6 时，调研工具达到可信的程度；当信度系数大于 0.8 时，调研工具达到十分可信的程度。由此可见，评估组开发的营员、带队教师调查问卷的整卷信度和各维度信度都达到了可信甚至十分可信的程度，说明这 2 份问卷所探察出的内容是可信的。

表 6-2 营员卷、带队教师卷克隆巴赫 α 信度系数表

| 问卷类型 | 整卷信度 | 维度 1 信度 | 维度 2 信度 |
|---|---|---|---|
| 营员卷 | 0.902 | 0.878 | 0.836 |
| 带队教师卷 | 0.860 | 0.948 | 0.621 |

## (六)评估过程

科学营评估项目通过文本分析和调查研究两种方式对科学营进行评估。前期，在教育评估理论的指导下，结合科学营的定位以及过去的办营经验，确定科学营的教育目标；之后，选用恰当的方法，开发有针对性的工具，收集科学营的相关信息和数据；最后，对数据和信息进行分析解读，得出评估结果，并针对发现的问题或不足提出改进对策。科学营评估项目技术路线如图 6-1 所示。

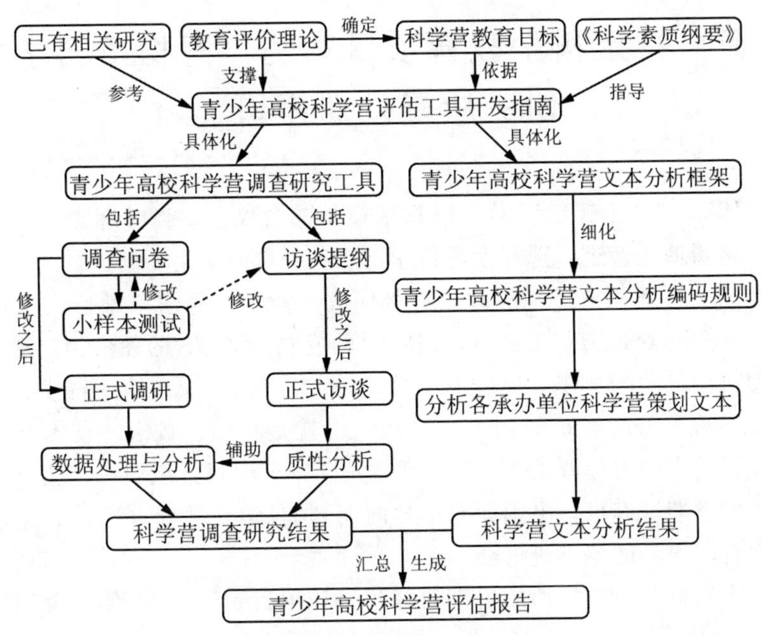


图 6-1 科学营评估项目技术路线图

### (七)评估结果分析

与评估工具相对应，对科学营的评估结果将主要从两个方面来呈现，即“科学营内容设计质量”“科学营的实施开展质量”。这两个方面分别对应了营员、带队教师调查问卷的两个维度。对省办、承办单位所提供材料的文本分析结果也将放入这两个方面的相应位置。此外，还将对营员、带队教师分别进行差异性分析，以呈现更加全面的评估结果。

这部分完整地呈现了青少年高校科学营项目的评估全过程。非常详细地展示了每个评估环节的具体内容和操作方法。青少年高校科学营项目的评估主要从主办方的角度设计，希望对科学营的内容质量和实施质量作出改进和提升。青少年高校科学营项目参与人群较多，有学生，也有教师；学生营员有来自内地的营员，也有来自港澳台的营员。一般的项目没有这么复杂的参与人群，因此在评估工具的开发和设计方面相对简单。在评估内容方面，评估组要详细分析项目的目标，依据目标确定评估内容；在评估方法方面，可以选择一种方法，也可以综合多种方法，依据评估内容选择合适的评估方法。

## 第四节　特定科学教育项目案例：博物馆科学教学研究所暑期研修班①

1983 年，在波士顿地区七位博物馆馆长的会议上，当时麻省理工学院院长保罗·格雷博士谈道：选择学习科学与工程领域的学生比例正在下降，这会给美国的未来带来危机。这次讨论直接促成了博物馆科学教学研究所(museum institute for teaching science，MITS)的成立。MITS 的使命为：通过课外科学教育机构之间的合作，促进中小学(K-8)参与性、探究性的科学、数学和技术教学。后期，已经扩展到工程领域，也就是科学、数学、技术和工程领域。在这样的大的目标背景下，MITS 开发了三个项目：组织一个为期两周的面向教师的暑期进修班；出版面向小学的期刊《科学是基础》(K-6)；组织面向博物馆教育工作者的冬季研讨会。

第一个项目是面向教师的暑期研修班。该项目始于 1986 年，美国国家科

① 本案例基于“MITS 你的每一个夏季”案例改编。来源于：Robert Yager，John Falk. Exemplary science in informal education settings—standards-based success stories[M]. Arlington，V. A.：NSTA，2008.

学基金会(National Science Foundation)资助，为期五年，每一次为期两周。由 7 家博物馆的教育工作者对 K-8(中小学)教师进行教学。在 1992 年，博物馆科学教学研究所进行了合并，由基金会、公司、个人和国家资助。在研修班中，博物馆教育工作者运用探究性的、动手和动脑的活动对教师开展培训。教师运用这些活动为案例在自己的课堂中实行，学生参加之后，越来越兴奋和投入，意识到科学是一个参与的过程，是很有趣的过程。自 1993 年以来，暑期研修班不断发展和壮大，目前已经成为扩展到马萨诸塞州 9 个地区的教师都有参与过。2 500 多名教师以个人名义参加了研修班，许多人甚至多次参加。暑期研修班由来自每个地区四个或者更多博物馆的教育工作者组成，其中一位作为主要教育工作者，负责组织所在地区的暑期研修班。主要教育工作者组成了博物馆教育咨询委员会，由博物馆科学教学研究所项目主任玛丽·纳什博士担任主席。

第二个项目是出版季刊《科学是基础》(*Science is Elementary*)。MITS 与第一批参加暑期研修班的教师共同组织出版。每一册中包含四个议题，这四个议题一般是来源于夏季研修班中的主题。每个议题呈现 10 个实践性的活动、相关信息和参考资料。

第三个项目是针对博物馆教育工作者的培训性研讨会。MITS 认识到博物馆的教育工作者需要不断地学习来保持先进性，因此，每个冬季召开为期一天的专业发展研讨会。主要参加者为博物馆教育工作者。

第二个项目与第一个项目密切相关，都是与科学教师有关，第三个项目是培训博物馆的教育工作者，本质上来说，博物馆的教育工作者也属于课外系统中的教师。本节内容详细介绍博物馆科学教学研究所暑期研修班的情况。

## 一、博物馆科学教学研究所(MITS)暑期研修班的主题

在过去的 20 年里，博物馆科学教学研究所(MITS)一直开设暑期研修班，在很多地方都开展过，比如一些科技馆，新英格兰的水族馆，波士顿儿童博物馆。MITS 的暑期研修班是为科技教师开设的夏令营，主要内容是教师培训。

MITS 暑期研修班项目一般在 7 月上半月的两周举行，涉及马萨诸塞州的 9 个地区。每个地区都有 4～7 家合作博物馆，研修班举办期间，每家博物馆的学习为 1～2 天。学习的内容随着博物馆类别的不同而不同，艺术馆、水族馆、自然中心、科学中心、植物园、动物园、邮票博物馆和森林保护馆都设计了课程。由于场馆不同，使用的设施和材料也不相同。研修班每年的主题都不同，涉及的科学概念也不同。研修班尽量提供广泛的主题。

1996 年，主题为“走进物理”。在此次研修班中，教师专注于物理科学内

容和活动，但是活动中，教师们对于物理的认识还停留在课堂上的物理，还没有深入的理解物理本身。

1997年，主题为“我们周围的科学”。此次研修班的活动集中在参与者的身边，例如家庭、校园和教室，让教师认识到，这些地方都可以成为科学的源泉。

1998年，主题为“贸易工具”。此次研修的重点是教会教师用技术型的活动来吸引学生参与。完成对教师未使用的许多工具和技术的介绍。

1999年，主题为“每日科学家”。教师们被展示世界是科学的，我们都是科学家，每个人都应该对我们生活的世界有极大的好奇心。

2000年，主题为“21世纪的科学”。20世纪以来，学生的科学思维和科学发现能力发生了怎样的巨大变化，又将如何影响21世纪的学生。

2001年，主题为“形态与功能”。这期暑期研修班的教师观察了人造结构、自然结构、机器、鸟类、鱼类和栖息地，以了解它们的形态和功能。

2002年，主题为“建模使抽象变得有形”。为了更好地理解概念，引入了模型的使用。

2003年，主题为：“科学与数学、文学和艺术的结合”。结合的重要性是通过语言、艺术和数学方程式的力量来观察自然。

2004年，主题为“涉及学习的背景(context)”。参与者探索设计作为学习科学、工程、数学和艺术的背景。

2005年，主题为“探索变化的科学与数学”。教师们参与一些探究活动，准确查明了环境变化、技术变化、植物种群变化和工程变化。

2006年，主题为“CSI：循环、系统和探究”。教师参加的活动包括观察和测量岩石、沙子、土壤和化石的地质变化，还有了解烹饪中的化学与数学。

2007年，主题为“测量到STEM”。重点放在测量上，教师将把他们的注意力集中在如何在STEM教学中使用测量。

由于参与的博物馆比较多，因此，MITS与合作博物馆的教育工作者一起为他们所在的地区指定了一个教学大纲。每年的主题也都充分考虑了马萨诸塞州的科学课程标准的要求。每个地区举办的研修班的教学大纲都提交给当地的大学，这些大学向参加学习的教师授予学分。博物馆科学教学研究所与五所大学合作，为不同地区的教师提供研究生学分。在马萨诸塞州，有些教师为了满足他们的资格认证需要的学分需要而注册，每五年更新一次。

## 二、博物馆科学教学研究所(MITS)的暑期研修班的材料和情况

尽管研修班在马萨诸塞州范围内的九个地区举行，每个地区的博物馆的类

型和特色都不相同，但是对于整个研修班来说，程序、课程要求和材料都是大体相似的。

研修班共有三种学分选择：60学分、90学分和90学分以上。MITS与马萨诸塞州的五所大学合作，能够授予教师研究生学分。教师可以依据自己的需求，选择不同的学分类别。如果选择60学分，教师必须在一个完整学年内完成两个级别的课程计划；如果选择90学分，教师必须完成一个单元的学习和这个级别完整的课程。当然，如果选择90学分以上，那教师需要完成的内容就更多。

研修班会为教师准备完整的学习材料，包括教案和单元大纲。每个地区的研修课程都包括了本地区相关的活动资料，教师可以在参加学习时获得全部资料，也可以在MITS中获得研究资源和材料。

研修班的教育方法是希望为老师提供一些可以移植到教室环境中的活动。也就是说，虽然培训的环境是博物馆，但是这些活动是普适性的，教师也可以将这些活动在教室中带学生开展。教师参与的所有活动，无论是小组活动还是独立的活动，都希望促进教师对科学探究和科学实践的深入理解。在研修班中，要求教师必须使用探究式的学习方式和教学方式。后期的结果证明，能够与教师进行为期两周的互动是暑期研修班的一个重要优势。教师们一次又一次地表示他们从小组里的其他老师那里学习到了很多。

研修班更为重要的一点就是研修班的内容充分与《美国国家科学课程标准》和马萨诸塞州的科学课程框架相契合。在MITS组织的研修班中，教师作为学生参加研修班，在课堂上，教师体验课堂的各个方面，教师之间有合作，与授课教师之间也有合作。同时，教师也向培训他们的博物馆教育工作者学习如何对待自己的学生。一般来说，这些课程会以开放性的问题开始，比如为什么某个地区没有鲸鱼？老师们被分成若干个小组，分头去想办法找到问题的答案。

下面将介绍几个举办地区的研修班的具体设计内容。波士顿(Boston)地区的暑期研修班是所有项目里规模最大的。通常会依据教师的情况将他们分为四个独立的小组。博物馆的教育工作者与每一组进行为期两天的会议，针对他们年级的活动进行讨论。波士顿地区的博物馆包括：麻省理工学院博物馆，波士顿儿童博物馆，新英格兰水族馆和富兰克林动物园。教师第一天进行简单的破冰活动，在接下来的两周内进行探究性活动。为了探索科学与数学中的变化，麻省理工学院博物馆让教师们开发了他们自己的测量系统，给每个小组不同大小的塑料容器命名，然后探索有多少种测量方法填满了最大的容器。每一组交换他们的测量方法，然后测试另一组的测量方法是否有效，这引起了教师们的热烈讨论。剩下的7天充满了以探究为基础的实践活动，在最后一天将所有的学习整合在一起。

科德角地区(cape cod)举办的研修班有一些特殊的有趣的特点。科德角最突出的是以海洋探索为特色，以船作为主要的基础教育场所。瓦古特湾国家河口研究保护区、科德角自然历史博物馆和桑顿伯吉斯学会之间有着合作关系。在以往的暑期研修班中，海洋探索的重点是在海洋中发现细菌系统。教师们测定了大量的海洋生物，并描述了动植物的特征，因为它们与海洋浮游生物有关，会影响其生命周期的季节性变化。

埃塞克斯(Essex)地区的教师在许多博物馆遗址体验探究性的动手实践活动，比如在埃塞克斯造船博物馆(主要博物馆)、马萨诸塞州奥杜邦协会恩迪科特区域中心、H. O. B. B. E. S(手工业船基础教育和科学中心)、皮博迪埃塞克斯博物馆、帆船探险和格洛斯特海洋遗产中心等场所开展1～2天的活动。在H. O. B. B. E. S的项目中，参与者们探索了浮游植物生长和分布的机制和周期，以及全国气候变化与最近赤潮增加和马萨诸塞州湾沿岸水域有害藻华之间的关系。他们收集和鉴定浮游生物，并测量和评估相关的水质因素。参与者尝试以探究为基础的活动，与学生一起深入研究浮游生物循环概念。

洛厄尔(Lowell)地区为教师们提供了一次独特的体验，因为它是一个古老的纺织地区，有很多有特色的厂房。教师们参观了该地区的聪格斯工业历史中心、新英格兰棉被博物馆、美国纺织历史博物馆、洛厄尔遗产州立公园和新罕布什尔州的阿莫斯凯格鱼道。2006年的暑期研修班的参与者在美国纺织历史博物馆探索了自然植物和动物纤维生长的周期性，以及我们对它们的使用(包括亚麻、棉花、羊毛和丝绸)。他们探索了科学是如何复制这一过程来生产人造纤维的，包括今天的"极端面料"和当前研究的未来可能性。教师们用回收的苏打瓶作为分析对象来制作合成纤维制品，并制作成图表。实践学习包括亚麻加工、毡制羊毛、解开蚕茧、挤压，以及通过显微镜和科学的纤维测试来发现其物理特性。

东南地区(Southeast)有四个非常不同的地点，为教师提供了独特的体验。博物馆包括马萨诸塞州奥杜邦社会橡树诺尔野生动物保护区(主要博物馆)、劳埃德环境研究中心、巴顿伍德动物园和新贝德福德捕鲸博物馆。在新贝德福德捕鲸博物馆，教师研究了该地区与州课程框架有关的各种鲸鱼研究。他们找出了新贝德福德捕鲸者没有在当地水域捕鲸的海洋学原因，这些调查技能帮助教师们了解某些鲸鱼物种成为攻击目标的生物学和经济学原因。对海洋(和陆地)生物分类将会变得容易得多。教会教师们使用不同的鲸鱼图画来练习数学技能。

斯普林菲尔德(Springfield)地区拥有丰富的博物馆资源，包括斯普林菲尔德科学博物馆、霍利奥克儿童博物馆、曼荷莲学院植物园和希区柯克环境中心，为教师们提供了一次不同寻常的机会，教师们学习了很多可以带回到课堂上的活动，作为学习资源。在为期两天的霍利奥克儿童博物馆课程之中，针对CSI(循环、系统和探究)，教师们用了一系列的问题作为分层工程探究的起点，探索能源、动力、齿轮、磨坊建筑以及工业化的含义。每一阶段的调查都以一个挑战性的问题开始，一组问题引出另一组问题，并以展示所有阶段的最终项目结束。

## 三、博物馆科学教学研究所(MITS)的评估

MITS对暑期研修班项目做了非常好的评估。MITS的评估途径有两个方面，一方面是项目组自主完成评估，另一方面是请第三方开展评估。第三方主要由莱斯利大学的项目教育与研究小组对暑期研修班开展评估。

在评估的具体过程中，第一种评估方法是观察法，主要由第三方评估小组实施。专业的评估博物馆科学教学研究所聘请了莱斯利大学的PERG团队(项目、教育和研究小组)来确定研修班对学校实施基于探究的教学的总体影响。评估小组采用多种形式对项目展开评估。例如，在最后一次评估中，找到最早参加暑期研修班的教师，参观该教师现在工作的学校和教室，并且观摩课堂教学。调查结果还显示，当一所学校有一名以上的教师参加过一期研修班，该学校实施探究式学习的情况就能得到很大的加强。

第二种评估方法是前后测的方式，本质上属于调查研究法。教师在研修班的第一天和最后一天分别会收到一份前测和后测调查表。这样的方式能够让MITS的暑期研修班项目设计者和参与的教师都能够看到参与者是如何获得内容知识和体验探究的。在每个地区的合作博物馆中，第一天和最后一天都会使用同样的调查问题，得到结果以后也立刻与老师们分享。

项目设计者在设计之初就考虑到了项目的效果评估，因此设计者为每一位参与者提供了课程计划和单元框架。教师可以通过课程计划和单元框架，了解到自己通过学习，应该达到什么样的能力水平。

第三种评估方法，是项目的设计者阅读教师的每日反思日志，属于文本分析法。博物馆教育工作者和博物馆科学教学研究所(MITS)项目主管可以评估教师对基于探究的教学的理解，以及阻碍他们理解的原因与困难。在整个学习期间，教师有很多机会分享他们在课堂上采用的基于探究的教学方法的实施情况。每年春天，在每个地区的回访日期间，MITS会邀请教师们带来关于他们

实施探究性课程的展示、材料和故事。一位有学习障碍学生的教师讲述了在课堂上实施基于探究的学习是如何改善学生参与学习的过程的。在教师的反思日志中，他们一次又一次地提到他们是如何从课堂情境中学习课堂动态的。在所有的研修班中，都强调教师要做一个推动者而不是在服从性的课堂上讲课的万事通。互动、提问和探索是每节课的重要组成部分，也是引导教师和学生最终对知识有更好地理解的途径。

总体来说，MITS 暑期研修班为马萨诸塞州的 K-8 年级的科学教师提供了一个非常好的专业发展和提升的机会。这种在博物馆中开展的教师培训与一般的教师培训项目不同，情境非常丰富，为教师们提供了与教室内完全不同的环境，给他们很多的选择，让教师能够真的充分地体会到科学探究和实践中学习。

这个案例详细地展示了特定科学教育项目的主题设计、内容设计和具体评估方法。主题设计结合每年的情况提前做好设计和安排；内容设计方面，项目设计了总的教学大纲，并且依据每个举办研修班的地点的资源情况，完成具体的内容设计；评估方面，采用了多样、丰富的评估方法，包括在本章中没有介绍过的观察法，为项目的提升和取得更好的效果给出丰富的证据。

特定科学教育项目，实施的环境比博物馆教育更为丰富多样，内容设计上也更加灵活。因此，在设计和实施的过程中，要多方调研，做好细致的分析，准备充分，才能取得良好的效果。

# 第七章　数字化场景下的科学教育

以信息技术为代表的技术发展为教育的变化提供了持续支持。多媒体走进课堂使教师得以个性化地呈现更为丰富的教学资源，“云技术”的出现令学习行为可以随时随地发生，大数据分析则正在致力于实现为每一位学生铺设有针对性的学习成长路径。这些都体现了信息技术对教育的积极推动作用。信息技术在我国的课外科学教育场景下已有诸多体现，例如机器人搭建、计算机程序编写、3D 打印技术的应用等，此类内容在国内已有较丰富的文献支持与实践案例。相对而言，基于计算机模拟与电子游戏开展教学则是近年来科学教育研究者的一项新尝试。因此本章将以此为例，介绍数字化场景下的课外科学教育。针对此话题开展的国内外教育研究都尚处在摸索阶段，本章将选取介绍部分已有成果，也建议有兴趣的教师对这一领域的研究持续关注。

在我国，电子游戏是一个经久不衰的讨论话题。从最早的卡带式游戏，到电脑游戏，再到平板与手机等移动设备上的游戏，电子游戏以越来越丰富的形式出现在一代代青少年的成长过程中。有的科技辅导员和家长谈及电子游戏时会认为电子游戏对学生而言有百害而无一利。然而近年来的一些实证研究则表明，在精心设计计算机模拟和电子游戏并妥善运用其开展教学的情况下，它们有助于学生获得更好的学习体验，带来更好的科学素养提升效果。

在我国，围绕计算机模拟与电子游戏应用于教学的讨论在近几年逐渐兴起，也有部分实践案例研究发表于文献，例如温宇曾经详细介绍其利用历史题材电子游戏促进中学生历史知识学习的经验①。然而目前我国科学教育者对此类教学的实践尝试还在起步阶段。相较之下，国际上的相关研究在数量上更多，不但在具体的教学学科、内容方面有更多尝试，也在动机、能力等更多的研究视角下展开了讨论。当然，此领域仍有待更多的实践与相关研究对其进行更为深入的探讨与发展。

基于计算机模拟与电子游戏开展的教学既适用于校内科学课堂，也适用于课外科学教育的各种场景。校外科技教育环境容易满足此类教学本身对硬件(计算机、电视游戏机、移动电子设备和网络环境支持等)的要求，也容易为时

---

① 温宇．历史题材电子游戏在中学历史教学中的利用研究[D]．武汉：华中师范大学，2018.

间、场所、形式更为灵活的教学设计提供支持，同时对首次接触和尝试这种新兴的教学形式的科技辅导员比较友好。因此强烈建议有兴趣的科技辅导员利用计算机模拟与电子游戏去开展课外科学教育实践工作。本章将从定义、类别、教育目标、成效和针对课外科学教育环境下的实践建议方面依次进行介绍，并穿插部分相关案例，以期帮助科技辅导员更好地开展相关教学。

## 第一节　计算机模拟与电子游戏的定义与类别

计算机模拟和电子游戏对多种教学目标的达成都富有潜力，包括促进学习动机、理解科学概念、形成科学探究技能、理解科学本质、参与科学表达与论证以及认同科学及科学学习。

### 一、计算机模拟的定义与分类方式

计算机模拟是对真实情境、假想情境或自然现象构造的计算机模型，计算机用户可以通过操纵或改变其内部参数去探索相应的影响。① 而普拉斯(Plass)等人强调，计算机模拟的动态性使其不同于一般的静态具象化表征(比如课本上的图表)，而其可交互性又使其不同于一般的动态具象化表征(比如动画片)。② 也有相关研究者将具象化定义为“关于科学现象的可交互式计算机动画(例如模型、模拟或计算机实验)”。③ 可以看出不同的定义方式在内涵方面仍是一致的，本书将在后文使用“计算机模拟”这一术语。

计算机模拟将原本内隐的过程展现给用户，并使之可以观察和互动。正是这些特点使得计算机模拟有助于理解和预测大量自然现象，例如人口增长、粮食生产，这也是其价值所在。科学家大量构建与应用计算机模拟。小到亚原子级别，大到行星体量，不同尺度下的科学现象都是其模拟对象。本章内容则专

---

① Clark D，Nelson B，Sengupta P，et al. Rethinking science learning through digital games and simulations：Genres，examples，and evidence[C]//Learning science：computer games，simulations，and education workshop sponsored by the National Academy of Sciences. Washington，D. C.：2009.

② Plass J L，Homer B D，Hayward E O. Design factors for educationally effective animations and simulations[J]. Journal of Computing in Higher Education，2009，21(1)：31-61.

③ Linn M C，Chang H-Y，Chiu J，et al. Can desirable difficulties overcome deception clarity in scientific visualizations? [J] Successful remembering and successful forgetting：A festschrift in honor of Robert A. Bjork，2010：239-262.

门关注为了支持各年级学生科学学习的计算机模拟。

应用于科学教育方面的计算机模拟可以从四个维度去分类：使用者控制程度、模拟环境兼容的范围、信息呈现方式、建模对象本质。尽管所有的计算机模拟都或多或少地满足用户对变量的控制，但是其开放程度有所不同。根据这种开放程度方面的差异，可以将计算机模拟归为定向式、沙盘式、高阶式和联合式。在定向式的计算机模拟中，用户的操作被限定在某些动态变化的核心变量之上，其代表如美国的"物理教育技术(Physics Education Technology)模拟套件"。而在沙盘式的计算机模拟中，用户则能够控制更多变量，其开放程度处于中间态。他们可以依照兴趣自由控制变量，从而完成开放性的探索。高阶式的计算机模拟不但允许用户自由控制变量，甚至允许用户去改写该模拟的构建基础，即构建该模拟环境的模型。例如，基于 NetLogo(基于一种易用的 Logo 编程语言开发的一套软件系统和在线工具包)开发的计算机模拟就具有上述特征。① 而在联合式的计算机模拟过程当中，多名用户通过手头的设备交换和共享信息。尽管每个人能够控制的变量数与定向式模拟大致相当，但是小组成员共同完成整体控制。在每位成员的决策和信息交换过程中，规律自然地显现出来。②

为科学教育设计的计算机模拟是否兼容于更大的框架之中、兼容到什么程度，这是另一种划分维度。在上文提及的"物理教育技术模拟套件"中，各项模拟是独立的，与课程内容并不绑定。教师可以自由灵活地选出已有课程中与之匹配之处，将模拟整合到对应的内容当中。与此相对，另一些计算机模拟内容则已经被置于一整套设定好的科学教学之中，成为课程单元的一部分。这样的模拟内容很难直接整合到另一门已有的课程内容之中去。此类模拟常常由多项子模拟内容构成，与其他的在线、室内或野外科学教学活动整合为一体。以美国的"思想者工具(Thinker Tools)"和"思想者工具模型强化版(Model-Enhanced Thinker Tools)"课程单元为例，学生参与闭环的科学探究活动，从力和运动的探究问题开始，随后提出假设，开展实体与模拟实验以收集数据，使用数据检验其假设并写出与数据相一致的物理学定律。而在另一个例子"互动多媒体练习(Interactive Multimedia Exercises，IMMEX)"中，它仅提供了在

① Wilensky U. Net Logo：Center for connected learning and computer-based modeling [D]. Evanston：Northwestern University，1999.

② Roschelle J. Unlocking the learning value of wireless mobile devices[J]. Journal of Computer Assisted Learning，2003，19(3)：260-272.

线图书馆，收录了将问题解决式活动与学生过程性表现评价相结合的模拟内容。

根据信息呈现方式也可以将计算机模拟分成不同类型。当计算机模拟呈现重要变量和要素时，可以通过文本、图形、符号或抽象图标等方式来完成。从理论上来说，计算机模拟在呈现内容时大可不必拘泥于上述某种单一方式去表现。但是实际上，计算机模拟往往严重依赖于其中一两种表现方式。

根据计算机模拟所建模对象的本质可以将其分为四种不同类型，分别是基于行为的模型、生发模型、总合模型和技能与过程复合模型。基于行为的模型具有的典型特征是让用户操纵目标行为。例如在模拟环境中依照用户喜好创造物体，并为其附加行为(比如运动)及限制条件(比如重力或其他受力)，之后观察结果。生发模型的典型特征则是构建复杂系统模型。在大量独立的个体中，学习者通过控制简单而分散的交互作用，最终导向复杂科学现象的模型自然生发出来。例如学生在模拟线电流环境中去控制电子和原子，从而学习电流和电阻的相关知识。总合模型使用户可以操纵多种目标或底层计算机代码，从而对一个复杂系统在总合水平上的行为构建模型。“STELLA”就是此类模拟模型之一，常被用来构建动态系统模型，包括生态系统中的捕食者—猎物模型、森林生态系统中的植物演替模型、二氧化碳在大气中的吸收与排放模型等。技能与过程复合模型最初源于军队，使学习者在模拟环境下就复杂任务展开训练，现在应用于医疗和综合训练等方面。其训练内容广泛，如完成宇航任务、开展化学实验、解剖青蛙等。

## 二、电子游戏的定义与分类方式

电子游戏与计算机模拟存在多方面差异。其中重要的一点是计算机游戏往往发生于校外环境，其目的在于寻求乐趣与享受；而典型的计算机模拟似乎常常发生在课堂上。此外，计算机游戏也往往清晰地呈现目标与规则。这两方面特征实际上是计算机游戏与传统游戏共有的，无论棋牌游戏还是室外的老鹰捉小鸡游戏，皆是如此。计算机游戏还有两点与计算机模拟的差异。第一，计算机游戏提供反馈，以衡量参与者达成目标的进度。第二，参与者的行动与整体的游玩策略影响着游戏进展，既包括整体的虚拟数码世界，也包括参与者下一步的互动。尽管有些游戏带有竞技性，且使部分玩家得到满足感，获取享受感，但是并非所有游戏都具竞技性。

在过去的20年中，游戏软件和硬件产业都有迅速发展。如今，青少年可以通过电视游戏机、计算机和手机多种平台玩到电子游戏。电子游戏与在线社交互动也越发密不可分。据一项2010年开展的调查统计，美国8～18岁的青少年平均每天游玩电视游戏机的时间达到 1 小时 13 分钟，相较过去 5 年增长了 24%；花在计算机游戏和社交网络上的时间则分别达到了 17 分钟和 22 分钟，增幅为 27%。①

尽管大多数的游戏都带有明显的商业娱乐目的，但是所谓的“严肃游戏”也逐渐产生。就在 2010 年，美国国家科学研究委员会(United States National Research Council，2010)指出一款电子游戏是否定义为“严肃游戏”可以由玩家自身、第三方或者是游戏开发者来决定。例如，当一位体重超重的游戏玩家利用 Wii(任天堂公司出品的一款电视游戏机，支持体感游戏功能，玩家在游戏中需要真实地运动肢体)游玩某款游戏，以达到减肥的目的时，这款游戏就可以视为严肃游戏。当然，其他玩家则可能仅以娱乐消遣为目的玩这款游戏。又如，一位教师将某款历史题材游戏作为教学资源，有意识地利用其帮助学生理解历史。这种情况下教师作为第三方将该游戏视作严肃游戏。再如，游戏开发商也可能从严肃的设计目标出发，兼顾趣味性去开发游戏。本书将专门讨论为了学习科学所开发的严肃游戏，它们专门用来准确地建立科学模型或模拟科学过程，并在基于科学定律构建起来的虚拟游戏世界中展开互动。

依照克拉克(Clark，2009)等人的观点，为学习科学设计的电子游戏也可以从四个维度进行分类：科学学习目标或游戏指向的目标、游戏持续时间、参与游戏的本质、游戏首要目标。克拉克也指出，当前的分类方法并不是互斥的，某款游戏很有可能具有多维度下的不同属性。

电子游戏有实现多种学习目标的潜力，包括强化学习科学的动机、理解科学话题、掌握科学过程性技能、理解科学本质、论述科学、识别科学与科学学习，等等。对于以学习科学为目的电子游戏而言，其目标的设定非常重要。例证之一是美国明尼苏达动物园与一家小型教育游戏设计公司联合开发的《野狼谜踪第一集：紫水晶山脉(*WolfQuest Episode* 1：*Amethyst Mountain*)》。作为一款面向校外教育设计的游戏，其首要目标是通过趣味性吸引尽可能多的玩家参与其中。而隐藏在此目标之下的另一重目标则是激励玩家去学习对应的科学现象——狼及其生存的生态系统。在游戏中，玩家扮演生活在美国黄石公园一隅的狼。玩家进入游戏后要利用身为狼的感官去追寻麋鹿的踪迹，选择最弱小的一只麋鹿并将其捕食。玩家还需要抵御诸如棕熊等其他竞争者的侵袭以保住食物。游戏形式设定为多人，因此玩家既可以单打独斗，也可以选择加入狼

① Rideout V J，Foehr U G，Roberts D F. Generation M2：media in the lives of 8-to 18-year-olds [Z]. Washington，D. C.：Henry J Kaiser Family Foundation，2010.

群共同生存。而一旦加入狼群，玩家需要尝试与其他成员共同协作。玩家对于这款游戏的反馈远超出游戏开发者的预期。2007 年游戏一经上线，第一小时便达到了 4 000 份的下载量，随后来自 200 多个国家的 40 多万名玩家下载体验了此游戏。还有人开设专门的论坛以展开更多关于狼、生态系统的讨论并提供更多信息资源。针对该游戏的在线调查结果表明，大多数游戏玩家在游戏之余都主动寻找了更多狼及其生境的信息，表明游戏确实对玩家的学习动机起到了强化效果。通过分析玩家在游戏前后对狼及其行为习性的知识了解情况，研究发现玩家对于狼的认识确实得到了提升。此外，还有一小部分玩家宣称他们参与了科学，如基于模型展开推理、检验与预测、收集和使用数据等，而这些都是为了应对游戏中面临的挑战。

游戏持续时间是划分游戏类型的第二个维度，可以将电子游戏分为短时游戏、有固定时间节点的定时长游戏和吸引玩家成为相关社群一员的持续性游戏。游戏持续时间也往往能凸显出以教育为目的的电子游戏与商业化电子游戏的明显差别：前者往往基于叙事背景提供更持久的体验，如上文介绍到的《狼群迷踪》，而后者则往往定位于短时间的休闲游戏。短时游戏往往数分钟就能完成，但是玩家可以反复游玩此类游戏。这些游戏易于从网络上获取，也往往支持在手机等手持设备和计算机上游玩。在过去几十年里，此类游戏往往围绕物理学的核心概念设计玩法，使得玩家潜移默化地通过直觉去感受相关内容。为了能在此基础上让玩家有超越直觉上的体现、对物体的运动和牛顿运动定律形成更为正规的理解，有研究者开发了游戏《汹涌澎湃》(*Surge*)。该游戏设计了叙事背景，从而自然引入相关物理学知识。玩家在二维的关卡挑战中为一艘宇宙飞船导航，通过按下方向键控制飞船相应的运动方向。玩家必须考虑到有限的燃料、避免碰撞和尽可能短耗时等条件，灵活应用一条或多条物理定律，从而做出导航的决策。类似的科学学习短时游戏还有《超动力》(*Supercharged*)、《伦敦博物馆的推动球》(*London Museum's Launchball*)、《免疫攻击》(*Immune Attack*)和《侵蚀》(*Weatherlings*)。

在定时长游戏中，《河畔城》(*River City*)是其中的代表作，该游戏与其他类型的科学教学整合在一起，成为一门初中的学习课程。① 在游戏中，河畔城是一座 19 世纪的工业城市，依河而建。这条河流源自山脉顺势从山脚留下，

---

① Ketelhut D J, Dede C, Clarke J, et al. Studying situated learning in a multiuser virtual environment[M]//Baker E, Dickieson J, Wulfeck W, et al. Assessment of problem solving using simulations. New York: Lawrence Erlbaum, 2017.

并经过垃圾处理厂与沼泽。学生们要担负的任务是发现该城市的市民纷纷患病的原因，他们在游戏中可以进行多种互动，如与河畔城的居民交谈、获取城市相关历史图表以及学生之间开展交流等。此外，游戏还设定了多种刺激，为学生们找到居民患病原因提供线索，如不时传来蚊子的嗡嗡声或者居民的咳嗽声等。学生还可以在游戏中进行虚拟操作，如点击显微镜以使用它来观察水体样本。在实际开展教学中，该游戏被整合到 12 课时的课程之中(每节课 45 分钟)。在前 2 节课学生参与预调查，接下来的 6 课时中学生们参与到游戏之中并努力完成任务，最后 4 节课他们进行小组设计、解释和讨论。学生们在上课时以 3～4 人为一组，每人操作一台计算机。游戏中设计了不同类型的病因(水源传播、空气传播或昆虫传播的不同传染病)，并结合了历史、社会和地理学科的内容。在教学中，学生解决复杂环境下由多因素引发的问题，在此过程中发展和练习探究技能。与之类似的游戏还有《灰狼任务》(*Wolf Quest*)、《亚特兰蒂斯任务》(*Quest Atlantis*)和《弹力星球》(*Resilient Planet*)，等等。

在《弹力星球》中，学生单独扮演驾驶员，在三维的水下世界操纵机械艇去拯救濒危的海龟，其游戏界面和状态如图 7-1 所示。学生们要驾驶着机械艇依次检查各处水下监视器，它们会提供海龟的各类信息，包括海龟们接近石油开采平台的情况等。一旦发现海龟逐渐接近平台，学生就使用炸药将平台移走，如此往复。在一次次执行任务救助海龟的间歇，学生们还收集关于海洋现象的其他信息、开展科学实验、收集其他海洋生物的观察数据、观看来自美国国家地理频道的科学纪录视频。该游戏在 JASON 项目的支持下开发，该项目是由美国国家地理频道和 Filament 游戏公司共同建立的非营利项目。此游戏面向五年级至初二学生开发，并被整合到该项目研发的课程《行动：弹力星球》(*Operation*：*Resilient Planet*)之中。

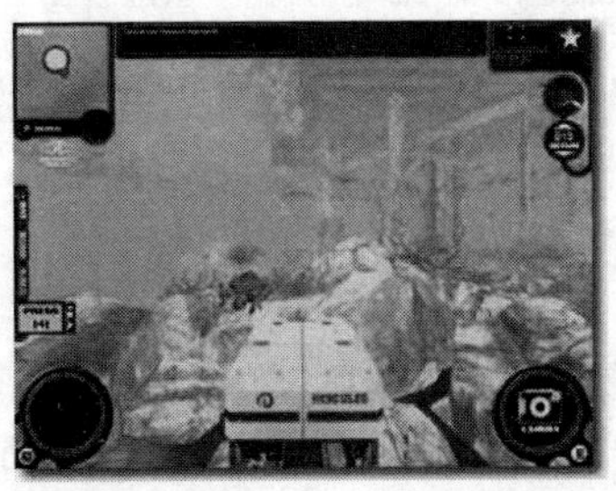

**图 7-1　《行动：弹力星球》教学活动中的游戏界面**

在该游戏的另一项任务中，学生们了解到夏威夷地区鲨鱼和僧海豹的种群数量发生了急剧变化，他们的任务是找出其中的原因。学生们首先可以选择是否要到帕帕哈瑙莫夸基亚海洋救难所并学习有关鲨鱼和海豹的知识，然后他们为开展科学论证去收集数据。这些数据在游戏中的卡通方框中以年代顺序展示。当学生的手头积攒了一定数量的数据之后，他们利用这些数据组织一段论证，并将论证过程报告给游戏中的虚拟研究员。学生与虚拟研究员的互动会即时生成为一段动画剧情，推动后续游戏情节的发展。在游戏中也设置了其他虚拟研究院，用于辅助学生们完成任务，学生们可以从他们那里听取和阅读信息。

持续时长维度下的第三类游戏是持续性游戏，其中的佼佼者是《外维尔》(*Whyville*)(图 7-2)。该游戏是面向青少年开发的大型多人在线游戏，用户达 500 万，且绝大多数为女性。游戏玩家们反复地登录和离开游戏，持续时间可达数月甚至数年，在游戏中他们建立了一个持续发展的虚拟社区。该游戏的界面是二维卡通风格的，并集成了大量可供自由选择的休闲与学习游戏。用户可以通过卡通形象进行文字交流，他们也完成任务赚取奖励，并利用这些奖励来美化自己的个人形象或者个人空间。

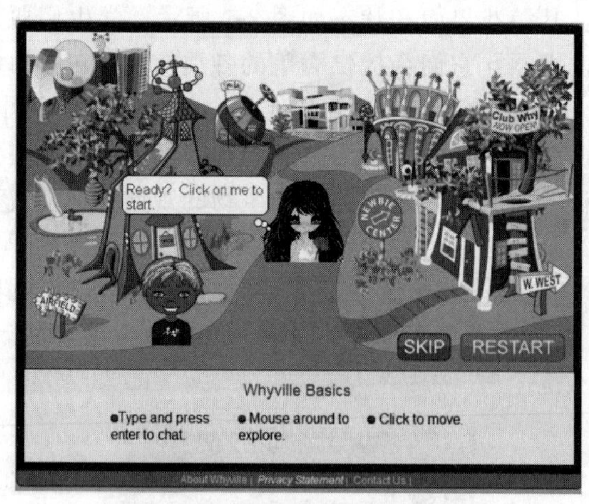


图 7-2 《外维尔》游戏界面

参与游戏的本质是对游戏进行分类的第三个维度。该维度下的游戏可以分为虚拟游戏和增强现实游戏。在虚拟游戏中，学生们参与到虚构的数码世界之中，在前文介绍过的几款游戏均属此类型。而在增强现实游戏中，学生们则投身于真实世界，并借助信息技术获得相关的信息从而开展游戏，如美国麻省理工学院设计的增强现实系列游戏 *MITAR*。该游戏借助便携式电脑设备开展，附有定位功能和信息展示界面。学生在户外利用该设备以小组的形式去探索空间并解决复杂问题。该系列含有多款游戏，在《萨凡纳》(*Savannah*)中，学生们化身为狮子在空间中潜行；而在《时间实验室 2100》(*TimeLab 2100*)中，学生们在户外通过设备去观察世界并阅读有关气候变化的信息。①

游戏首要目标是划分游戏类型的第四个维度。在该维度下，游戏被分成四类：第一类游戏是纯粹以休闲娱乐为目的；第二类游戏是以教学目标为导向、兼具一定娱乐要素的严肃游戏；第三类游戏是完全为课堂教学环境打造的严肃游戏；第四类游戏则是旨在对学生的知识与理解情况进行评价，属于评价型游戏，而不是学习平台。

## 第二节　基于计算机模拟与电子游戏学习的教学目标与效果

教学的开展是为了实现教学目标、达成相应的教学效果。在教学中引入计算机模拟与电子游戏同样是为了服务于教学目标与效果，而非单纯追求形式上的新奇有趣。本节将介绍使用计算机模拟与电子游戏学习的教学目标制定线索与部分已证实的教学效果。建议科技辅导员在阅读本节时从两个层面加以思考：第一，计算机模拟与电子游戏学习所支持的教学目标与效果仍在科学教育的内涵范围之内；第二，由于其自身特点，计算机模拟与电子游戏学习能够更好地支持某些教学目标与效果。例如，游戏中进行科学家的角色扮演更有助于学生建立身份认同感，又如在社交平台上的病毒暴发模块有助于学生将其更有效地与实际生活场景建立联系。

### 一、使用计算机模拟与电子游戏学习的教学目标

教学目标对教学的设计和组织实施起到指导性作用，对校外科技教育、模拟教学和游戏教学同样如此。当开展此类教学时，仍应从三维目标的角度去审视科学教育的目标，即掌握科学概念、设计和实施科学探究以及形成对科学的兴趣与态度。对校外科技教育而言，美国曾经提出了教育目标方面的六条线索，这些线索互相交织，共同构成校外科技教育的目标。② 因此也不妨将它们

① Massachusetts Institute of Technology，Center for Future Civic Media. TimeLab 2100[EB/OL]. [2020-07-08]. http://civic.mit.edu/projects/c4fcm/timelab-2100.

② National Research Council. Learning science in informal environments: people, places, and pursuits[M]. Washington, D.C.: The National Academies Press, 2009.

作为开展模拟教学和游戏教学的目标，它们分别是：

线索一：学习自然世界与人造世界的现象，体验其中的兴奋、乐趣和动机。(动机层面)

线索二：生成、理解、记忆和使用科学概念、解释、论证、模型与事实。该线索侧重于理解重要的原理性概念，而不是记忆零散的概念。(科学概念层面)

线索三：针对自然世界与人造世界去控制、检验、探索、预测、提问、观察与解释。该线索指向科学探究技能，其过程包括做出观察、提出问题、提出假设(可能以模型的形式提出)、以多种方式收集数据、分析数据、证实或完善假设。(科学探究层面)

线索四：从多角度展开反思，包括作为认识方式的科学、科学的过程、概念和体系以及学生自己学习科学现象的过程。(科学本质层面)

线索五：与他人共同参与科技活动和学习实践，并利用科学语言和工具。科学发生在社群之中，人们采用相通的标准、实践活动和语言。该线索正是源于这一概念，使学生在参与科学时也明白这种方式。(科学论述层面)

线索六：将自己视作一名科研工作者，并认识到自己知道科学、使用科学、有时候还会对科学做出贡献。无论一个人将来是否从事科研岗位工作，这一点都决定了他将来是否能将所学知识应用在生活或工作情境中。(身份认同层面)

## 二、计算机模拟教学的效果

国外对模拟教学效果开展了多项研究，当前的研究结果更多集中于教学目标中的概念理解与动机强化两个方面。整体来说，有较为充分的证据表明模拟教学对学生理解科学概念有积极效果，有一定的证据表明模拟教学能够激发学生对科学的兴趣以及强化学生的科学探究技能。相关研究仍待进一步深入开展，并解决一些面临的问题。例如，模拟教学常常整合在一个教学单元之中，有时不易判断教学效果是否可以独自归结到模拟教学之上。

模拟教学可以强化学生学习科学的动机。模拟教学为学生提供了真实而有趣的任务和情境，相关研究证实，正是这一点使模拟教学有效强化了学习动机。相关的一例研究围绕一项使用 PhET 模拟套件的模拟教学展开，该套件中针对 52 个物理学概念设计了相关的模拟活动。89 名非科学专业背景的大学生参与了此项教学，此前他们也没有经历过任何类型的模拟教学。在参与教学前，他们接受访谈，表达他们对一些物理学概念的理解；在教学后他们再次接受了同样的访谈。比较访谈的结果发现，这些学生不仅对物理学概念有了更好的理解，还高度地沉迷于物理学模拟之中，甚至于在个人休闲时间里也会随手做上一会儿模拟活动，反映出他们主动参与的动机得到了强化。研究还发现，增强学生动机的秘诀在于让学生自己提出问题，并使该问题主导后续模拟活动的开展。学生基于问题作出预测，并开展模拟活动进行探索；在成功作出解释之后，他们还常常主动围绕一些相关的内容继续展开模拟。①

PhET 模拟活动：PhET(http://phet.colorado.edu)是系列模拟活动，包含物理学、化学、生物学、地学和数学多个学科的模拟活动。这些资源可以免费下载，并在设计上尽可能降低技术要求门槛，以便老师们无须经过太多专门训练就能使用。它们可以用作补充现有的课程与教学，也可以作为新的探究项目。每个模拟活动都指向一个或一组科学概念。如在图 7-3 的活动中，学生可以比较不同虚拟溶液的 pH 来学习酸碱度和浓度概念。在模拟时，学生选择一些溶液，如高碱性的下水道清洁剂，或者高酸性的电池液。在选择点击之后，会出现倾倒这些溶液进入烧杯的动画，并具象化地展示出溶液中的 $H_3O^+$、$OH^-$ 和 $H_2O$，以浓度或者分子数的形式标注出它们，同时展示该溶液的 pH。学生可以往烧杯中加水，改变溶液的 pH，也改变各种离子的浓度。

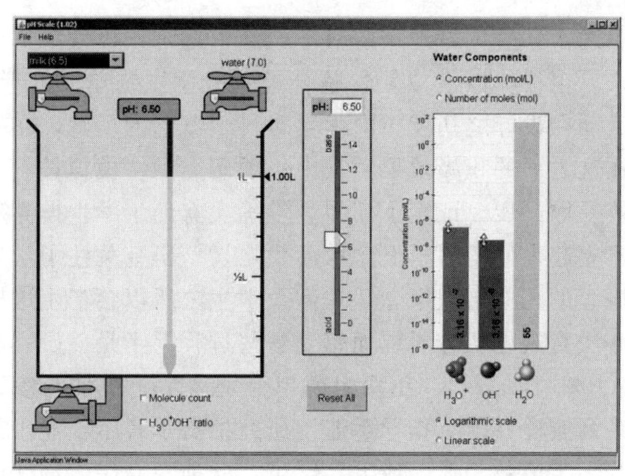


图 7-3 PhET 模拟活动示例图

与之类似，另一个名为《世界守望者》(*WorldWatcher*)的模拟教学单元也在强化学习动机方面取得了成功效果。该模拟活动主要围绕全球气候变暖这一

① Adams W K, Reid S, LeMaster R, et al. A study of educational simulations part I—engagement and learning[J]. Journal of Interactive Learning Research, 2008, 19(3): 397-419.

主题展开，学生在模拟活动中展开相应的探究。研究者对学生开展了形成性评价，他们观察并拍摄了学生的学习过程，获取了学生的日记，也得到了教师的日志和非正式反馈。基于对上述数据的分析，他们发现该模拟活动确实增强了学生的学习动机，并总结该主题的模拟活动之所以成功要归功于四大因素：①全球气候变暖是个常见话题；②该话题对学生有潜在的直接影响；③相关政策的议题唤起了学生的公平感；④它是一个尚在争论中的科学议题。①

尽管上述研究不止一次证实了模拟活动能提升学习动机，但这并不意味着随便做一点模拟活动就能见效。模拟活动的设计者仍然面临巨大的挑战，只有精心设计的活动才可能达到理想效果。一项研究指出模拟活动在提升学生学习动机方面未必百试百灵。该研究围绕两项活动展开，一是围绕孟德尔遗传学主题的模拟活动《生生不息》(*Live Long and Prosper*)，二是围绕病毒传染主题的游戏活动《病毒》(*Virus*)。尽管学生在完成活动之后都表示强烈感受到从游戏中是可以学到科学知识的，认识到技术对他们的学习带来了积极影响，并且主动要求参与到类似的活动中去，但是前后测的结果分析表明学生的表现并无显著差异。②

模拟教学有助于学生更好地理解科学概念，这种积极效果不仅通过模拟教学独立发挥出来，也往往以模拟教学整合进入教学主题单元的形式发挥出来。很多模拟教学活动在设计之初就指向学生对科学概念的理解，亦有多项研究证实了模拟教学在这方面的积极效果。其中一项研究围绕模拟教学对学生错误概念转变的影响效果而开展，证实了模拟教学确实有助于学生摒弃那些凭直觉作出的解释，并建立起良好的科学概念取而代之。该研究关注了学生对扩散与渗透这一对科学概念的相关错误概念，并假设学生之所以会产生这样的错误概念是因为他们没办法直观地从分子层面感受这些过程。于是该研究设计了模拟活动《渗透烧杯》(*Osmo Beaker*)，用两组模拟分别展示了扩散与渗透的过程，每组模拟都有一系列实验并附有指导手册。研究招募了各个学业水平的大学生志愿者参与，这些学生多数为大一或大二学生，此前在高中生物课或大学生命导论课上学习过扩散与渗透概念。志愿者首先阅读相关文字材料，并接受访谈和

① Edelson D C, Gordin D N, Pea R D. Addressing the challenges of inquiry-based learning through technology and curriculum design[J]. Journal of the Learning Sciences, 1999, 8(3-4): 391-450.

② Klopfer E, Yoon S, Rivas L. Comparative analysis of palm and wearable computers for participatory simulations[J]. Journal of Computer Assisted Learning, 2004, 20(5): 347-359.

前测，然后参与 45～60 分钟的模拟活动，之后接受访谈和后测。结果表明，15 位参与扩散模拟活动的志愿者中，有 13 位的后测成绩得到了显著性提升；31 位参与渗透模拟活动的志愿者中，有 23 位的后测成绩得到了显著性提升。这直接证实了模拟活动确实有助于学生对科学概念的发展与理解。另一方面，因为参与研究的学生都曾经学习过相应的内容，并且在前测之前阅读了相关的文字材料，所以研究结果也间接反映出模拟活动的效果好于常规教学或纯文字阅读的方式。①

类似的研究也围绕《立体模拟》(*NetLogo*)系列活动开展。《立体电磁学探究》是该系列的一项活动，旨在通过让学生在分子层面操纵电子，从而帮助他们更好地理解电流中的电子运动。一项研究对其进行了改进，使之更符合中低年级学生更偏向直观的认知特点，并以五年级和初一学生为对象开展了教学活动。学生在参加活动的过程中完成了学案，研究者收集了学案并抽取部分学生开展访谈。结果表明，两个班级的学生中有 90％以上都对电流中的电子运动形成了正确的认识。研究另以高三学生为对象，让他们参与了原版的模拟活动，并比较了两个版本使用者的表现，发现没有统计学差异。这意味着对于那些五年级和初一的初学者，改进版的模拟活动给他们建立概念开了一个好头。围绕该系列活动的另一项研究则选择了统计力学主题。该主题通常在大学物理学课程中以公式推导的学生展开教学。而研究发现立体模拟活动的方式成功地令中学生增强了对这方面内容的理解。②

模拟活动作为课后作业整合到教学中时同样也在学生概念理解方面具有积极效果。《化学集团》(*ChemCollective*)是为了帮助学生理解化学概念而开发的一系列模拟活动，包括虚拟实验和其他学习活动。在与之相关的研究中，该活动作为家庭作业被整合到一整个学期的课程中。144 名学生参与课程并参加了前测、期中测验和期末考试。关于学生测试成绩的分析表明，学生的期末考试成绩有 24％可归因于他们参与了课后的模拟活动。此外，该模拟活动与学生前测成绩之间无相关性，表明模拟活动效果并非学生在参与课程之前形成的连

---

① Meir E，Perry J，Stal D，et al. How effective are simulated molecular1 level experiments for teaching diffusion and osmosis? [J]. Cell Biology Education，2005，4(3)：235-248.

② Wilensky U. Statistical mechanics for secondary school：The GasLab Modeling Toolkit[J]. International Journal of Computers for Mathematical Learning，2003，8(1)：1-41.

带效应，而是在课堂教学基础上额外产生的影响。①

尽管模拟活动对学生概念的构建具有积极效果，但是目前尚无充分证据表明这种效果比其他教学方式的教学效果更显著。在一项对比研究中，模拟实验活动作为主要教学活动被整合到一门化学计量学网络课程中，伴随着叙述性引导内容和虚拟实验的直接反馈共同构成全部课程教学。作为对照的课程则围绕相同的内容以文本引导的方式构成网络课程的全部教学。两门课程均以学生自学为导向进行具体设计。45 名大一学生参与了此项研究，随机选择了其中一门课程进行学习，21 名学生选择了模拟活动课程，另 24 名学生选择了文本引导课程，完成学习后他们都接受了结课考试。基于学生考试成绩的分析表明，选择模拟活动课程的学生成绩显著好于选择文本引导课程的学生。但是进一步的归因分析显示，仅有 6%的成绩差别能够归因于课程形式的差别。在选择模拟活动课程的学生中，也仅有 40%的成绩被归因于模拟活动。因此虽然该研究依然证实了模拟活动对学生理解科学概念的效果，但尚无法得出模拟活动教学比文本教学的方式效果更好的结论。

模拟教学有助于学生形成探究技能和理解科学本质。虽然在模拟教学活动或是以此为基础的课程中往往涉及让学生选择性地开展探究，但这并不直接意味着他们就一定会有效地掌握技能并深入理解。一部分研究关注到这个问题，并寻找证据验证了模拟教学的效果。其中一项研究围绕《思想者工具》开展，这是一门以模拟活动为基础开设的课程，内容主要为牛顿运动定律。在课程中，学生提出问题，提出不同的假设和预测，通过真实实验和模拟实验收集数据，分析数据，根据物理学定律建立模型以解释和预测现象，最终在不同情境下应用他们的模型并引出后续新的研究问题。研究者将该模拟活动发展为两个版本，其中一个版本加入了自我评价工具，它们使学生在参与教学时自始至终关注自己在科学探究关键要素方面的进展。来自初一至初三的 12 个班级参与了此次研究，共 343 名学生，班级随机地选择了自我评价版本或是对照版模拟教学。该模拟教学整合到这些班级为期 10.5 周的科学课程之中。研究者通过前后测考查学生对科学探究的理解情况，分析结果表明，采用自我评价版本的学生在教学中获得了对科学探究更为深入的理解。研究还注意到那些原本学业成就较低的学生在自我评价版本的模拟教学中获得了更好地

① Leinhardt G，Cuadros J，Yaron D. “One firm spot”：the role of homework as a lever in acquiring conceptual and performance competence in college chemistry[J]. Journal of Chemical Education，2007，84(6)：1047-1052.

提升效果。① 另一项围绕以《思想者工具》模拟教学开展的研究则揭示了它帮助学生深入理解概念的效果。在研究后测中设置了关于力和运动的问题，其中一题是广为人知的难题。参与了模拟教学的初中生在这道题的平均得分竟然高出了作为对照组的40名高中生。这些高中生已经学习了高中物理学中对应的这部分知识。此外在动机方面，学生在调查问卷中也表示他们在接触该模拟工具后学习和理解科学的信心大增。

有研究者将《思想者工具》改进为《思想者工具模型加强版》，旨在达成探究技能、科学本质理解(尤其是模型和建模知识)以及物理学概念理解。改进版的模拟工具支持学生在计算机上关于力和运动创造、评价和讨论各种模型，也包含模型和建模本质的教学。4个初一年级平行班参与了此次教学实验研究，学生们完成了为期10.5周的课程，每天上课45分钟。针对教学目标，研究者开展了三组前后测，分别指向探究技能、物理学概念和建模。整体来看，在物理学概念和科学探究技能方面，使用改进版的学生和使用原版的学生的表现没有显著性差异，但是使用改进版的学生在后测中得出探究结论方面的表现明显好于原版的使用者，这说明建模有助于学生基于实验数据更好地得出结论。研究最终也表明学生在建模方面和探究技能方面的收获为他们更好地理解物理学概念提供了帮助。②

几项应用于生物学主题教学的模拟活动同样被证实具有提升学生探究技能的效果。在一项模拟教学活动中，学生利用可穿戴计算机在封闭的教室内活动，以此模拟封闭系统中病毒的传播过程。1名教师及16名高一学生参加了此教学活动，这些学生都是通常意义上的后进生，他们一共参加了6次教学。通过教学过程视频和音频的分析，研究者认为这些学生的探究技能得到了有效提升。他们观察和探索病毒传播的过程，针对其提出假设，系统性地收集数据以检验假设，在最后一次教学中他们甚至能指出此模拟中的内在规律。③ 另一项研究采用了与之类似的多项模拟活动，并证实它们对五年级和初一的学生理解科学探究的重要性很有效果。还有研究者基于名为《生物工程》(*BioLogica*)的模拟教学展开了研究。研究者分析学生使用该模拟软件的日志后发现，借助

---

① White B, Frederiksen J. Inquiry, modeling, and metacognition: making science accessible to all students[J]. Cognition and Instruction, 1998, 16(1): 3-118.

② Schwarz C, White B. Meta-modeling knowledge: developing students' understanding of scientific modeling[J]. Cognition and Instruction, 2005, 23(2): 165-205.

③ Colella V. Participatory simulations: building collaborative understanding through immersive dynamic modeling[J]. Journal of the Learning Sciences, 2000, 9(4): 471-500.

软件的教学内容，学生尝试解决操作性科学任务，如操纵基因组模型使得某个性状在下一代中不表现出来。学生对这些任务的圆满解决以及它们在解决任务过程中的系统性操作，加上前后测中学生对相关概念的理解情况差异，共同说明了学生在模拟教学中得到了探究技能的提升，更好地构建了概念。

## 三、电子游戏教学的效果

相较于其他类型教学方式的研究，国外对游戏教学开展的研究还不够广泛。已有的研究确实得到了一些证据以支持游戏教学的积极效果，但整体来看，相关的研究并不够充分。已有研究面临的一个困境在于平行对照组的设置，由于一部分研究没有将游戏教学组别与非游戏教学组别进行对比实验研究，它们也就无法断言游戏教学比其他教学方式更有效。当然，仍有部分研究展现了某些具体的局部情形下，游戏教学对学生产生了实在的提升效果。

游戏教学在提升学生对学习科学的主观态度方面确有其效。人们往往认为游戏具有令人愉悦的效果，所以研究者们最初也自然地关注游戏教学在学生学习科学态度方面的提升效果。前文介绍的游戏《河畔镇》就是其中一例研究对象，早在其测试版完成阶段，研究者就围绕其教学效果展开了平行对照教学实验。该研究在美国波士顿一所公立中学开展，两个实验教学班(各 45 人)利用该游戏的测试版进行游戏教学，另一个平行对照班(36 人，性别和人种比例与实验教学班相同)则开展探究式的教学。在平行班的教学过程中，学生面对同样的教学内容：在河畔镇发生了大规模的患病现象，学生需要找出引发该现象的原因，并根据提供的材料信息去设计相应的探究方案，等等。相较而言，两种教学的差别仅在于是否以游戏这种形式作为中介。在教学开展前后，研究对学生的学习科学动机和自我效能进行了前后测。基于前后测学生表现的分析结果，研究发现参与游戏教学的学生在学习科学的动机方面比平行班学生得分更高，而在自我效能方面的得分则要显著高于平行班学生。这说明游戏教学确实比常规的教学方式取得了更好的效果。

随后，围绕《河畔镇》的另一项研究继续开展，该研究共召集了来自 8 所公立学校的 2 000 名青少年学生参与。研究者基于《河畔镇》原版游戏发展出 3 个不同版本，实验教学班学生随机参与其中一种版本的游戏教学活动，平行对照班学生则如上文介绍的方式学习相同内容。研究者同样在教学前后使用学习科学态度量表开展前后测。数据分析结果表明，在态度量表中的“科学职业意愿”分量表中，实验班学生比对照班学生的表现高出 5%，体现了游戏教学在促进学生职业选择意向方面的积极效果。研究还指出，随着为期三周的教学实施，学生缺勤的现象所有好转，课堂秩序混乱的现象有所减少。根据师生访谈的反馈来看，学生因为在游戏中可以开展探究而备受鼓舞，他们乐此不疲地使用游戏中的虚拟工具，如捕虫网或者显微镜等。

另一组相关研究则围绕前文所介绍的社群类游戏《外维尔》展开。该游戏在其虚拟社群中引入了一种虚拟传染病，名为“Whypox”。这项设定旨在服务于关于传染病内容的教学，该教学持续 10 周，由教师主导，其中整合了视频观看、显微镜下观察细胞结构、动手实验和完成工作单等多项内容。游戏《外维尔》在教学第三周被引入，随后在第五周时，传染病“Whypox”的功能在游戏社群中开启。当学生在游戏中的个人形象触碰到“Whypox”时，他们的形象外观会发生改变，聊天功能也会被削弱(模拟被传染后的消极影响)。来自某大学附属学校的 46 名六年级学生参加了本次教学。尽管该游戏的主要用户为女性青少年，参与教学研究的学生性别比例为一比一，且包含各种肤色和各种家庭经济地位的学生。研究者对学生学习的行为进行了全程录像，并在教学前后针对传染病内容开展了问卷调查。有 61.5%的学生在问卷中声称，他们在游戏中被感染后，有各种情绪变化感受，诸如“害怕”“厌烦”“受挫”等，这些感受往往因为他们在游戏中与同伴的聊天常常受到打喷嚏等游戏效果的干扰，这也使得他们被激励去主动学习跟“Whypox”感染相关的科学现象。而从行为表现上看，学生在游戏中的形象被感染后，他们会主动到游戏中虚拟的“疾病防控中心”去学习相关内容，他们还利用中心设置的两种模拟器去检验他们对疾病传播的预测结果是否准确。在另一项进一步的深入研究中，数据显示在“Whypox”暴发期间，171 名用户使用模拟器多次进行模拟，其峰值达到 1 400 次。其中 68%的用户开展 3 次以上模拟并系统地完成了探究工作。①

上述研究中并没有专门针对个别群体去研究游戏教学是否有特别的效果。有观点认为，开展此类研究是非常有必要的，因为不同性别、人种、背景的族群本来在参与游戏的行为表现方面存在差异。美国一项全国范围内针对 8～18 岁青少年统计的结果表明，在 2009 年男性青少年的日平均电视游戏时间为 1 小时，而女性青少年则仅有 15 分钟。而在电脑游戏时间方面，男性的日平均游玩时间为 25 分钟，女性则仅为 8 分钟。此外，黑人和西班牙裔的青少年每天花在游戏上的时间比别人更多。正因如此，也有为数不多的研究将关注的视点落在了各种群体受到的教学影响方面。

① Kafai Y B，Quintero M，Feldon D. Investigating the “why” in Whypox：casual and systematic explorations of a virtual epidemic[J]. Games and Culture，2010，5(1)：116-135.

一项研究围绕游戏《窥探》(*Peeps*)展开，观察其游戏教学是否对不同性别的学生带来了不同影响。该游戏的一部分需要学生通过自己设计来完成，其目的在于吸引更多的女学生学习计算机编码技术。在游戏中，玩家扮演的角色(无论男性还是女性玩家，在游戏中的角色形象均为女性)可以与其中的虚拟角色跳舞，而具体的跳舞功能则需要玩家通过编写代码来实现。同时，游戏中还设定了偷取玩家代码的角色，玩家需要在游戏中躲避该角色。59 名六年级学生参与了该研究，完成了 4 个章节的游戏教学活动，共持续一个月时间。随后他们完成了两项编程任务以测试其编码知识掌握情况，还参加了问卷调查。结果表明，在性别自我效能方面，该游戏对女性学生有提升效果；而在性别自尊方面，该游戏则对男性和女性学生均有效果。此外，在提升使用计算机的自我效能方面，该教学对男性学生较为有效。而在编程知识的提升方面，该游戏教学对无论男性还是女性学生的效果都不明显，但是对男性和女性学生在计算机编程方面的自我效能都有提升效果。

游戏教学能够帮助学生理解科学概念，部分研究证实了这一观点。一个系列研究关注了学生在记忆中留存学习内容并将其迁移使用解决其他问题的能力。该系列的研究设置了游戏教学环境，教学内容为环境科学，并专门采用第一或第二人称视角的语音叙述来呈现教学内容，作为平行对照的组别则用中立的方式呈现教学内容。大学生志愿者参与了此次研究，在经过学习后，他们回答了一些问题，这些问题用来判断学生对所学知识在记忆中的保存情况以及迁移使用它们解决问题的技能。分析结果表明，参与游戏教学的学生在上述两方面的表现均比对照组的学生更好。随后，研究者将此叙事化内容由语音形式转变成文本形式，而对照组的教学形式不变，展开了对照实验研究。结果表明，采用叙事化内容的游戏教学在保留知识和迁移应用两个方面的效果仍然更好。此系列研究的另一种变式则是在游戏教学中增加头戴显示器设备，但是对照实验结果表明，这一举措对教学内容的学习而言并没有什么明显效果。①

另一个系列研究项目则围绕游戏《超重力》展开。在该游戏中，玩家利用充能的粒子和场力线为宇宙飞船导航，使之调整方向穿过太空。3 个中学班级的学生参与了该游戏教学的平行对照教学实验，其中对照班采用低水平的探究式教学完成同样的内容学习。研究者对学生的学习收获进行了测试，发现游戏教学班学生的学习收获好于对照班。研究团队也将该游戏用于职前小学科学教师

---

① Moreno R, Mayer R E. Interactive multimodal learning environments[J]. Educational Psychology Review, 2007, 19(3): 309-326.

培训，并比较其培训效果。其中实验组教师参与游戏教学，对照组教师则学习一系列相关的探究方法。通过对两组教师的学习收获进行测试，同样发现游戏教学组的教师有更好的学习效果。①

在前文提到的《外维尔》教学效果研究当中，也从学生对科学概念理解情况的角度分析了教学效果。研究发现六年级的学生在参与游戏学习之后，对于传染病传播相关科学概念的认识情况发生了转变，转向了更为准确的生物学概念理解程度。而在后测的表现中，对于自然发生的传染病能够做出合理的科学推理的学生数量达到了前测表现中的两倍之多。

同样证实游戏教学对于学生理解物理学概念的积极效果，围绕游戏《汹涌澎湃》所展开的研究则走了些许弯路。该游戏意在帮助学生理解牛顿力学中较为核心的概念关系。24 名大学生和研究生参与了此项研究。后测数据分析表明，该游戏不但能促进学生学习，还展现出强化学生多重概念的教学潜力。学生在访谈中表示，通过完成游戏不同级别关卡，他们领会了相关的物理学概念。总体来看，这些学生领会概念的过程是内隐而不宣的，他们都成功地将这些概念应用了起来，尽管每个人使用的具体方式有所差别。需要指出的是，该研究在后测中的一道题目将学生的注意力转向了另一些物理学概念，而这些概念本不是《汹涌澎湃》在设计之初所涉及的，因此学生在后测中的原始成绩实际是有所降低的。这样一道题目的安排并非出自研究者的本意，因此他们不得不剔除了这道题重新分析并得出了上述结果，这也是此研究所走的弯路。

在上述研究之外，也有研究者认为商业游戏也能为玩家学习科学概念带来潜在的好处，因为玩家在游戏时可能对某些概念获得了直观印象。如两款赛车游戏《马里奥赛车》和《火爆狂飙》，青少年在游玩时会自然对速度、加速度、动量等概念产生直觉性印象，这可能为他们将来学习相关物理学概念打下了基础。

游戏教学能够有效培养学生的探究技能，围绕两部游戏作品展开的研究证实了这一观点。研究之一围绕游戏《亚特兰蒂斯任务》(*Quest Atlantis*)展开。该游戏设计了一条亚特兰蒂斯故事主线，这是一种复杂的文明，且需要得到玩家的帮助。随着故事线的展开，玩家体验一系列真实与虚拟的活动，接受游戏给出的富有娱乐性又兼具教育意义的任务。玩家在游戏中通过虚拟形象与其他同学或导师进行交流，他们的虚拟形象也会不断发展变化。游戏中包含一个叫

---

① Jenkins H，Squire K，Tan P. You can't bring that game to school! Designing supercharged! [M]//B Laurel. Design research. Cambridge，M. A.：The MIT Press，2004.

作泰加公园的虚拟世界，在游戏故事发展过程中，公园内的鱼量减少，因而渔业公司表示想要撤出此地，这无疑会影响泰加公园当地的财政收入。而对于鱼量减少的原因，当地居民、伐木公司和渔业公司各执一词。因此学生需要以小组为单位，从问题的不同角度出发向不同的人展开访谈，收集数据并进行分析，从而对问题出现的原因形成假设，并给出明智的解决方案①。为验证该游戏教学的效果，有研究以六年级学生为对象展开了对比教学实验。两个实验班的学生进行游戏教学，另外两个对照班的学生则以教科书为基础进行传统的教学，所有班级都进行为期 4 周的教学，且聚焦于相同的教学内容。所有学生的学业水平均处在同龄人中的中上层水平。为了检验其教学效果，研究者采用两种评价方式：一种是开放性问题，要求学生基于一个新的水质问题给出解决方案并说明其原因；另一种是围绕教学内容随机选择的部分试题，用于考查学生的科学知识和探究技能，试题内容与泰加公园教学内容无关联。结果表明，游戏教学班的学生在科学概念与探究技能方面的提升效果大幅高于对照班的学生，且具有统计学显著性差异。在随后一年中，研究者在游戏中加入了新的虚拟反馈类型，教学效果则进一步得到了提升。②

上文曾经介绍围绕游戏《河畔镇》的三个变式版本的教学效果展开多达 2 000 人参与的大型研究项目。该研究也关注了学生在探究技能方面的收获。研究者在前后测当中设置了数个考查学生对于科学探究认识的题目，结果分析表明，参与到其中两种变式游戏教学的学生在这些题目的表现提升效果显著高于对照班的学生。为了进一步作出分析，研究者随机选取了其中 224 名学生，找到他们在探究结束后完成的任务“写给市长的一封信”，对其进行编码和分析。结果表明，参与“辅助增强版”游戏教学的学生在该任务中的表现好于对照班和另外两个版本的游戏教学班，且具有统计学显著性。具体来说，他们在陈述可检验的假设、明确不同症状与不同疾病之间的关联以及陈述结论方面有更为突出的表现。然而从另一个角度来看，研究者分析了前后测中对于科学概念和探究技能方面题目的学生表现，发现三种教学班和对照班学生之间并没有显著性差异。

---

① Barab S A, Sadler T D, Heiselt C, et al. Relating narrative, inquiry, and inscriptions: supporting consequential play[J]. Journal of Science Education and Technology, 2007, 16(1): 59-82.

② Hickey D, Ingram-Goble A, Jameson E. Designing assessments and assessing designs in virtual educational environments[J]. Journal of Science Education and Technology, 2009, 18(2): 187-208.

游戏教学帮助学生更好地展开科学表达，现阶段的部分研究提供了证据支持这一观点，尽管这些证据还显得很有限。若干研究都揭示游戏教学对科学表达的积极作用主要指向于促进学生使用“第二类词汇”，所谓的“第二类词汇”指的是处在日常通俗用语和专业的科学术语之间的一些词汇，有观点认为这类词汇对于学生阅读能力的成功发展非常重要。在基于《外维尔》的游戏教学中，当“Whypox”功能上线后，研究者发现学生们围绕这一传染现象展开了大量讨论，这些讨论正是学生版本的“严肃论证”。无独有偶，在一项关于增强现实类游戏教学的研究中，同样发现学生积极使用第二类词汇进行表达。在该游戏中，学生扮演科学家的角色，完成各项仿真探究体验。研究发现这样的效果不仅发生在课堂教学中，也发生在科技场馆等校外教学场景中。

也有研究表明游戏教学增加了学生进行科学表达的行为频率。在《亚特兰蒂斯任务》的泰加公园教学模块中，学生围绕着需要完成的任务和课程内容展开会话，他们讨论收集数据的过程、交换意见并形成科学解释。有观点认为正是游戏中设置的隐性脚手架引发了学生的主动表达。

此外，也有研究声称即使是商业游戏也有助于科学学习，原因在于这些游戏提升了玩家的推理和论证思维，而这些思维品质正是科学中常常用到的。该研究分析了《魔兽世界》(一款著名大型多人在线角色扮演游戏)游戏论坛上的2000个帖子，认为其中有50%以上内容属于系统性论证，而大约10%的内容属于模式化论证，并有65%的内容展示出对信息的评价，从而判断它们对于论证的支持效果。①

游戏教学有助于学生在科学和学习科学方面提升自我角色认同。有观点认为，游戏以及与之类似的虚拟体验为学生提供了强烈的参与代入感，并提供了学习机会。即使是那些在学习科学方面自我效能较低的孩子，他们在参与游戏时也从“新的自己”开始，摆脱了平时打在身上的后进生标签。在很多游戏中，学生体验的角色被设定为科学家、技术人员或者其他需要使用科学知识的角色，有证据表明这种设定有助于学生在科学方面认同自己的角色。在围绕《河畔城》开展的研究中，参加游戏教学的学生在访谈中表示，这是他初次体验到做一名科学家的感觉。测试结果也表明，游戏教学班的学生在“国际科学自我效能”和“科学探究自我效能”两个方面的表现都高于对照班的学生。而在另一款游戏《研究院：疫情暴发》(*Outbreak*：*The Institute*)中，学生需要扮演医

---

① Steinkuehler D，Duncan S. Scientific habits of mind in virtual worlds[J]. Journal of Science Education and Technology，2008，17(6)：530-543.

生、技术员、公共卫生专家等角色，去控制一场疫情的暴发。通过调查问卷、学生访谈和教学录像等多种证据，研究者发现学生把游戏当成真人真事来看待，他们沉浸在游戏设定中，参与探究互动，并理解了游戏中模型的动态特征。然而也不得不注意到，尽管有证据表明学生确实在游戏教学中代入了身份并认同了自己的科学家角色，但是这些证据都仅能说明游戏教学的短时效果。长期的跟踪调查有待展开，以便发现游戏教学的这种角色认同效果可持续作用的时间。

## 第三节　课外科学教育场景下的计算机模拟教学和电子游戏教学

课外科技教育教学与常规科学课堂上的教学有很大差别，有研究者对二者的特点列表做了比较，如表 7-1 所示。需要指出的是，二者并没有孰轻孰重之分，课外科技教育对于人的成长与发展而言与课内科学教育同样重要。而在育人目标、达成目标的方式途径以及具体教学活动的自由度方面，课外科技教育活动从整体上说更为自由灵活。对于模拟教学和游戏教学而言，他们在课外科技教育场景下的应用也会以多种形式展开，这不但取决于活动在何地发生、社会和文化对于教学的影响情况以及教学得到何种程度的技术支持，也取决于一个人在多大程度上参与到模拟教学和游戏教学中来。参与程度可以宽松到在家里玩一款设计感不太强的游戏，也可以紧密到参与一场精心设计的工作坊。因此，科技教师在课外科技教育场景下使用模拟教学或游戏教学时，应该关注课外科技教育场景为学生带来的额外学习机会以及其自身特有的限制条件。

**表 7-1　课外与课内教学场景下采用游戏教学的比较**

| 项目 | 课外科技教育 | 课内科学教育 |
| --- | --- | --- |
| 时间结构 | 灵活的 | 严格的 |
| 参与方式 | 自愿的 | 义务的 |
| 教学目标 | 自然的 | 基本依照规定 |
| 学生年龄层 | 机动的 | 基本按年级划分 |
| 情境真实度 | 可能高度真实 | 总体来说较低 |
| 教学成果一致性* | 较低 | 较高 |
| 学科边界 | 灵活的 | 固定的 |

注：* 教学成果一致性指的是教学对所有参与的学生产生同样的效果。

## 一、课外科学教育场景下的教学机会

通过课外游戏教学活动，教师可以追求多样化教学目标的达成。有研究关注了某学校游戏俱乐部成员玩《文明》(策略类游戏)系列时的体验，发现基于该游戏的教学使学生完成了跨学科内容的综合性学习。这些学生在游戏中通过操作促使自己选择的国家不断发展壮大，在此过程中他们要考虑粮食短缺、贸易关系、农业政策和环境资源等问题。研究指出学生们以地理政治学的系统性思维将上述问题全盘考虑，这在课内的分学科教学中是难以经历到的。① 参与课外活动的学生都是凭着兴趣自愿参与的，但是他们也很可能不愿意参与前测与后测，这使得科技教师不容易了解学生的状态。也因此在维持学生持续参与课外活动的动机方面，科技教师似乎要比学科教师要做出更多努力。但是研究案例也说明了科技教师有很好的机会凭借课外活动实现更为丰富的教学目标。

课外游戏教学活动为学生的个性化学习提供了机会。有研究者发现，参与课外学习活动的学生常常会借助信息技术在个人兴趣和专业度方面得到深入发展，发展领域可能从计算机编程到历史建模。这类学生往往会自发地组成学习社群，并形成对专业度的价值观认同。他们各自在课内教育的学业成就背景各不相同，而在学习社群中，这些背景完全不重要，重要的是他们在社群内部共同认定的兴趣专长方面。《亚坡伦大学》(*Apolyton University*)就是这样一个例子，该社群的成员从最初的游戏玩家竞争者逐渐发展为游戏设计专家。该社群是在《文明》游戏玩家中衍生出来的虚拟学习社群，以一所大学为基本的架构设定，该大学为其他玩家提供获得学位的支线故事(即在游戏中拿到硕士学位等)。玩家基于个人兴趣、游戏所提供的内容和路径可操作性去选择课程，这些课程需要玩家游玩额外的游戏内容以发展技能，有时候玩家需要花上 100 小时。图 7-4 展示了游戏玩家在参与到该社群之后发展为设计者的路径。

课外科技活动有提升学生兴趣的潜力，也应该以此为己任。课外科技活动往往对于学生具有天然的吸引力，学生参与此类教学本身就是兴趣驱动使然。而科技教师在设计活动时应该考虑如何让学生把这股兴趣持续下去，使学生在体验的过程中不由自主地学习更多内容。例如，有文献曾介绍过某博物馆设计开发的科学探秘类游戏，在其精心设计的内容吸引之下，大量家长及孩子自愿付费参与了相关的游戏教学工作坊。也有观点认为，发展学生对于科学的兴趣和角色认同感本就该是校外科技教育的第一要务。没有兴趣的驱使，诸如游戏

---

① DeVane B, Durga S, Squire K D. Competition as a driver for learning[J]. International Journal of Learning and Media, 2009, 1(2): 1-18.

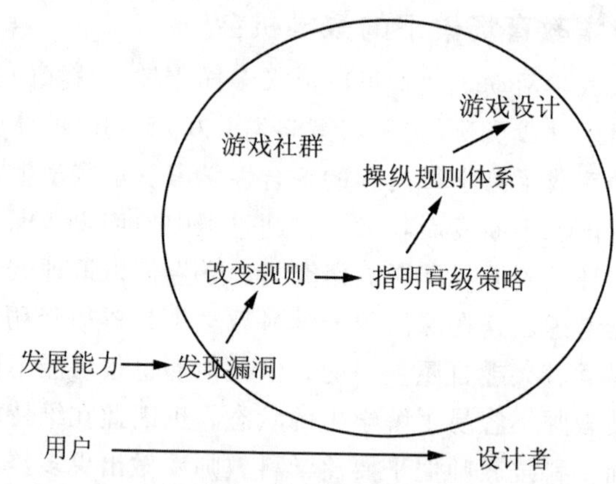


图 7-4 游戏玩家发展为设计者的路径

教学等科技教育为学生提供个性化学习的机会也是无从谈起的。

课外科技活动有利于开展事件驱动型学习。在多媒体创设的虚拟情境下，虚拟事件发生并引发后续学习活动成为可能。正如前文所介绍的《外维尔》游戏教学中的"Whypox"教学活动中，传染病在虚拟社群中的暴发为所有社群成员的共同参与和学习提供了基础。尽管其他课外活动如机器人竞赛、计算机编程竞赛等活动看起来更具驱动性，但是《外维尔》的独特之处在于让数百名学生参与到实际探究中去，找寻一场疾病暴发的原因，而这也对他们自身而言具有意义。科技教师在组织活动时应该尝试去深化这种事件驱动型学习的教学效果。

课外科技活动有助于将教师的角色分散化，让更多人作为导师的角色参与教学。在传统的科学课堂上，教师一般作为一个班级的导师角色。而在多媒体教学活动中，导师的角色可能由各类成年人来担任，包括教师、家长或者其他成员。一项研究证实了这种可行性，也指出了这种分散化的导师角色带来了积极的教学效果。在该研究中，基于游戏《数字动物园》(*Digital Zoo*)的教学面向四年级和五年级的学生展开，包含教师在内的若干成年人则担任导师角色。在游戏中，学生们以小组为单位，为一部动画电影设计动物形象。每个小组配备一名成人导师，为学生的设计提供建议。在游戏的最后，每个小组都要向"客户(由其他小组的成人导师担任)"介绍和宣传自己的最终成果。研究者在教学前后都对学生进行了访谈，关注了他们在技能、知识、角色认同、价值观和工程学设计思维方面的收益变化。参与游戏教学的学生纷纷表示成人们(自己组的导师和其他"客户")对于自己的工作和表现给出了有效的指导建议，学生们的作品也反映出他们确实对工程学设计框架有所理解。因此研究认为成年人所担任的导师角色确实对学生理解工程学起到了重要作用。①

在另一类情形之下，导师的角色则由共同参与活动的同伴来担任。在上文提及的《亚坡伦大学》中，共同参与此虚拟学习社群的学生之间主动发生并完成教学过程，由专业素质较强的一方担任导师角色，帮助其同伴提升知识和技能。类似的行为屡见不鲜：有研究观察到兄弟姐妹在游玩游戏时常常发生自发教学行为，有时候甚至是年纪较小的孩子帮助哥姐学着达成游戏的目标；也有研究发现在大型多人在线游戏中，玩家们常常会自发组队，通过合作的方式解决问题，这种合作的形式也是在游戏中学习的重要因素。

课外科技活动为公众科学素养的终生发展提供了机会。众所周知，人们在生活中时刻面临着重大的科学和社会挑战，如气候变化、流行病暴发等。应对这些挑战有赖于人们持续地关注和理解新的科学进展，而这些内容并不可能在人们的基础教育和高等教育阶段全都学完，它们有赖于人们的终生学习。因此也可以说，公众的科学素养需要得到终生发展。有研究者将居民的科学素养定义为以下几个方面：对核心科学概念的理解(如分子、生态系统、DNA 等)；对科学探究过程和本质的理解；平时接收处理信息的习惯；必要时展开行动去改变生活方式的倾向。而课外科技活动在提升公众科学素养方面具有潜力，它们很可能为公众提供有效的学习环境继续发展其科学素养。比如说，流行病正是科技教师和游戏设计师关注的内容，它们是设计游戏教学的良好素材，也是适合于公众学习以发展科学素养的内容。有调查研究表明相当多的民众对于一般的科学素材如杂志、书籍、网站等并不关心，而计算机模拟和电子游戏对于民众的天然吸引力则有可能解决这一问题，使民众自然投身于相关的学习之中。

## 二、课外科学教育场景下的限制条件

社会、文化和技术往往是校外多媒体科技教育开展的限制条件。有研究者注意到，玩游戏已经逐渐成为社会性和休闲性的活动，科技教师和游戏教学设计者也应该关注游戏教学在何种课外场景下进行，因为这会影响到青少年们有多大可能接触游玩这款游戏、在游戏中获得何种程度的体验以及游戏在产生教育功效方面具有多大的潜力。一种典型的场景是青少年与伙伴共同进行一些日常游戏活动。玩游戏已经逐渐成为美国孩子的日常活动，而且他们的游戏过程

① Nulty A，Shaffer D W. Digital zoo：the effects of mentoring on young engineers [C]. Utrecht，Netherlands：International Conference of the Learning Sciences (ICLS)，2008.

中常常渗透着社交属性，少有人独自游玩。研究表明年轻人往往关心同伴之间正在流行着哪些休闲游戏，然后选择加入游戏共同游玩，这种现象越发普遍，已经跨越性别和各年龄层。另一种典型的场景则发生在所谓的“玩家”之间。这些人有目的地加入游戏俱乐部或社群，包括在线上或是线下。如近年来“桌游吧”在我国各地逐渐出现，成为线下玩家的聚集地，他们在个人休闲时间到桌游吧讨论和游玩各种类型的游戏。他们多数为男性，通常认为自己和那些玩休闲游戏的人并非同类，常常自称玩家或极客。而此类场景也能支持课外教学，研究者曾观察到这些玩家群体当中发生了基于兴趣驱动的学习行为，参与的玩家们精神高度集中，且完成了富有创造性的作品。①

对于很多未成年人而言，家庭既是他们接触到电子游戏机和各类游戏的途径，也是他们度过游戏时光的场所。有研究发现，虽然游戏机和游戏软件到处都是，哪怕低收入家庭也负担得起它们，但是很少有家庭备有个人电脑或是教学软件。在家里拥有教育类游戏或者教学软件对于青少年而言并不会帮他们获得更好的人际关系地位，这限制了游戏教学在家庭场景下发挥作用的可能性。从另一方面来看，尽管青少年有时候和父母以及兄弟姐妹共同参与游戏，但也有时候他们和家人争抢这些家庭娱乐资源。而且大多数家长在玩游戏方面给孩子立了各种规定和条件。从相关研究的结果来看，总体来说家长和孩子自己都认为玩游戏跟学习是处在对立面上的。类似的观点同样限制了游戏教学在家庭场景中发挥支持学习的作用。当然，还有一个限制条件是家庭是否负担得起游戏教学的消费成本。

教育类游戏还面临着来自商业游戏的竞争。商业游戏对于那些休闲类的游戏有着强大的影响力，它们争夺者青少年的关注度。在这种情况下，课外教育类的游戏就必须努力与之抗衡。转换到更高的层面去考虑，我们姑且认为那些面向公众独立制作的趣味教学游戏算是在商业游戏的版图中扎稳脚跟占据了一点地盘，游戏本身在公众间的普及性还远不及电视和广播，所以说课外的游戏教学展示其效果的机会还非常有限。

从本章内容可以看出，基于计算机模拟和电子游戏的教学形式在理论和实践方面都尚处在起步阶段，尽管展现了部分效果与可行性，但是其教学效果潜力仍待进一步发掘。我国科技辅导员不妨顺势而进，结合已有的经验与我国的校外科技教育具体环境展开探索。一方面，科技辅导员们可以灵活运用已有的

① Ito M. Hanging out，messing around，and geeking out：kids living and learning with new media[M]. Cambridge，M. A.：The MIT Press，2009.

相关资源，如本章提及的各类模拟软件和游戏软件，在妥善完成语言和教学内容本地化的基础上尝试融入教学。另一方面，科技辅导员们可以广开思路，打造符合本土需求的模拟软件或游戏软件，并设计出配套的教学方案。我国近年来信息技术产业的迅速发展使得软件开发和用户聚集这两方面条件都有实现的机会。以 2008 年的《摩尔庄园》为例，这是一款我国的信息技术公司推出的面向青少年的网页游戏，其整体设计与本章曾介绍的《外维尔》极其相似。当时大量中小学生都拥有该网站的账户，并利用课后时间在该平台上与同学同伴进行社交与游戏活动。这样的平台如果能再次出现，并且与各类优质的游戏教学内容结合，则有可能在我国获得如同《外维尔》一样的成功效果。

# 第八章　科学竞赛

科学竞赛是课外科学教育中常见的一类活动形式，很多科技辅导员在刚刚走上工作岗位时被分配的教学任务就是指导学校的社团、兴趣班、俱乐部、竞技队伍或者学生个人去参加各种类型的科学竞赛。由于科学竞赛对学生的各方面表现进行考核评定、划定相应的层次并给予奖项认定，所以公众往往关注学生在科学竞赛取得的具体结果，忽视了科学竞赛的目的实际是通过评价与奖励机制去推动课外科学教育的整体发展以及学生在参与竞赛过程中的个人成长。科技辅导员在开展教学工作时应该避免出现同样的倾向，对参与的科学竞赛展开具体分析，从而组织有效的教学活动达成竞赛的目的。本章将科学竞赛大致分为学科奥赛和科学大奖赛两个类别，并分别介绍相关的理论与案例，供科技辅导员参考。

## 第一节　学科奥赛

对于初次参与学科奥赛的科技辅导员而言，常常会有以下的困惑：学科奥赛活动是什么？学科奥赛活动的功能如何？学科奥赛活动应该面向哪些学生开展？科技辅导员在学科奥赛活动中能做些什么？而在具体组织开展活动的层面，不同的科技辅导员也会有不同的观点与做法，例如，有些科技辅导员采用“鸟枪法”，发动所有学生参与申报，试试谁能得奖；有些科技辅导员直接推荐班上考试成绩最好的学生参加比赛，并认为只要学生资质好，靠自学也能搞得定；有些学校会外请专业人员作为教练有针对性地开展选拔和备赛培训；等等。科技辅导员要想接触自身的困惑，结合自己的实际情况作出决策，不妨先从以下几个方面了解学科奥赛活动。

### 一、学科奥赛是一类广泛开展的课外科学教育活动

学科奥赛是一类围绕具体学科内容，以纸笔测试、实操测试等形式面向学生开展的竞赛活动，属于校外科技教育活动。此类活动首先在国外兴起，20世纪80年代开始，我国也逐渐开始组织各学科奥赛活动。在实际生活中，各类学科奥赛活动丰富多样，它们在学科内容、规模、参与对象方面存在着差

异。依照学科内容，可以将学科奥赛分为数学奥赛、物理学奥赛、化学奥赛、生物学奥赛、信息学奥赛、天文学奥赛等系列活动。学科奥赛的规模可大可小，如省、市、县级的地方赛事，全国级别的国家级赛事，还有世界多国参与的国际级赛事。每项学科奥赛活动都有明确的参与对象，可能是大学生、高中生、初中生或者小学生。本书将以国家"五大学科奥赛(数学奥赛、物理学奥赛、化学奥赛、生物学奥赛和信息学奥赛)"为例作进一步的介绍。表 8-1 整理展示了五大学科奥赛的基本情况。

**表 8-1　我国五项学科奥赛活动的基本情况**

| 项目 | 学科 | | | | |
|---|---|---|---|---|---|
| | 数学 | 物理学 | 化学 | 生物学 | 信息学 |
| 赛事名称 | 全国高中数学联赛(简称联赛)<br>中国数学奥林匹克竞赛(简称竞赛) | 全国中学生物理竞赛 | 全国高中学生化学竞赛(省级赛区)(简称初赛)<br>全国高中学生化学竞赛(简称决赛) | 全国中学生生物学联赛(简称联赛)<br>全国中学生生物学竞赛(简称竞赛) | 全国青少年信息学奥林匹克联赛(简称联赛)<br>全国青少年信息学奥林匹克竞赛(简称竞赛) |
| 主办单位 | 中国数学会 | 中学生物理竞赛委员会(中国物理学会设立) | 全国高中学生化学竞赛委员会(中国化学会设立) | 全国中学生生物学竞赛委员会(中国植物学会、中国动物学会联合设立) | 中国计算机学会 |
| 起始年份 | 1986 年 | 1984 年 | 1984 年 | 中学生生物学联赛(联赛)2000 年<br>中学生生物学竞赛(竞赛)1992 年 | 联赛 1995 年<br>竞赛 1984 年 |
| 举办次数* | 竞赛 34 届 | 35 届 | 32 届 | 竞赛 27 届<br>联赛 19 届 | 竞赛 35 届<br>联赛 24 届 |

续表

| 项目 | 学科 | | | | |
|---|---|---|---|---|---|
| | 数学 | 物理学 | 化学 | 生物学 | 信息学 |
| 举办时间 | 联赛于每年10月中旬的第一个星期日上午 | 根据实际情况而定 | 初赛每年9月举行<br>决赛来年春节前的冬令营期间举行 | 联赛每年5月第二周的星期日上午10:00—12:00<br>竞赛于每年8月举行<br>(具体日期均由当年提前发出通知) | 联赛初赛每年10月的第三个周六下午2:30—4:30<br>复赛每年11月的第三个周六 |
| 组织形式 | 联赛由各省级赛区组织<br>竞赛集中举办 | 预赛和复赛由各省平行组织<br>决赛由主办单位集中组织 | 初赛由各省组织<br>决赛由承办单位经委员会同意集中组织 | 联赛由各省平行组织<br>竞赛由大赛委员会集中组织 | 联赛由各省平行组织<br>竞赛由承办单位集中组织 |
| 参赛条件 | 在校中学生 | 在校高中生 | 普通高中学生，以高三学生为主，已毕业学生除外 | 原则上只限普通中学高二年级学生 | 联赛为初、高中阶段的学生和同等年龄段中等专业学校的在校生<br>竞赛选手必须为当年在校学生(不含当年暑假高三毕业生，港澳可参照当地学制自定)，年龄上限为19周岁(以6月30日为截止日期计算) |

续表

| 项目 | 学科 | | | | |
| --- | --- | --- | --- | --- | --- |
| | 数学 | 物理学 | 化学 | 生物学 | 信息学 |
| 赛事目标 | 提高中学生学习数学的兴趣，推动数学课外活动的广泛开展，促进数学课内与课外教育的结合，为对数学有兴趣且学有余力的在校学生提供进一步提高的机会，为数学教育改革尤其是课程改革提供新的思路，为发现、培养和选拔一批数学人才，为参加国际数学奥林匹克做准备 | 激发学生学习物理的兴趣和主动性，促使他们改进学习方法，增强学习能力；帮助学校开展多样化的物理课外活动，活跃学习空气；发现具有突出才能的青少年，以便更好地对他们进行培养 | 普及化学基础知识，激励中学生接触化学发展的前沿，了解化学对科学技术、国民经济和人民生活以及社会发展的意义，学习化学家的思想方法和工作方法，以培养他们学习化学的兴趣爱好、创新意识、创新思维和初步的创新能力；探索早期发现和培养优秀学生的思路、途径和方法；促进化学教育教学新思想与新方法的交流，推动大、中学化学教育教学改革，提高我国化学教育教学水平；选拔参加一年一度的国际化学竞赛选手，所有有关竞赛的活动与宣传均应符合本竞赛目的 | 加强中学生物学教学，提高生物学教学水平；促进中学生生物学课外活动；向青少年普及生物学知识；提高青少年的生命科学素养；为参加国际生物学奥林匹克竞赛(以下简称国际生物学奥赛)做准备 | 向青少年普及计算机科学知识；给学校的信息技术教育课程提供动力和新的思路；给有才华的学生提供相互交流和学习的机会；通过竞赛和相关的活动培养和选拔优秀计算机人才 |

续表

| 项目 | 学科 | | | | |
| --- | --- | --- | --- | --- | --- |
| | 数学 | 物理学 | 化学 | 生物学 | 信息学 |
| 命题人 | 主办单位或承办单位（受主办单位委托）组织 | 全国中学生物理竞赛命题组命制预赛题、复赛理论题和决赛理论及实验题，地方竞赛委员会命制复赛实验题 | 初赛由全国高中学生化学竞赛委员会核心组组织命题，决赛由承办单位组织命题，全国高中学生化学竞赛委员会核心组组织审定 | 由中国植物学会和中国动物学会轮流召集专家命题 | 中国计算机学会下设科学委员会命题 |
| 考查指标 | | | | 学生的生物学基础知识和基本原理的掌握情况以及应用这些知识的能力，同时考查学生的生物学基本实验技能、科学思维和创造性解决问题的能力 | 联赛初赛侧重考查学生的计算机基础知识和编程的基本能力，并对知识面的广度进行测试；复赛着重考查学生对问题的分析理解能力，数学抽象能力，编程语言的能力和编程技巧、想象力和创造性等 |
| 考查内容 | 初中包括数、代数式、方程与不等式、函数、几何、逻辑推理问题，高中包括平面几何、代数、初等数论、组合问题 | 力学、热学、电学、光学、近代物理、数学基础、34项实验 | | 细胞生物学、生物化学、微生物学、生物信息学、生物技术，比例25%；<br>植物和动物的解剖、生理、组织和器 | 联赛初赛：计算机基本常识、计算机基本操作、程序设计的基本知识，复赛：数据结构、程序设计、算法处理<br>竞赛：包括非交 |

续表

| 项目 | 学科 | | | | |
|---|---|---|---|---|---|
| | 数学 | 物理学 | 化学 | 生物学 | 信息学 |
| 考查内容 | | | | 官的结构与功能，比例30%，动物行为学、生态学，比例25%；<br>遗传学与进化生物学、生物系统学，比例25% | 互式程序题、交互式程序题、答案提交题 |
| 考试形式 | 联赛分为第一试和第二试，第一试的包括六道选择题、六道填空题和三道解答题，第二试共有三道题。决赛共六题 | 预赛为笔试试题，复赛和决赛为理论和实验试题 | 初赛均为笔试题目，决赛由理论竞赛和实验竞赛组成，满分比3∶2 | 联赛试题均为选择题<br>竞赛试题包括理论试题和实验试题 | 联赛初赛为笔试(选择题、问题求解题、程序阅读理解题、程序完善题)，复赛为程序设计<br>竞赛笔试100分，竞赛题六题各100分 |
| 对应的国际赛事 | 国际数学奥林匹克(IMO) | 亚洲物理学奥林匹克竞赛(APhO)<br>国际物理学奥林匹克竞赛(IPhO) | 国际化学奥林匹克竞赛(IChO) | 国际生物奥林匹克竞赛(IBO) | 国际信息学奥林匹克竞赛(IOI) |
| 选拔国际赛事参赛队员的办法 | 决赛分数最高的30名选手入选集训队，经选拔参赛 | 以全国奥赛为一选，一等奖获得者全部入选，由负责带队参加IPhO的高校进行二选，共选出五 | IChO中国代表队选手从当届全国高中学生化学竞赛决赛获奖学生中选拔产生。参选人数一般为 | 竞赛成绩前50名的学生入选次年年初举办的冬令营集训，集训考试前四名学生入选国家队 | 从竞赛前20名选手中，经过10天的集中培训选拔赛，获得前四名的学生，代表中国参赛 |

续表

| 项目 | 学科 | | | | |
|---|---|---|---|---|---|
| | 数学 | 物理学 | 化学 | 生物学 | 信息学 |
| 选拔国际赛事参赛队员的办法 | | 人参赛，在此过程中亦选出八人参加 APhO | 16 ～ 20 名，但来自同一省、市、自治区代表队的参选人数不超过2名。选拔赛在参考当届国际化学竞赛预备题基础上进行。选拔活动一般于当年3月上旬开始，历时约三周。最终选拔4名学生 | | |

注：＊截至2018年年底。

从表8-1中可以看出，学科奥赛具有以下几方面特征：

1. 学科奥赛的目标包括科学普及、科学素养提升和科技人才选拔

从各学科奥赛对其活动目标的描述可以发现，各学科都希望借举办学科竞赛引发学生对学科的关注，通过备赛和参与竞赛的过程使学生进一步了解学科，这正是各学科开展科普工作的一种形式。

学科奥赛的另一目的在于提升学生的科学素养，具体体现为拓宽和加深学生对学科知识的理解，深化学生对学科思维和研究方法的领悟，提升学生解决学科问题的能力以及促进学生主动学习的动机。该目标不仅体现于各学科奥赛的章程内容中，更体现于实际的竞赛题目中。

学科奥赛也肩负科技人才选拔的任务。一方面，作为国际学科奥赛的参加国，我国通过学科奥赛选拔出具备学科特长的学生，经培训后送往国际学科奥赛的竞技场。另一方面，我国学科奥赛为具有学科发展潜力的学生提供了崭露头角的舞台，使得他们为高等学府所青睐，助力学生的科技人才发展之路。

2. 学科奥赛对于学科内容有明确的限定

学科奥赛有比较明确的活动内容范围边界。各学科奥赛都有对其考查内容

范围的详细描述，不仅限定了学科知识的范围，也限定了实验操作的范围。学科奥赛中涉及的内容多数在国家理科课程之外，这就意味着学生需要在完成国家理科课程的学习任务之余，花费个人时间去备赛。这一过程往往需要学生具备较为积极主动的学习意愿以及相对较高的认知水平两个条件，也就意味着学科奥赛更适合于那些具有学科兴趣且学有余力的学生去参与。

尽管学生在准备学科奥赛的过程中往往要学习到部分高等教育阶段相关专业内容，但这并不意味着要将大学专业课程内容“一把抓”，也不意味着学习了奥赛相关内容就等同于学完了大学专业内容。明确的学科内容限定决定了学生备赛时需要有的放矢。

3. 学科奥赛具有相对稳定的周期性

无论是我国各学科奥赛，还是国际学科奥赛，都以一年为一个周期，且每年的举办时间相对稳定。这就使得学科奥赛申报、备赛、测试等环节的时间节点比较清晰稳定，也就有利于参与学科奥赛的师生把握活动开展的具体节奏。

## 二、学科奥赛对于学生及教师确有积极效果

作为科学教育活动，学科奥赛需要有效达成其预期目标，取得相应效果。相关统计数据以及已有研究表明学科奥赛确实有效地甄选了富有科学潜质的学生，为参与的学生在学习动机方面带来了积极影响，也间接地作用于校内科学课堂教学使之受益。

### (一)学科奥赛确实发挥了科普及选拔人才的功能

多年来，我国的学科奥赛活动吸引了大批中学生参与，并通过对学生表现作出评定，经过多次选拔，发现了各学科才能优秀的学生并授予了奖项。这其中的佼佼者也代表我国出战国际学科奥赛，屡获佳绩。以 2018 年为例，仅五项学科奥赛的省级联赛就动员了约 45 万人次参与，约占当年高中学生总数的 5%①。可以看出，我国学科奥赛开展规模大、覆盖面广，具有广泛性。对大量参赛学生经由层层挑选产生的学生不仅在本国奥赛中表现优秀，而且能够经受国际奥赛的考验，说明了学科奥赛确实选拔了高学科素养的学生，他们具备未来科技人才发展的潜力，这是符合预期的。

作为一类科学教育活动，学科奥赛也需要通过自我评价与反思，以确保教育效果符合预期。由于学科奥赛主要通过各种形式的测试作为活动的主要形

① 根据《中国教育统计年鉴》的数据，2015—2017 年普通高中学生数依次为 2 374.60 万人、2 366.65 万人和 2 374.55 万人，可认为近三年学生总数基本稳定，反映出每个年级的学生数也相对稳定，因此以 2017 位高中学生总数估计每个年级学生人数。

式，所以围绕学科奥赛开展的自我评价也主要以教育评价的范式开展。以国际生物学奥赛为例，英国华威大学(The University of Warwick)组织承办了2018年国际生物学奥赛，该校克里洛克阿瑟斯特(Crealock-Ashurst)等人在赛后基于学生在竞赛中的表现进行了分析与反思。图8-1展示了选手们在三道实验题目(practical exam)中的表现结果，其中a、b、c三道题目分别为生物化学、植物学和发育生理学相关内容。他们根据此图分析了学生表现的分布趋向，指出了当年参赛选手对不同生物主题领域的掌握程度。例如，对于植物学主题的题目b而言，结果呈右倾分布且大量选手获得高分，说明该题对当年参赛选手而言相对容易。最终，他们认为当年的奥赛组织工作实现了国际生物学奥赛的三个基本目标：为学生提供生物学学习经历并推动其兴趣发展；激励在生物学科具备天赋的学生并促使从事生物学科研道路；成为各国学生、研究者和高校间展开合作、彼此激励的契机。①

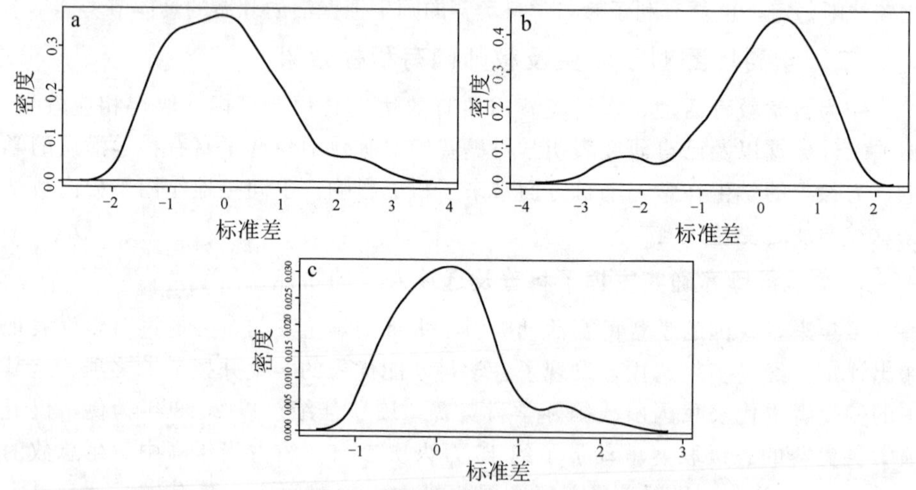


**图8-1　2018年国际生物学竞赛选手在实验题目得分的标准差**

学科奥赛获奖选手在其大学生涯期间表现出相对的学业优势，这也印证了学科奥赛对于优秀人才的选拔确有其效。韩国的金(Kim)与基(Kee)两位学者开展过一项针对学科奥赛获奖学生的追踪研究，他们比较了部分奥赛获奖学生和他们的同学在大学期间就读医学专业的学业表现。结果表明，在入学的前四

① Crealock-Ashurst B，Williams L，Moffat K. A critical reflection on the 28th International Biology Olympiad[J]. Exchanges：The Interdisciplinary Research Journal，2017，5(1)：127-136.

年期间，奥赛获奖学生在学业方面的表现明显好于他们的同学。①

需要注意的是，学科奥赛选拔出来的学生具有发展成为科技人才的潜力，但并不意味着他们不再需要继续接受专业方面的培养训练。我国台湾学者开展的一项追踪研究表明，部分奥赛获奖学生虽然历经数年后走上了科技相关工作岗位并有所成就，但是他们仍认为当年获得国际奥赛奖项时是他们学术成就感最为强烈的时刻。

**(二)学科奥赛强化了学生学习科学的动机**

学科竞赛强化了学生对学科的兴趣。早在1981年，谢洛斯洛斯卡(Zdebska-Sieroslawska)针对95位生物学竞赛获奖选手展开调查，发现参与生物学竞赛有助于深化学生对生物学的兴趣。她的研究表明大量原竞赛选手在后来的生物学学术与职业生涯中取得了杰出成就。1988年，波兰研究者斯塔辛斯基(Wieslaw Staziński)等人也提出了类似的观点，认为生物学科竞赛有助于强化学生对于生物学科的兴趣，并使其稳定地维持在一个较高水平。② 詹斯托娃(Janštová)和加克(Jáč)则指出，由于奥赛为学生提供了结识“真正的科学家”的机会，学生未来从事科技相关职业。③

学科奥赛使得学生获得成就感。佩特(Petr)等人曾经对于学生参与学科竞赛的动机展开研究，发现学生在参与奥赛的全过程都会获得成就感：由于奥赛涉及的内容多数在国家课程内容之外，因此学习这部分内容就对学生的认知造成了挑战，参赛学生在迎接这项挑战、学会相应内容的同时获得成就感；而在经历比赛获得成绩后，学生因自身的学术水平得到评定与认同也得到了成就感。此外，部分学生的成就感也来自与同伴比较的相对优势。④

学科奥赛使得学生获得归属感。在一项针对奥赛参赛学生开展的访谈中，

---

① Kim K J，Kee C. Gifted students' academic performance in medical school：a study of olympiad winners[J]. Teaching and learning in medicine，2012，24(2)：128-132.

② Staziński W. Biological competitions and biological olympiads as a means of developing students' interest in biology[J]. International Journal of Science Education，1988，10(2)：171-177.

③ Janštová V，Jáč M. Teaching molecular biology at grammar schools：analysis of the current state and potential of its support[J]. Scientia in Education，2015，6(1)：14-39.

④ Petr J，Papáček M，Stuchlíková I. The biology olympiad as a resource and inspiration for inquiry-based science teaching[M]//Tsivitanidou O E，Gray P，Rybska E，et al. Professional development for inquiry-based science teaching and learning. Berlin：Springer，2018：205-222.

部分学生提及他们在学科奥赛中找到了归属感。这些参赛学生对于某些学科内容抱有兴趣，但限于这些内容并不存在于所在班级的日常课程情境之中，他们少有机会遇到与自己志同道合的同伴，也不太能够就相关内容与人展开交流。学科奥赛则为他们提供了机会去结识这样的同伴。参加奥赛的学生在备赛期间互相交流，而在参与各级竞赛的过程中，他们也有机会结识来自不同地域、怀有相同学科兴趣的同伴。这使得他们找到了归属感。

学科奥赛营在班级内营造了更好的学习氛围。Petr 等人在研究中发现，学科奥赛在直接作用于参赛学生的同时，也会借参赛学生的言行间接影响同班其他学生，这算得上是学科奥赛产生的一种"副作用"。参赛学生在备赛过程中努力学习和积极交流的行为会对班级其他学生造成引领的效果，使得班级的学习氛围变得更加积极。

学科奥赛对不同个体的影响有具体差异。虽然如上文所述，学科奥赛的挑战性、竞争性对于很多学生而言可以转化为积极趋向的动力，但是对于有些学生而言，它们则意味着不喜欢或难以适应的压力。例如，有的学生在访谈中表示，尽管他们享受参与奥赛过程中的学习过程，但他们并不喜欢这种相互竞争、对抗性的比赛氛围。

### (三)学科奥赛有助于改进教学

斯塔克利科瓦(Stuchlíková)等人认为学科奥赛内容是可供理科教师使用的宝贵教学资源，一方面因为这些测试内容是经过一线科研人员精心拟定的，质量较高；另一方面则因为随着奥赛周期性地开展，新的内容也持续地产生。他们的调查结果也表明大部分的理科教师并没有意识到学科奥赛与理科课堂的这种关联。他们在另一篇论文中则具体提出，学科奥赛的题目内容未必能直接迁移到理科课堂上，而往往需要经过教师的改造调整。其原因一方面在于奥赛题目内容可能以国家课程以外的内容作为情境的背景知识，另一方面在于奥赛题目的难度高于学生整体的平均认知水平。①

## 三、理科教师可以从多角度把握利用学科奥赛活动

理科教师在学科奥赛活动中起到重要作用。他们与学生的良性互动有助于学生取得更好的成绩，也有助于学科奥赛起到更好的教学效果。此外，理科教师也可以善用学科奥赛提升自身职业能力。

---

① Petr J，Stuchlíková I，Papáček M. Biology olympiad as a model forinquiry-based approaches [EB/OL]. [2020-12-22]. https://core. ac. uk/download/pdf/53139015. pdf # page =54. 2014/2020-07-24.

### (一)教师可以从心态调节、学科内容和时间管理等方面为学生提供帮助

教师应积极帮助学生调整参赛心理状态。詹斯托瓦(Janštová)等人的一项研究表明，不少学生参加学科奥赛的契机正是学生中学阶段的任课教师对他们的鼓励，这使得他们获得了参加奥赛的信心，如“我觉得你的能力挺强的，你应该参加奥赛去试试”。这种效果在物理和化学学科当中表现得更为明显。① 因此，教师在平时应该充分关注那些展现出对于学科的兴趣和天分的学生，在他们踌躇或信心不足时鼓舞他们。除此之外，教师也应该持续关注学生的心理状态变化，并及时帮助他们作出调整。例如，对于不适应竞争环境压力的学生，帮助他们以平常心看待竞赛；对于喜欢“以奥赛成绩论英雄”的学生，提醒他们避免以偏激视角看待他人。奥赛结果也往往左右着学生对自我的认知，引发心理变化。教师应引导学生对奥赛合理定位和认识，帮助失利者重拾信心，提醒获奖者避免骄傲、再接再厉。

教师也可以在奥赛内容方面帮助学生。在一些国家，学科奥赛在出现之初，理科教师就肩负了帮助学生准备奥赛内容的任务，不但包括学科知识内容，还包括指导学生开展原创的野外调查或实验室实验工作。② 如今，学科奥赛经历演变在内容上发生了变化。如前文所述，学科知识、科学探究、实验或实践类操作成为学科奥赛的主要考查内容。教师可以帮助学生阐述清楚奥赛要求的具体内容，并对其给予指导。这对于教师自身的学科专业背景也提出了要求，意味着教师同样需要巩固提升自身的专业素养。当然，有些时候教师未必亲自对学生展开指导，他们也可能通过邀请专业人员讲解、提供校内外相关学习资源的方式为学生提供帮助。

教师还应该帮助学生做好时间规划管理，处理好参加学科奥赛与完成课内学业的关系。学科竞赛以周期性开展，时间安排相对稳定，也就逐渐使得每一年备赛与比赛的时间节点比较规律。这种时间上的安排对于参赛学生而言往往是陌生的，但是对于教师而言则相对熟悉、容易把握。因此教师不妨整理出大

---

① Janštová V，Jáč M，Dvořáková R. Identifying the factors that motivate pupils toward science competitions[J]. Science Education Research：Engaging learners for a sustainable future，2016：332-338.

② Staziński W. Biological competitions and biological olympiads as a means of developing students' interest in biology[J]. International Journal of Science Education，1988，10(2)：171-177.

致的时间线索，以帮助学生做好参赛期间的时间规划。此外，学生要兼顾学科奥赛与课内学业任务，有时难免顾此失彼，严重者甚至可能出现单学科偏科或不顾课内学业的情况。教师应该关注学生在课上的表现，确保学科奥赛活动不会对学生的课内学业产生消极影响，避免学生本末倒置。

**(二)教师可以利用学科奥赛提高个人职业水平和教学质量**

参与学科奥赛也是培养教师用来锻炼自我、实现提升的机会。有国外研究表明，学科奥赛有助于提升理科教师对于科学探究的认识，从而促进他们在自己的科学课堂上针对科学探究展开更为深入和丰富的教学。研究建议新手教师先亲自参与数次学科奥赛的组织工作，以此对各方面进行更深入了解。

教师不妨活用学科奥赛题目，将其纳入课堂教学资源。学科奥赛使用的题目常常来自真实的科研情境，也经得起推敲，在质量上有所保障。且随着每一轮竞赛的开展，都有新的题目生成。教师可以根据这些题目与自身教学内容的匹配程度选取和使用。在使用时，教师可以对原题目作出灵活处理。如补充部分已知条件以降低解题思路的难度；通过删减保留与国家课程接近的内容；多设问题目中仅保留难度合适的题目。

作为本节内容介绍的延续，建议科技辅导员(特别是正在承担学科奥赛活动教学任务的科技辅导员)尝试了解自己专业背景相关的学科奥赛活动，完成以下任务：

(1)检索本学科奥赛活动的官方网站，阅读其竞赛章程等相关规定。

(2)检索本学科奥赛活动对比赛内容的具体要求和指定参考用书(如果有)信息。将这些内容整理成具体文档。

(3)检索相关新闻，了解本学科奥赛活动过去一年中各环节的时间节点，包括报名时间、联赛(初赛)和竞赛(复赛、决赛)举办时间、成绩公布时间等，厘清时间线索。了解本学科奥赛活动过去一年在全国和本省、市县的参赛和获奖人数等信息，从而描述本学科奥赛活动当前的举办情况。

## 第二节　科学大奖赛

对于指导学生参与各类科学大奖赛的科技辅导员，面对名称、形式、内容各式各样的比赛(如机器人竞赛、创客竞赛、计算机作品设计与制作类竞赛、各类创新科学研究成果类竞赛、航模海模竞赛、发明类竞赛等)时，也往往需要首先想清楚以下几个问题：①某项比赛(科学大奖赛)是怎样的活动？它本身有什么特点？②该比赛对于学生有怎样的影响？③科技教师在指导学生参加该比赛时可以做些什么？从科学教育的角度认清比赛的性质、抓住其本质之后，科技辅导员就会更容易找准自己的定位并开展相应的指导工作。

## 一、科学大奖赛是一类广泛开展的非正规科学教育活动

科学大奖赛是一类对学生的研究项目进行展示和评价的活动，是一类常见的课外科技活动。科学大奖赛的主题与形式看似多样，但其内在特征则有高度相似性。下文将首先介绍国内外的标志性科学大奖赛，然后总结它们的共同特征。

### (一)全国青少年科技创新大赛是面向我国中小学生开设的科学大奖赛

全国青少年科技创新大赛(China Adolescents Science & Technology Innovation Contest，CASTIC，以下简称创新大赛)，是一项面向全国中小学生和科技辅导员开展的综合性科技创新成果展示与交流活动。大赛设立青少年科技创新成果竞赛、科技辅导员科技教育创新成果竞赛、青少年科技实践活动比赛和少年儿童科学幻想绘画比赛等具体类别，本节仅关注青少年科技创新成果竞赛这一部分。大赛每年举办一次，至2020年已经举办34届。

创新大赛的宗旨：激发广大青少年的科学兴趣和想象力，培养其科学思维、创新精神和实践能力；促进青少年科技创新活动的广泛开展和科技教育水平的不断提升；发现和培养一批具有科研潜质和创新精神的青少年科技创新后备人才。

创新大赛的主办单位是中国科协、教育部、科技部、环境保护部、体育总局、自然科学基金会、共青团中央、全国妇联，分为国家级竞赛和地方竞赛。地方竞赛包括省级创新大赛及省级以下的竞赛活动。省级创新大赛应遵循全国创新大赛的章程和规则。各省有组织本省学生参加全国创新大赛的权利。

凡在竞赛申报时为国内在校的中小学生均可参赛，其中申报青少年科技创新成果竞赛的条件包括：申报者在竞赛申报时为国内在校中小学生(包括普通中小学、特殊教育学校、中等职业学校等)，每个参赛学生(包括集体项目的学生)在一届大赛中，只能申报一个项目参加科技创新成果竞赛；参加全国竞赛的项目从省级竞赛获奖项目按规定名额择优推荐；申报项目必须是从当年7月1日往前推不超过两年时间内完成的；连续多年的研究项目，如果曾经参加过以往的创新大赛，再次以同一选题申报参赛时，本次参赛的研究工作需持续一年以上，申报材料必须反映最新的研究工作和研究成果；每个项目可有1～3名辅导教师，对学生开展项目研究给予辅助性指导。竞赛接受单人项目申报和

集体项目申报，集体项目在满足上述条件基础上还应满足：申报者不得超过三人，并且必须是同一地区(指同一城市或县域)、同一学段(小学、初中、高中或中专)的学生合作项目；不能在研究过程及参赛中途加入新成员。每名成员都须全面参与、熟悉项目各项工作，合作、分担研究任务，提交的研究成果应为所有成员共同完成；每个集体项目应确定一名第一作者，其他为署名作者。在项目申报时，所有成员的信息资料均应在申报表中填写；多人集体完成的项目不能作为个人项目申报，如该项目可以分为数个子项目，某个子项目确系某一申报人独立完成，可以将该项目作为完成人的个人项目申报。

创新大赛依次通过网上申报、资格审查、初评和终评的流程进行评选，时间上首先完成省级大赛评选工作，然后完成全国大赛评选工作。比赛按照“三自”和“三性”原则进行评审。其中“三自”分别指：自己选题，即选题必须是作者本人提出、选择或发现的。自己设计和研究，即设计中的创造性贡献必须是作者本人构思、完成，主要论点的论据必须是作者通过观察、考察、实验等研究手段亲自获得的；自己制作和撰写，即作者本人必须参与作品的制作，项目研究报告必须是作者本人撰写的。“三性”分别指：创新性，指项目内容在解决问题的方法、数据的分析和使用、设备或工具的设计或使用方面的改进和创新，研究工作从新的角度或者以新的方式方法回答或解决了一个科学技术课题；科学性，指项目选题与成果的科学技术意义，研究方案、研究方法的合理和正确性，依据的科学理论的可靠性等；实用性，指项目成果可预见的社会效益或经济效益，研究项目的影响范围、应用价值与推广前景。

参赛的中学生项目可在如下13个学科门类下进行申报：数学、物理与天文学、化学、动物学、植物学、微生物学、生物化学与分子生物学、生物医学、环境科学与工程、计算机科学、工程学、能源科学、行为和社会科学。对于项目内容和研究过程违反国家法律、法规和社会公德或者妨害公共利益的项目，以及涉及有风险的动物、微生物，人体或动物离体组织、器官、血液和其他体液的小学生研究项目，禁止申报参赛。申报时需提交申报书、查新报告、项目研究报及附件，必要时附加其他证明材料。

申报完成后，大赛组委会根据规则对所有申报项目材料进行资格审查。随后通过学科专家对申报材料开展网络评审的方式展开初评，初评通过率约为80%。大赛最后对学生项目展开终评，终评主要以项目展示和问辩的方式进行。学生集中于大赛终评会场，在各自展位以固定尺寸的展板(高1.2m、宽0.9m)展示介绍自己的项目，并与评委展开面对面的问辩交流。有实物作品的研究项目则必须将实物作品带到现场展示。学生还有面向公众展示讲解和参加学生交流的义务。

创新大赛经由终评分别选出等级奖和专项奖。其中等级奖比例为一等奖15%，二等奖35%，三等奖50%。专项奖则由设奖单位独立评出。获奖学生项目将得到相应证书、奖金、奖品，获奖信息也将面向社会公布。

**(二)明天小小科学家是面向我国中学生开展的国家级科学大奖赛**

“明天小小科学家”奖励活动(以下简称明小活动)是一项面向高中生开展的科技创新后备人才选拔和培养活动。活动每年组织一次，至2020年已经举办20届。

明小活动旨在为国内优秀青少年科技爱好者提供一个展示、交流和学习的平台；发现具有科研潜质的优秀学生，鼓励青少年立志投身于自然科学研究事业；培养科学道德、创新精神和实践能力，提高科学素质；选拔和奖励具有未来科研潜质的创新型科技后备人才，奖励培养和指导优秀学生的学校和辅导机构，推动青少年科技教育工作广泛深入开展。

明小活动由中国科学技术协会、中国科学院、中国工程院、国家自然科学基金委员会和周凯旋基金会共同主办。各省、自治区、直辖市和新疆生产建设兵团科协青少年科技中心(青少年部、普及部)以及香港新一代文化协会、澳门教育暨青年局负责本地区活动宣传发动、组织申报、资格审查和终评带队工作，并配合组委会做好奖金发放、投诉核查、后续联系等有关工作。

明小活动接受品学兼优且拥有个人科学研究成果的高中生自由申报，申报条件为：申报者为普通高中在读学生；申报者个人(包括在他人指导下)取得了科学技术研究成果；申报者未在往届“明天小小科学家”奖励活动中获奖。

明小活动主要依次经过网上申报、资格审查、初评和终评的流程，通过对学生创新意识和科研能力等综合素质的考查，遴选出100名学生给予不同等级的表彰和奖学金资助，并授予其中3名学生“明天小小科学家”称号。

申报者首先在网上提交申报材料，包括申报表、项目研究报告、学习成绩证明材料。申报时间为5月10日—6月10日。其中，研究项目的学科分类包括数学、计算机科学与技术、物理学、地球与空间科学、工程学、动物学、植物学、微生物学、生物医学、生物化学、化学、环境科学。研究项目报告则有具体的格式要求。申报完成后，各省级组织单位需要开展资格审查，在审查通过后上传扫描件。随后，比赛以网络评审的方式展开初评，时间为8月。初评成绩前100名的申报者入围终评。入围终评名单在活动网站公示。终评时间为10月下旬。终评的形式为现场评审，包括研究项目问辩、综合素质考查、知识水平测试三个环节。除此之外，组委会还将组织项目公开展示、科技主题参观、科学论坛等教育交流活动。

经过终评将最终评出一等奖 15 人，二等奖 35 人，三等奖 50 人。获奖选手将得到相应的证书和奖学金，获奖信息也将面向社会公示。

### (三)英特尔国际科学与工程学大奖赛是指标性的国际高中生科学大奖赛

国际科学与工程学大奖赛(International Science and Engineering Fair，ISEF)是由美国科学与公众社团(Society for Science & the Public，SSP)组织的一项科学研究类赛事项目。ISEF 是世界上规模最大的面向高中生开设的科学研究赛事，也是国际上同类赛事中最具指标性的赛事。ISEF 每年举办一次，至 2020 年已经成功举办 71 届。以 2018 年举办的第 69 届为例，共有 1 769 名学生参赛，足见其规模之大。

ISEF 将这些来自全球各地开展独立研究的高中生视为年轻的科学家，并为其提供了分享灵感、展示前沿科学项目的舞台，也评选出其中的优秀项目并发放奖学金。

作为一项国际赛事，ISEF 指定了多个国家或地区的同类赛事作为其联席赛事，如前文介绍的全国青少年科技创新大赛即 ISEF 的联席赛事。2018 年举办的 ISEF 共制定了 420 项联席赛事。希望参加 ISEF 的学生需要首先参加其所在地的联席赛事以争取进入 ISEF 的决赛资格。

ISEF 主要依次通过网上申报、资格审查和展示答辩等几个环节完成评选活动。在网上申报阶段，选手在 22 个学科类别(ISEF 经常调整学科类别设置，以官方最新说明为准，本书以 2018 年官方公布信息展开介绍)中选择与自己的研究项目相符的内容，并提交申报材料。这 22 个学科类别分别为：动物学、行为与社会科学、生物化学、生物医药与健康、生物医药工程、细胞与分子生物学、化学、计算生物学与生物信息学、地球与环境科学、嵌入式系统、能源：化学、能源：物理学、工程机械、环境工程、材料科学、数学、微生物学、物理学与天文学、植物学、机器人与智能机器、系统软件、转化医学。学生需要提交的申报材料包括研究报告、摘要、申请表格。对于某些特殊的项目，SSP 还要求学生按要求填写其他指定表格，以保证学生遵循科研伦理道德要求。这些特殊的项目包括涉及以人类为研究对象或志愿者的项目、以脊椎动物为研究对象的项目、涉及有潜在危险的生物制剂的项目、涉及危险化学药品、活动或设备的项目。

随着申报材料的提交，SSP 依据其规则对项目参赛资格进行审查。通过审查的项目即可参加每年 5 月在美国举行的决赛。在决赛过程中，学生将在指定展位，利用展板展示自己的项目并与评委进行交流问辩，这一点与创新大赛类似。出于安全的考虑，ISEF 也对展板布置提出了极为详细的要求。评委在问辩过程中对于选手的项目质量和其表现作出评价。ISEF 将选手项目划分为科学类项目和工程类项目，并提供了一份评分标准供评委参考使用，如表 8-2 所示。

**表 8-2 ISEF 的学生项目评价标准**

<table>
<tr><th rowspan="2">项目类别</th><th colspan="2">评分维度</th><th rowspan="2">分数</th></tr>
<tr><th>一级维度</th><th>二级维度</th></tr>
<tr><td rowspan="20">科学类</td><td rowspan="3">研究问题</td><td>清晰而有明确目标</td><td rowspan="3">10</td></tr>
<tr><td>对研究领域有明确贡献</td></tr>
<tr><td>可用科学方法进行检验</td></tr>
<tr><td rowspan="2">设计与方法</td><td>方案设计与数据收集方法优秀</td><td rowspan="2">15</td></tr>
<tr><td>合适且完整地定义了变量并加以控制</td></tr>
<tr><td rowspan="4">方案执行：数据收集、分析与解释</td><td>系统地收集和分析了数据</td><td rowspan="4">20</td></tr>
<tr><td>结果可重复</td></tr>
<tr><td>合理应用了数学与统计学</td></tr>
<tr><td>有充足的数据支持其解释和研究结论</td></tr>
<tr><td>创造力</td><td>在上述的一个或多个维度中展现了特别的创造力</td><td>20</td></tr>
<tr><td rowspan="3">展示：展板部分</td><td>有逻辑地组织材料</td><td rowspan="3">10</td></tr>
<tr><td>图表和图例清晰</td></tr>
<tr><td>展示了支撑材料</td></tr>
<tr><td rowspan="7">展示：问辩部分</td><td>清楚、简练而缜密地回答问题</td><td rowspan="7">25</td></tr>
<tr><td>了解项目相关的基础性科学内容</td></tr>
<tr><td>了解研究结果和结论的解释和其局限性</td></tr>
<tr><td>开展研究项目过程中的独立程度</td></tr>
<tr><td>明白项目对科学、社会和(或)经济方面的潜在影响</td></tr>
<tr><td>未来研究思路的质量</td></tr>
<tr><td>对于团队项目，所有成员都应有所贡献并理解项目</td></tr>
</table>

续表

| 项目类别 | 评分维度 | | 分数 |
| --- | --- | --- | --- |
| | 一级维度 | 二级维度 | |
| 工程类 | 研究问题 | 描述一个待解决的实际问题或需求 | 10 |
| | | 对解决方案的标准作出定义 | |
| | | 解释研究限制条件 | |
| | 设计与方法 | 探索能够解决问题或需求的多种方法 | 15 |
| | | 提出解决方案 | |
| | | 开发原型或模型 | |
| | 方案执行：制作与检测 | 原型能够展现原有设计意图 | 20 |
| | | 原型经历过多种条件下的反复测试 | |
| | | 原型展现出工程学技巧和完整度 | |
| | 创造力 | 在上述的一个或多个维度中展现了特别的创造力 | 20 |
| | 展示：展板部分 | 有逻辑地组织材料 | 10 |
| | | 图表和图例清晰 | |
| | | 展示了支撑材料 | |
| | 展示：问辩部分 | 清楚、简练而缜密地回答问题 | 25 |
| | | 了解项目相关的基础性科学内容 | |
| | | 了解研究结果和结论的解释和其局限性 | |
| | | 开展研究项目过程中的独立程度 | |
| | | 明白项目对科学、社会和/或经济方面的潜在影响 | |
| | | 未来研究思路的质量 | |
| | | 对于团队项目，所有成员都应有所贡献并理解项目 | |

经过评审，比赛评出各学科等级奖和专项奖，并授予证书、奖牌和奖学金。获奖学生的信息也将在大赛网站上对外公布。

**(四)科学大奖赛活动具有多种特点**

科学大奖赛的本质是科学探究或工程学设计教学活动。从以上几项赛事描述可以看出其具有两个明显的共性。第一，学生的“备赛”工作是完成一项研究项目；第二，学生的比赛方式是展示自己的项目工作并与评委完成交流答辩。

这二者共同构成了科学探究或工程学设计的完整过程，其实质与课内理科课程开展的探究式教学或工程学设计实践活动是一致的。

科学大奖赛是具有开放性的教学活动。这种开放性具体表现为以下两个方面：第一，学生自由选择研究内容，大奖赛不做限定(考虑到高中生作为未成年人，部分不适宜他们参与的内容与操作除外)。学生凭借个人喜好和生活经验自主选定研究问题并主导研究过程，教师在此过程中基于科学方法等方面的指导训练。这样的机会并不多见。第二，研究问题没有预设的答案，研究的结论在开始研究时是未知的、不确定的。科学大奖赛鼓励学生激发自己的灵感，要求他们创新地解决实际问题。这就意味着，对已有研究的重复再现并不符合科学大奖赛的要求，学生必须在答案未知的真实情境下，利用自己的知识、技能和缜密思考，通过研究的范式找到问题的答案。

科学大奖赛是对师生具有挑战性的教学活动。学生在开展科学大奖赛要求范畴内的项目时，在研究的各个环节都可能面对认知与能力方面的挑战：在提出问题后，学生需要检索和了解问题相关的背景知识，他们要学会文献检索、阅读理解文献、掌握问题相关的基础知识；学生可能面对复杂问题，需要对问题进行分析与拆解；根据已有信息和自身的思考判断；为了验证提出的假设或解决方案，学生可能使用到新的技术与设备，也就需要了解其背后的工作原理并掌握操作技能；在收集数据的过程中，学生需要在复杂情境中尽可能识别变量，并尽量对其控制；在分析结果时，学生还可能利用或建立更为复杂的数学模型。尽管每位学生提出的研究问题不同，上述各环节工作所呈现的具体难度也就不同，但是这些工作需要以科研工作者的真实状态作为标杆做出努力。从中学生在校内学到的知识和获得的探究体验程度，到真实科研问题情境下的知识与探究要求水平，二者之间的差距正是科学大奖赛挑战性的来源所在。

科学大奖赛为学生提供了与一线科研人员交流的机会。在比赛过程中，一线的科研工作者担任评委，与学生进行面对面的交流。从探究式教学的角度来看，学生在完成探究后要展示交流自己的成果，其对象常常是同伴及教师。这一过程既帮助学生体验科研工作中这不可或缺的一环，也提升学生的沟通表达能力，还是教师对学生展开评价的过程。而在科学大奖赛中，科研人员充当了教师的角色，让学生对于科研工作的体验更真实，使其沟通表达能力更适应科学同行间的语境，让学生也有机会得到来自科研人员的直接评价、反馈与指导。

## 二、科学大奖赛活动具有多方面积极影响

与学科奥赛类似，科学大奖赛同样需要以其最初的教育目标为标准经受检

验。相关统计数据及研究文献指出，科学大奖赛在选拔中学生科技人才、提升参与学生的科学素养和积极影响指导教师及其教学几方面有其具体功效。通过比较可以看出，学科竞赛与科学大奖赛虽然在科学教育具体内容指向方面有所差异，但在产生的积极影响效果方面则较为相似。

### (一)科学大奖赛是选拔科技人才的有效途径

多年来，我国各项科学大奖赛活动确实展开了广泛的科技人才选拔工作，并确实选拔了一批中学生科技人才。以 2018 年为例，当年召开的全国青少年科技创新大赛收到 3 000 余件各类项目申报(这些项目经过各省级赛事筛选后获得申报资格)，最终评出青少年科技创新项目 387 项。当年召开的明天小小科学家奖励活动共有 2 472 名学生报名，最终授奖 126 名学生。经由上述赛事等渠道获得选拔资格的学生参与了“中国科协青少年国际科技交流项目遴选培训暨 Intel ISEF 冬令营”，最终组成 24 人的代表团参加了英特尔国际科学与工程学大奖赛，获得了各级奖项九项，其中含学科最佳二项，创造了中国代表团参赛以来最好成绩。

### (二)参与科学大奖赛有助于学生科学素养的提升

参加科学大奖赛的经历不仅能帮助学生深入了解某个学科领域的知识、掌握开展研究的范式与操作性技能，也加深了学生对相关学科的喜爱、坚定其未来从事相关职业的信心。一项针对 ISEF 参赛选手和指导教师的大规模调查证实了这一点。高达 98.5%的教师认为此类竞赛“鼓励学生在科学、数学和技术领域追求卓越”。高达 95.7%的评委则赞同“参赛项目质量非常优秀”。此外，88.1%的学生认为自己为了参加比赛而进行的项目研究工作使其“对从事科学、数学、工程学或技术类的职业更加感兴趣了”，89.1%的学生则认为自己“对从事需要研究能力的工作更感兴趣了”。从更加具体的方面来看，学生在“增长了科学知识”“增加了对研究工作的理解”“提高了进行研究的能力”“提高了沟通能力”“提高了整体信心”几个具体收获方面都给出高达 90%以上的正面反馈。对于“增加了数学知识”这一点也有 78.9%的正面反馈。

### (三)参与科学大奖赛对于指导教师也有积极影响

科学大奖赛可以直接增强指导教师的成就感与职业信心，并间接影响其科学课堂和所在学校的教学。在针对参加 ISEF 的指导教师开展的访谈中，有教师提及“最开始参加比赛是在校长的命令下做出决定”，而在持续 10 年参与之后，“她不仅获得了知识和经验，还得到了工作的激情”。也有教师直接表示“自己的学校连续四年都有学生入围决赛，指导教师功不可没”。调查问卷的结果也表明指导教师认为科学竞赛有效推动了学校采用探究式和项目式教学。具体来说，有91.6%的教师赞同ISEF推动了其所在学校采用探究式教学，有89.1%的教师赞同ISEF推动了其所在学校采用项目式教学开展科学课程的教学工作。

## 三、科技教师应从多角度指导学生参与科学大奖赛

在科学大奖赛活动中，教师仍然扮演者指导者与监督者的角色，需要完成其对应的教学使命。一方面来看，教师承担的使命与科学课堂中的科学探究情境下相比在本质上一致。在参与科学大奖赛的过程中，学生自主提出科学或工程学的问题，并完成后续的完整研究工作，最终在赛上介绍交流自己的项目。这一过程在本质上与科学课堂上的科学探究或工程学实践内容是一致的。另一方面来看，教师在完成各项使命的过程中面临着相对于科学课堂中的探究情境更高的挑战。这些挑战的来源是多样的，如学生自主选题的个性化和差异化、学生研究领域的背景认知需求、相关支撑资源的寻求和处理，等等。

本节内容将结合科学大奖赛自身的特点和教师在指导学生参赛过程中的常见问题，给出操作方面的部分具体建议。而对于科学探究和工程学实践方面的内容则不做基本阐述，对这方面需要了解的读者建议查阅相关文献。

### (一)尝试分层次的指导策略

对每个项目有针对性地展开指导。这一建议从指导教师完成基本任务的角度提出。科学大奖赛内容覆盖面广，学生的研究项目内容可能对应其中不同的话题，在实际操作层面也可能对应不同的难度。这意味着学生所需要的指导帮助也是差异化的。因此采用一对一的教学策略更为适合。教师应该针对每个不同的项目(无论它是单人还是团队合作的项目)，了解清楚其具体背景，及时跟进学生的工作进展和遇到的困难，并因地制宜给出对应的建议。李秀菊博士曾在其研究论文中以案例对这一策略进行了详细的描述。在该案例中，指导教师与项目团队学生展开了交流。在听取学生表达想法之后，指导教师利用提出问题引导思考等方式帮助学生明确了后续工作的开展思路。该论文中也指出，这样的指导方式更像是“师徒制”的教学方式。对每个项目，指导教师需要花费足够的时间与精力，这也就意味着指导教师在一段时间内能够兼顾的项目总数是有限的。指导教师应根据个人实际情况考量到这一点，在规划指导工作初期就定好承担任务的数量。尤其对于新手指导教师，建议首先承担一个项目的指导工作，并尽可能累积相关经验。

将研究内容不同的项目集中展开指导。这一建议对于已经胜任项目的个别

指导且仍有余力的教师提出。在这一指导策略中，重点在于帮助学生建立关于科学探究或工程学设计本身的认识。指导教师可以周期性地召集学生，组织其轮流分享自己的研究内容、进展和困惑，等等。在此过程中，教师应引导学生关注研究项目之间的差异与共性。常见的差异如研究领域、使用的技术与设备、关注的变量与收集的数据等方面的不同；常见的共性则如都从研究问题出发且后续工作为回答或解决问题服务，都需要经过同行评议以评价其发现或观点的可靠性等。基于这些差异与共性，教师可以帮助学生抽提与领悟科学本质，也可以扩展他们的视野。这些比较也有助于学生更好理解相关概念，如“科学探究并不遵循唯一方法”。

**(二)帮学生把好选题关**

科学探究始于科学问题(scientific question)的提出，这些问题源自人们对于自然世界的好奇心。工程学设计也始于工程学问题(engineering problem)的提出，这些问题源自人们自身的需求。无论是科学问题还是工程学问题，它们引导着后续研究工作的开展，或者说所有的研究工作均是为了回答或解决问题服务的。因此将选题这一环节单独提出。在指导学生提出研究问题时，建议教师从以下几个方面做出考虑。

尽量满足学生的自主性，由学生提出自身感兴趣的研究问题。这有助于学生维持其参与活动的动机水平。有些时候教师可以划定一定的内容边界，在一个明确的范围内鼓励学生提出问题。有些情况下，学生的自主性难以得到充分保障，但仍应关注学生在研究该问题的过程中是否有学习和思考的空间。

示例1，某校新建了一批实验室，其中微生物实验室具有较高的硬件配备和专门背景的实验教师，于是该校指导教师就鼓励学生在微生物学科范围内提出问题，从而确保他们能够利用学校的资源去开展研究。

示例2，某学生对于眼科疾病非常感兴趣，提出了一个某种眼科疾病的相关问题。在联系当地的相关单位之后，仅有一家医院表示可以为学生提供支持，但是无法满足该学生去研究自己提出的问题。该医院正在开展一项眼科相关研究项目，愿意为该学生提供机会去参与其中一个分支问题的研究。据此情况，指导教师向学生提出了两条建议：第一，机会难得，虽然个人的想法无法得到充分满足，但仍应把握机会、积极参与。第二，在了解相关背景并融入研究环境后，多观察多思考，尝试提出独立的想法，并主动与团队沟通讨论，寻找实现个人想法的机会。

要求学生清晰而准确地表述问题。学生应该通过一个意义完整的问句指出自己想要回答或解决的问题是什么，问句中的术语、逻辑关系、研究对象应该是清晰明确的。这样的问句能够使人直接明白整个研究的工作指向何处，有助于教师以此为基础给出有针对性的指导，也有助于学生把握好后续研究的具体方向。在教学实践中，学生常常将研究的标题与问题混为一谈。指导教师应该帮助学生区分标题和问题在表述上的差异，并对学生展开问题表述的训练。

示例3，某学生将其研究问题表述为“麻醉剂对鱼的影响”。指导教师随即与其展开了讨论。

指导教师：你能描述一下你究竟想要弄清楚一件什么事吗？

学生：就是我想要知道给活鱼打了麻醉剂之后，它在鱼体内有没有残留。

指导教师：所以你看，你关心的其实是麻醉剂在鱼体内残留量的问题，而不涉及别的。比如说麻醉剂对鱼的生理活动是否有影响，就不在你的研究范围之内。但是你用一个标题来概括它的时候，它就包含了很多的内容，像刚才说到的两个问题，其实都能用这个标题概括。所以我建议你用问题把它表述清楚，直接指向麻醉剂在鱼体内的残留量这个变量。给鱼使用麻醉剂这件事似乎不太常见，你是怎么想到将它们联系起来的呢？

学生：是我跟家人去市场买鱼的时候，听说鱼打捞上来之后，为了让它保鲜便于运输，所以打一定量的麻醉剂。我就担心它会不会残留，危害人的健康。

指导教师：我觉得这个问题很有意义，也挺生活化的，值得研究看看。我们再看，其实你的问题里用到了“麻醉剂”和“鱼”这两个词，其实它们都是一类事物的统称。从逻辑上说，我们如果用了这样的词，就应该把这个统称下面每个类别都照顾到，否则得出的结论就会显得比较片面，不能完整回答提出的问题。你想想看，从你的想法出发，你关心的其实是哪一部分的鱼呢？

学生：是市场上卖的那些食用的鱼。

指导教师：那么我们可以在这里把“鱼”这个研究对象先限定到你说的这些食用鱼，甚至缩小到其中的具体几种。至于麻醉剂，你对于给鱼施加的麻醉剂有了解吗？

学生：我查文献看到的是有几种常用的类型，不同文献里各自有过介绍。

指导教师：那就像对“鱼”作出限定一样，我们对“麻醉剂”这个表述也可以作出类似的限定。请你尝试按照我们刚才讨论的思路，把问题重新表述清楚，提交上来。

指导教师应该关注研究问题的可行性。顾名思义，研究的可行性指的就是该项研究的顺利开展有多大程度的可能性。问题本身的内涵范围是考虑的一个方面。从逻辑上来说，问题的内涵决定着其后续的工作量和时间，也就客观制约着解决问题的可能性。前文示例 3 就体现了这一点：当学生的问题不够聚焦、涉及内容较多时，研究该问题的可行性就较弱。问题涉及的背景知识、技术操作等因素则是考虑的另一个方面。对于研究问题，学生有时需要首先对其相关基础知识进行深入学习，在深入理解后才具备开始研究该问题的基础；有时需要首先学会使用相关技术，在熟练操作后才能正式开始研究方案的规划制定。这对于学生的认知水平、时间和精力保障都有相应的要求。因此指导教师应该在研究之初就与学生做好充分的讨论。这一过程也常常需要来自问题相关领域一线科研人员的专业经验作为参考依据。

指导教师应该确保研究问题具有创新性。研究问题具有创新性，指的是两种情况：一种情况是该问题是首次提出；另一种情况，该问题虽然已经被前人提出，但是尚未有令人一致满意的答案或解决方案。换言之，研究问题具有创新性意味着其后续研究工作不是单纯重复前人已有的工作。在实际教学中，学生有时会提出一些自以为别人没有提出过的问题，这是由于其自身经历有限。指导教师在此时应该引导学生通过查阅文献等方式确认这一点。此外，部分指导教师将科学大奖赛活动中的研究项目与一般意义上的“研究性学习”混为一谈。而这里谈到的创新性恰恰就是二者的差异之一。在科学大奖赛的研究中，学生要针对一个尚未完满解决的问题找到答案或解决方案，无论对于学生自身还是其他人而言，它都是未知的。而在研究性学习中，学生只需要针对一个自己尚不知道的问题展开学习即可，即便这个问题对于其他人而言早有确定的答案。

指导教师应充分考虑研究问题涉及的安全性和伦理道德。某些研究问题直接指向潜在的安全风险，如以致病性微生物、有毒或放射性的物质为研究对象，或者涉及相关动手操作，等等，应预先对其做好充分的估计，并在研究之初做好安全应对方案。某些研究问题则涉及部分科研伦理道德，例如，以人或脊椎动物为研究对象，或者涉及人类志愿者参与、脊椎动物作为实验材料等。对于这类研究，应事先从知情权保障、安全风险评估、动物福利等方面展开伦理道德教育，确保研究的规范性。部分比赛对安全性和伦理道德会作出规则要求，指导教师应仔细阅读并注意避免违规。

指导教师可以在研究过程中与学生讨论并调整研究问题。研究问题并非一经提出后就不可更改的。实际上随着研究工作的开展，仍然有可能在客观条件限制或者主观想法改变的情况下对研究问题做出调整。指导教师不妨与学生展开及时沟通，对问题做出调整，而调整的过程仍应遵循前文提到的几方面原则。其中尤其需要注意的是，研究问题对于后续研究工作的引领效果不容忽视。一旦研究问题做出了改动，就必须在调整后的问题内涵下去审视研究工作，对后续的研究工作做出调整，确保其与问题一致。某些情况下，问题调整后可能与先前工作并不对应，这意味着不得不放弃之前的工作，从头来过。

指导教师应关注不同类型问题的研究范式。不同领域的研究在具体范式上有所差异。以科学探究与工程学为例：科学探究常常以“提出问题——作出假设——验证假设——得出结论”的整体范式开展工作；而工程学则多以“定义问题——设计方案——测试优化”①的整体范式开展工作。而即使在某些学科领域内部，关于不同话题的研究也有可能在遵循的范式方面存在细微差异。这些范式决定着研究在操作层面的具体情况。因此，指导教师在与学生确定研究问题后，应该对其所在领域的研究范式做充分了解。比较有效的一种方式是阅读相关文献，学习相似问题的解决范式。当然，也不能否认在范式方面可以创新，但是这种情况仍然在学生和指导教师对现有研究范式有充分领悟的基础上进行，也对其研究功底都有较高要求。

**(三)其他方面的高要求**

培养学生检索和阅读文献的能力。阅读文献这一活动本质上仍属于科学探究中的交流，它是学生作为受众以书面形式了解前人研究进展的过程。与学生自身研究问题相关的文献对其自身工作的开展具有参考价值，也帮助学生确认自己的研究问题在多大程度上具有创新性。这些相关文献需通过检索被发现和获取。教师可以从两个角度指导学生去阅读文献。第一，了解相关领域的研究进展和主要观点。这些内容经常存在于专业教科书中，或者论文的综述和结论部分。基于日常教学中对教科书等材料养成的阅读习惯，学生往往能较为容易地识别出这些知识性内容。对于某些研究前沿问题，不同的学术观点争执不下的状况很常见，这也是科学课堂中少见的。指导教师可以提醒学生注意这一点，并鼓励学生归纳、比较不同的观点，进而结合自己的思考做出判断与采择。第二，关注研究的范式。这一点主要是从方法论的角度引导学生思考，包括常见的研究方法和手段、数据样本的选取、分析模型与工具等，从而启发自身研究方案的设计和实施。同时也可以引导学生关注文字中体现出来的研究结构，各项内容之间的逻辑关系，使得学生对研究的整体架构有所把握。

---

① APPENDIX I - Engineering Design in the NGSS[EB/OL]. [2020-07-07]. https://www. nextgenscience. org/sites/default/files/resource/files/Appendix% 20I% 20 -% 20Engineering%20Design%20in%20NGSS%20-%20FINAL_V2. pdf, 2019.

帮助学生厘清研究思路。当学生提出相对复杂的研究问题，其研究项目包含多个子问题或子任务时，建议指导教师帮助学生厘清其中的逻辑关系，明确研究思路。

示例 4，某研究项目的问题是“使杆菌 A 分泌某活性物质的最适生长条件是什么?”学生从 pH、培养液成分配比、温度三个方面分别展开工作，依次将这三个变量作为自变量开展了三组实验。这个过程相当于将研究问题拆解为三个子问题，分别询问“使杆菌 A 分泌某活性物质的最适 pH/培养液成分配比/温度是什么?”对于每个子问题都采用了控制变量的方法开展了实验。从逻辑关系上看，这三个子问题是平行的，即任何一个子问题的解决都是独立的，不依赖于其他子问题的解决，也不对其他子问题造成影响。在实际开展的过程中，三个子问题对应的实验方案无须固定顺序。

示例 5，某研究项目的问题是“能否利用废弃轮胎中的碳作为电池制造材料?”学生首先利用一定的技术从废弃轮胎中提取了碳，之后对该碳的理化性质进行了检测，接着利用提取的碳作为材料制造了电池，最后验证了其性能。这个过程相当于将研究问题拆成了两个任务，分别是“从废弃轮胎中提取碳并对其验证”和“利用提取的碳制造电池并验证其性能”。这两个任务在逻辑上具有较强的依赖关系，前者是后者的前提。在前者没有如预期解决的情况下，后者是无法开展的。在操作方面，二者顺序有必然的先后，不能更改。

如示例 4 与示例 5 所示，在不同的问题情境下，研究的框架分支会呈现出平行或条件的逻辑关系，也常常出现多种关系混合的情况。指导教师此时应该帮助学生厘清思路，常用的方法是引导学生明确某部分工作做些什么、其目的为何，再理顺各部分工作之间有何逻辑。这样做的好处在于帮助学生真正“知其然、知其所以然”，而不只是依照时间先后顺序留下了线性的操作体验，却不知道这样做的用意。

**(四)充分利用展示问辩时的交流机会**

在科学大奖赛的展示问辩环节上，学生向评委和公众介绍展示自己的研究项目内容，并开展与之相关的问答与交流。这些评委往往是来自高校、企业或科研院所的一线研究人员，他们具备相关学科知识背景、研究工作经验，了解相关研究进展，因此能够从多个角度围绕学生的研究项目提出有针对性的建议。评委在此过程中将对项目质量和学生的科学素养做出评定，从而对项目的授奖与否提出意见。科学大奖赛也常常安排面向社会公众开放展示的环节，学生可能面对身份与学科背景大相径庭的各类人群，以清楚准确地分享自己的研究工作为目的，采用不同的策略展开介绍交流。上述两种情境下对于中学生而言都是相对陌生且富有挑战性的，是通常不易经历的，也是能够促进学生能力提升的。所以指导教师应该帮助学生做好赛前准备，充分利用好展示问辩这一交流机会。

口头表达是准备展示问辩的重要内容之一。指导教师可以从两个方面逐步帮助学生准备口头报告内容。第一，总结和反思已完成的研究工作，厘清各部分工作的核心内容及其内在逻辑。在上文中提到了科学研究应该符合科学探究与工程学设计所遵循的范式，这些范式同时也可以作为总结研究内容的思路框架。例如，对于科学探究项目而言，哪些信息与问题的提出有关，问题又是如何表述的；哪些工作的目的在于收集数据；哪些工作的目的在于分析和解释数据；基于证据最终得出的结论如何，它与问题在逻辑上是否对应。对于工程学设计项目而言，问题成功解决的标准及限制条件与哪些信息与问题的提出有关；设计和优化解决方案时做了哪些工作；为了测试解决方案又做了哪些工作；最终的结论如何，它是否有效解决了最初的问题。通过这种方式去总结的好处在于将看似零散的信息与工作归并成模块且抽提出要点，也认识到模块之间的关系。特别是在教学实践中，这种思路可能帮助规避两种情况的出现：第一种情况是学生仅仅按照时序将原有体验复述，无法抓住隐藏其中的核心；第二种情况是学生机械背诵式地介绍内容，当被打断或直接问及其中某个具体部分时不能做出有效应对。

第二，灵活使用表达策略。在面对不同的交流对象时，学生可以策略性地对口头表达的内容做出调整。表达策略是多样化的，没有所谓的“标准用法”，一切皆为表达的效果服务。示例 6 展示了其中的一种。

示例 6，为了对已有的治安效果做出提升，一位学生利用人工智能相关技术提出了一种新的人类面部特征识别方法，并验证其确实起到了更好的效果。他认为人工智能这个术语是在他的表述内容中最为重要的概念之一，而他对于是否详细阐述这个概念犹豫不定：如果对方本就理解这个概念，他又花时间精力解释一遍，就显得多余；但如果对方确实不理解这个概念，他又没有讲解这个概念，可能会影响对方理解后续内容。面对这个疑惑，指导教师建议他不如自然地判断出具体情况并做出调整，比如，在介绍完项目要解决的问题与目的之后，提及“我想到利用人工智能相关技术去解决这一问题”时，随后自然询问“您对人工智能的原理有所了解吗”或是“是否需要我关于人工智能的原理做一点介绍”。如果对方表明已经了解，则直接介绍后续内容，否则就对人工智能的内容做出阐述。当然，阐述的内容需要事先准备好。指导教师还叮嘱学生，既然采用了直接询问的策略，那么务必要适当措辞，避免让对方觉得被冒犯。

此外，在面对不同的时间压力时，也常常需要使用不同的表达策略。例如，有些时候比赛规则或是评委会要求学生在三分钟之内介绍自己的项目。在这种情况下，学生就应该直接把项目的核心的内容直接呈现出来。而在时间充裕的情况下，学生则可以有条理地详述项目的细节。无论采取何种策略，都以透彻理解项目内容和内在逻辑为基础。

可视化表达是另一项重要的准备内容。在科学大奖赛上，常常借助海报、展板或者实物展示等可视化的方式辅助介绍研究项目的内容。在制作海报或者展板时，需要精心选择展示内容，并以清晰的逻辑将其展示排布。此处依然推荐按照科学或工程学的研究范式为线索，组织各项内容。同时也建议口头表达与海报展板采用同样的内容组织思路，使得二者在逻辑上统一，配合起来也会更自然。图 8-2 展示了基于科学研究范式思路设计的一块展板。此外，在呈现内容时，需注意展板上的文字呈现并不同于论文撰写，应尽量用简明扼要的文字将必要和核心信息准确清楚地表述出来，避免大段文字的堆砌。图表有助于直观呈现信息，应结合项目内容灵活使用。

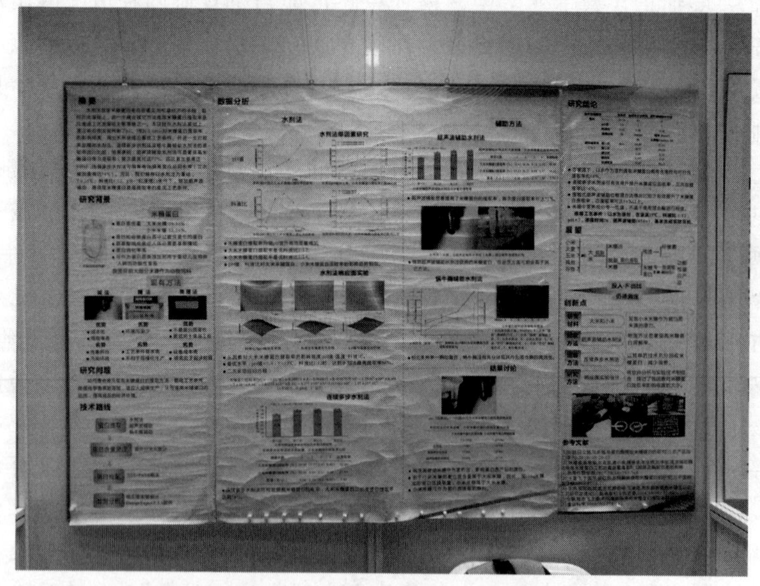


**图 8-2　明天小小科学家竞赛项目展板示例①**

① 明天小小科学家官方网站[EB/OL]. [2020-07-07]. http://mingtian. xiaoxiaotong. org/index. aspx，2019.

### (五)指导教师应努力自我提升

为了更好地指导学生参与科学大奖赛，教师可以从专业素养和指导管理两方面努力提升自己。在专业素养方面，教师应该通过学习加深对科学本质与科学探究的理解。这有助于教师领悟科学研究项目内在的逻辑结构，透过项目的学科背景和内容的表象关注其内在工作思路和逻辑的本质，从而使得教师在面对不同的项目时都能如庖丁解牛，了解到学生工作的框架思路，进而在此水平做出评价和提供指导。这也能在一定程度上解决教师们在教学实践中的一个常见困惑：学生的研究内容对我而言是陌生的，对于某些具体知识背景比我懂得还多，那我该从哪里入手提供指导？当教师对科学本质与科学探究了解得足够深入时，就能从逻辑结构方面审视学生的研究工作。一些思考角度如：学生得出的结论是否有充分的证据作为支撑，结论内容是否有效回应了最初的研究问题，学生对几个子问题之间的关系是否有合理把握，是否有针对性地为回答每个子问题收集和分析了数据。此外，关于工作完成质量的评价也可以是教师开展指导工作的切入点。一些具体的关注点如：学生对研究结果是否做过重复验证，学生获取的样本是否足以代表其研究对象总体。

在指导管理方面，指导教师应注意累积总结教学实践经验。科学大奖赛往往是周期性的活动，会要求学生在规定时间内提交已完成的研究项目信息。这就需要提前完成并整理好研究工作。对于学生个人而言，在查阅文献、制订计划、实施计划等具体工作上如何分配时间也常常需要借助指导教师的经验。因此，指导教师应该在实践中累积对于时间分配与进度把控方面的经验。此外，针对不同特质的学生，如何有针对性地帮助他们有效调节心理与开展工作，也依赖于指导教师在实践中的摸索与总结。

### (六)积极寻求教育资源并妥善使用

不同场合下，指导教师面临的教育资源条件不同，处理方式也会不同。有些时候，学校自身的资源不能支持学生开展研究工作，就需要找到与之相匹配的科研资源。常见的一种方式是通过电话、邮件等方式联系相关的单位，表明来意并征求对方的支持；另一种方式则是通过熟人来寻求资源上的支持，如家人、朋友乃至社区。无论采取何种途径，首先要明确自身的需求，即学生的研究项目为何目的、要做何事、需要何种具体支持。这样才能在寻求支持时有效使对方听明白，并清楚地判断是否具备支持能力。另一些情况下，学校或学生可以申请相关项目来获得专业科研资源的支持。例如，学校与各类学会或高校开展长期的人才培养合作项目，或者学生申请诸如“英才计划”等科技人才培养项目。

在利用教学资源支持学生开展研究的过程中，需要确保资源的使用指向教学活动的目标。科学大奖赛活动从本质上仍是科学探究或工程学设计实践活动，应达成其在知识、技能、方法、情感态度与价值观等方面的目标。指导教师应利用资源帮助学生在这些方面得到提升。科学大奖赛活动相关的教学资源不仅包括设备、耗材等实体资源，也包括文献资料等非实体资源，还包括专业科研人员等人力资源。对于指导教师而言，组织自己、学生和专业科研人员三方开展互动的经历往往是不常见的，这可能导致教师不能顺利开展指导工作。例如，因为专业科研人员的学科知识与科研经验都很丰富，有的教师认为干脆将指导工作全盘托付给科研人员，也有的教师觉得相比之下自己不够专业而失去参与指导的信心，还有的教师不知道从哪些角度与科研人员交流并开展配合。但是，有研究表明对于某个专业精通的人未必就能有效地教会别人①。其原因就在于这些精通本专业的人未必具备开展教学的理论与经验。因此指导教师的角色不但有存在的必要，还应该在教学方面提供建议。这并不意味着指导教师告诉科研人员如何去开展教学，但是指导教师应该与科研人员开展讨论，明确教学的总体目标和分工配合方式。这方面的经验同样需要在反复实践中逐渐累积。

## 第三节　科学竞赛案例

科学竞赛种类多样，本书无法对所有类型竞赛一一列举案例。考虑到学生自主开展的科学探究或工程学设计类项目常常为科技辅导员的指导工作带来诸多挑战，本节选取了两个在 ISEF 竞赛上获奖的项目案例，分别是科学探究类项目和工程设计类项目，供科技辅导员分析和参考。

### 一、人面蜘蛛通过调节基因表达和蛛网结构来提高捕食效率项目

这个项目(人面蜘蛛通过调节基因表达和蛛网结构来提高捕食效率，A Vesatile Hunter：Giant Wood Spider Adjusts Web Structure and Silk Properties When Encountering Different Prey)的完成者是台湾师范大学附属高级中学的赵依祈同学。该项目参展了 2006 年 Intel ISEF，获得 Intel ISEF 动物学科一等奖。这一研究以人面蜘蛛为对象，探讨以下三个问题：①面对不同类型的

① Bransford J D，Brown A L，Cocking R R. How people learn [M]. Washington，D. C.：The National Academy Press，2000：44.

猎物时，人面蜘蛛是否会调整其蛛网结构、蛛丝的氨基酸组分和物理性质；②产生的这些改变是否能提高对不同类型猎物的捕食效率；③引起这些改变的因素是猎物的养分还是振动刺激。作者通过控制猎物的养分和振动刺激，把人面蜘蛛分为四个处理组，分别喂以活蟋蟀(C组)、活苍蝇(F组)、死蟋蟀加苍蝇振动刺激(Cd组)以及死苍蝇加蟋蟀振动刺激(Fd组)。在完成食控处理之后，对四组蛛网的捕捉面积、蛛丝和网孔数目、网张力等三方面的值进行测量和对比分析，并且利用抽丝机对蛛丝进行抽离，测量分析不同食物控制下蛛丝的直径、氨基酸成分和韧性；同时，还通过测量四种蛛网的振动传递能力及苍蝇、蟋蟀留置能力和横丝黏性来分析不同食物控制下蛛网的捕食效率。该研究运用SYSTAT(9.0)软件进行统计分析，采用协方差分析的方法ANCOVA(Analysis of Covariance)对结果进行分析处理；比较不同喂食情况下蛛网的网形值差异，用多变量方差分析MANOVA(Multivariate Analysis of Variance)分析各组蛛丝的物理性质和氨基酸组分的差异性。实验结果显示，人面蜘蛛能够通过调整蛛网的结构、蛛丝的蛋白质组分及物理性质来更有效率地捕捉不同类型的猎物。此外，分析发现，C组与F组之间各项数据都存在显著差异，而Cd组和Fd组之间没有显著差异，这说明猎物养分和振动刺激同时影响着人面蜘蛛的结网行为和丝基因表达。

蜘蛛生活地域广泛，是我们生活中常见的动物，它们独特的捕食方式和生活习性，引起过无数青少年的好奇和喜爱，也有许多青少年对它们进行过观察和记录。从选题来看，本课题以蜘蛛为研究对象，凸显了青少年研究课题来源于生活和日常观察的特点。但是，与其他中小学生对蜘蛛一般的行为观察和记录不同，本研究所提出的问题具有鲜明的针对性和创新性，其高质量的问题直接将课题的工作指向本领域的前沿，使得这一项目在保持着中学生特点和可行性的同时，又不落俗套，令此项目有充分的创新空间和较高的学术价值。蜘蛛网作为研究动物工程的最佳材料，已经引起越来越多的生物学家的关注。许多研究发现，蜘蛛会因外在环境的不同而改变蛛网的结构、从而调整对不同类型猎物的捕食效率。另外，Craig等人(2000)在实验中证明，蜘蛛捕食不同猎物后，蛛丝的氨基酸组分会随之改变。然而，蜘蛛的视觉不佳，当觅食情况改变时，究竟是什么因素导致它调整蛛网的结构、形值和蛋白质组分呢？是因为猎物养分的改变，还是因为猎物在网上挣扎所产生的振动刺激的不同呢？对于这个疑点的研究尚没有相关报道。作者抓住这一研究空白作为课题的切入点，可以看得出作者在文献工作方面的扎实基础。她在前人工作的基础上，又提出了两个开创性的问题：蛛网结构和形值的改变能否影响蜘蛛对不同类型猎物的捕食效率；蜘蛛捕食不同食物时，蛛丝化学组成的改变是否会引起其韧度、弹性等物理性质的改变。为获取有说服力的证据，她巧妙地设计了实验对象分组方案(如表 8-3 所示)。

表 8-3　人面蜘蛛通过调节基因表达和蛛网结构来提高捕食效率项目实验分组方案

| 影响因素＼组别 | C 组 | F 组 | Cd 组 | Fd 组 |
|---|---|---|---|---|
| 蜘蛛摄食的养分 | 蟋蟀 | 苍蝇 | 蟋蟀 | 苍蝇 |
| 蜘蛛感受的刺激 | 蟋蟀 | 苍蝇 | 苍蝇 | 蟋蟀 |

注：Cd 组及 Fd 两组分别先以苍蝇或蟋蟀振动吸引蜘蛛，待其过来捕食，再将死苍蝇或死蟋蟀置于振动位点由其捕食(蜘蛛视力不佳，只能感测网上振动，无法分辨眼前物体)。

这一方案将人面蜘蛛进行四种不同的喂食处理，把食物养分和振动刺激两项预期的影响因素都包含在内。如果食物养分影响大于振动刺激的影响，那么，C vs F 组与 Cd vs Fd 组的差异性分析结果应该相同，即某测量值 C>F 且 Cd>Fd，或者 C<F 且 Cd<Fd；如果振动刺激的影响大于食物养分的影响，那么，C vs F 组与 Cd vs Fd 组的差异性分析结果应该相反，即某测量值 C>F 且 Cd<Fd，或者 C<F 且 Cd>Fd；如果食物养分和振动刺激的影响均起着重要作用，缺一不可，那么，C vs F 组的测量值会存在显著差异而 Cd vs Fd 组无显著差异，即 C>F 且 Cd=Fd，或者 C<F 且 Cd=Fd。这样的实验设计不仅设计思路清晰、目的明确、逻辑严谨，而且能够简约有效地获取足够的数据支持。因此也得到评委的好评和高分。

在物理性质的测量方面，由于蛛丝纤弱特点的限制，通常的测量器材已经不适用了，作者在借鉴前人研究经验的前提下，充分利用现有实验条件，变通出一系列行之有效、科学可靠的测量方法。其中，最精彩的部分当数蛛丝应变(strain)和应力(stress，即单位面积承受的拉力)的测量了。物理实验室中，弹簧秤是测量拉力的常用工具，但对于单根蛛丝拉力的测量来讲，它就不能发挥作用了。但是，本研究在高中实验室的条件下解决了这一问题，设计出测量单丝应力和应变的装置(如图 8-3 所示)。

首先以人工方式拉取 5cm 长的单根蛛丝(C)，粘贴到纸卡(B)上。接着，将粘贴单丝的纸卡放置于微量天平(A)上，用剪刀从 D 处将纸卡剪断，上半部纸卡以 1.7 cm/min 速度向上拉伸。此时，蛛丝也会随着纸卡被拉伸，在这个过程中，虽然没法使下半部纸卡产生向上的位移，脱离微量天平，但是，蛛丝的拉力会使得下半部纸卡的重量减轻，同时，摄影机(F)将记录下微量天平的刻度及纸卡上升的高度。所减轻的重量乘重力加速度(9.81 $kg/m^2$)再除以蛛

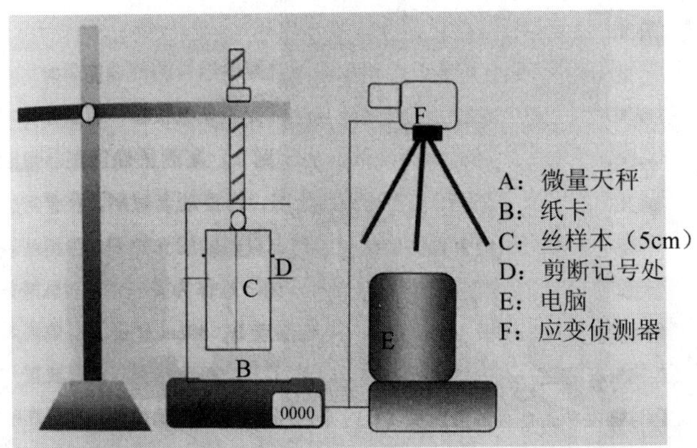


图 8-3 单丝应力和应变测量装置

丝的横截面积就得到单丝的应力了，而纸卡向上提升的高度则是蛛丝的应变。之后，在电脑(E)中绘制应力—应变曲线，找出其斜率即杨氏系数(modulus)，再将此曲线进行积分，便能得到单丝的韧度，即单丝在断裂前所能承受的总断裂能，这是对比各种食物控制下蛛丝差异性的重要物理性质之一。这一测量技术上的突破，不仅化解了本研究的一个难点，也充分表现了作者的想象力和创造性解决问题的能力，值得充分肯定。

此外，在检测不同食物控制后蛛网对振动信号的传递能力时，本研究没有采用以往学者一贯使用的高端昂贵的光电仪器，而是设计了一种成本低廉、操作简单快捷的方法(图 8-4)来测量蛛网振动强度(振幅)随传递距离的增长而衰减的情况，即振动衰减率。作者用灯光照射蜘蛛网，调整照射方向使蛛丝表现出较好的反光效果，再用电动按摩棒(E)外接频率 66 Hz 振幅 0.6 cm 的铜丝作为振源，触碰蛛网 A 点，在蛛网上离振源 15 cm 处设一个观测点 B，30 cm 处设一个观测点 C，45 cm 处设一个观测点 D，在 A、B、C、D 四个观测点前各放置一台与蛛网平面垂直的摄影机(G)，同步记录蛛丝振动位移。然后在电脑(F)中将影像截取出来用 Video Point 软件处理后，便可计算其振幅。这一设计和在本研究中的成功运用，表现了其物理学原理的深入理解及创造性利用常规器材的能力。

本研究在蛛网张力测量和横丝黏性测量中，均使用显微镜的粗准焦螺旋来控制拉伸速度和距离，这是对常规实验器材的创造性利用的又一个例证。另外，在实验蜘蛛的选用上，本实验根据蜘蛛的成熟度与体长成正比这一事实，选择体长相近的人面蜘蛛进行实验，并运用 ANOVA test 比较各组蜘蛛体长，

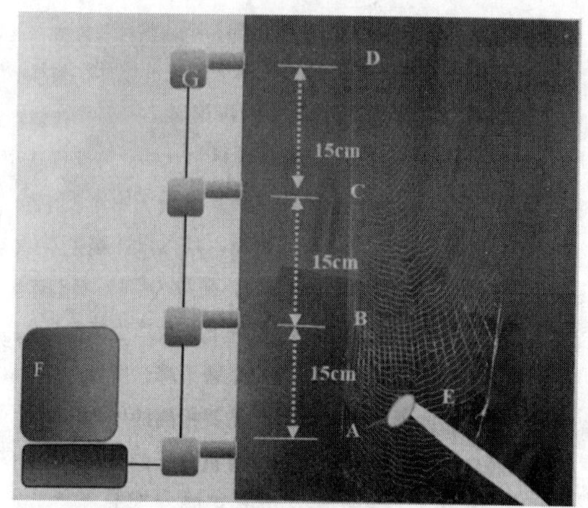


图 8-4　人面蜘蛛蛛网振动衰减率测量图示

数据显示它们均无显著差异，这就排除了蜘蛛年龄对实验结果可能造成的影响，使得实验数据和结果更加完整和可信。

蜘蛛丝是一种优质纤维，具有极好的弹性和强度，20 世纪初，人类就开始了对蜘蛛丝的利用，但直到 90 年代初，才对其蛋白组成、基因表达、结构形态、力学性能等特性有了深入研究。由于天然蜘蛛的蛛丝产量相当有限，近年来，许多生物科技公司试图利用基因转导的方式来大量制造蜘蛛丝，但所获取的人工蛛丝的质量远差于天然蜘蛛丝，没有商业推广的价值。本研究结果显示，当人面蜘蛛面对持续出现的大型猎物时，会增加其所产蛛丝的韧度，且其蛋白质组分中的丙氨酸、谷氨酸及谷氨酰胺含量均有显著升高。这一结果为寻找控制蛛丝蛋白组分的基因开启了一扇窗，今后人们在制造人工蜘蛛丝时，可以考虑让这些基因同时表达，并根据不同需要调整各基因的表达比例，生产出适用于各种不同需求的蜘蛛丝。

本研究中对蜘蛛丝蛋白质组分的研究，加重了本课题的学术含量，也使该研究的成果表现出了一定的应用价值。细细品味这个高中生研究项目的特点和闪亮之处，会让我们对 Intel ISEF 的项目评审标准有更深入的理解和操作层面的认识。此外，该项目在选题、设计对照实验方案、设计测量装置等方面的巧思也可以供科技辅导员开展教学时作为参考。

## 二、用于泥石流预警的土壤水分监测传感器研制

这个项目的完成者是四川省的彭菁菁、田园、冯卓立，属于团队项目。该项目参展了 2012 年美国第六十三届 Intel ISEF，被评为 Intel ISEF 工程学科二

等奖。该项目从泥石流的形成原因出发，设计了一种自谐振渗透膜土壤水分监测传感器，并使用该传感器实现通过监测土壤含水量来对泥石流进行预警。由于土壤含水量的变化，使得包裹着自谐振电感的渗透膜的介电常数发生变化，导致自谐振电感的谐振频率发生改变，通过频偏读取电路得到谐振频率的改变值，就可以得到土壤的含水量。在同一地点不同深度同时布置多个传感器，在坡面的不同位置也布置这样一组传感器，通过实时等间距采样，得到不同位置不同深度土壤的含水量和土壤的渗水率。所有传感器数据通过无线数据传输发送到数据处理中心，这样就得到了坡面土壤垂直和水平含水量分布和渗水速率数据库，对研究泥石流的源区发育和预警具有重要意义。通过模拟和野外测试表明，该土壤水分传感器检测准确，性能稳定，抗干扰能力强，而且体积小，成本低，适合埋设。泥石流的发生与土壤的含水量有很大的关联，通过监测土壤的含水量来预警泥石流灾害，预警更加准确。项目具体工作原理如图 8-5 所示。

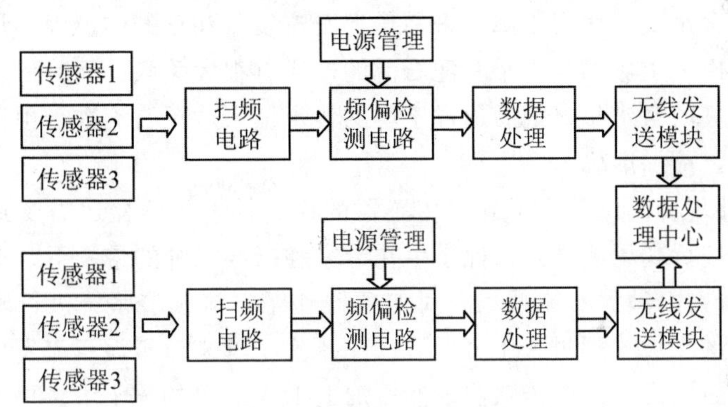


**图 8-5 装置工作原理图**

本项目令人赞叹之处在于三位完成者从生活中敷面膜这一常见行为中获取灵感，运用了物理学的相关知识结合自身的设计能力，尝试制备了新的传感器装置并以此建立了解决生活中实际防灾问题的系统。其成果不但操作简单可行，成本也较为低廉。整个项目中使用的元器件和材料基本可在生活中轻易购得，所需的知识内容也以高中阶段的物理学知识为主、辅以部分物理学和化学的补充内容。

此外，本项目结构完整规范，符合工程学设计中常见的“提出需求与目标——设计解决方案——测试检验方案”工作范式。特别是在测试环节中，该项目逻辑清晰、逐步递进完成了多项测试工作，并根据测试结果进行了工程学目标的达成度判断。以下是其测试环节的具体内容。

(1)传感器自谐振频率测试。自谐振渗透膜传感器的输出信号是谐振频率值，因而传感器的谐振频率测试很重要。一方面，通过测试可以得到不同批次做出来的传感器谐振频率的差异，另一方面，通过用标准的测试设备可以得到准确的谐振频率，得到这个频率之后，需要和该项目设计的传感器读取电路测得的谐振频率做比较，测试传感器读取电路的性能。基于该测试结果分析判断，误差还基本在接受范围内，如果想减小误差，可以将每个传感器都单独定标，但是这样操作不方便，另外一个方法是寻找其他制作工艺，使得传感器做出来的一致性更好。

(2)演示模型的制作和测试。为了更好地说明该项目制作的传感器监测泥石流的原理，学生制作了一个泥石流监测系统演示模型。土壤含水量传感器掩埋在坡面的土壤中，山坡上安装传感器读取电路，连接传感器，传感器读取电路得到的土壤含水量数据通过无线数据传输发送到远程的数据中心，数据中心显示当前的含水量。用人工降雨来模仿泥石流发生和预警的过程。从测试结果分析可以看出，土壤的含水量和泥石流的形成有很大关联，同时传感器可以很好地得到土壤的含水量，最后通过土壤的含水量来对泥石流进行预警，相比雨量监测预警，更加准确。

(3)野外现场测试。为了确保传感器的稳定性，传感器还需要到室外泥石流源区坡地进行现场测试。为此学生在专家和指导老师的带领下，来到四川虹口“8·13”特大山洪泥石流现场，对传感器和泥石流预警系统进行测试。用一个 3 m 见方的土坡，通过人工降雨和人工压实土壤来模拟泥石流发生现场。先在原来的坡面埋设第一层传感器，然后加上 10 cm 厚的碎土壤，再埋设第二层传感器，然后再加 10 cm 厚的土壤，再埋设最后一层传感器，上面再覆盖 5 cm 厚的土壤，最后轻轻压实。完成掩埋后，利用人工降雨的方法使得坡面土壤含水量增加。在这个阶段，用摄像机对泥石流坡面进行全程录像，来得到坡面在什么时间开始发生局部泥石流现象和发生大面积泥石流现象。同时，传感器数据接收模块安装在泥石流模拟现场的附近，便于同时观察数据。最后得出的测试数据分析结果表明效果较为理想。

在上述三项测试中，第一项测试主要针对其制作成品内部的误差问题，即检验解决方案内部是否存在问题；第二项测试主要是针对模拟环境中成品的效果，即检验解决方案在模拟环境下是否有效满足需求；第三项测试主要是针对真实环境下成品的效果，即检验方案在真实环境下是否有效满足需求。三项测试的指向性由内向外，由简单到复杂，逻辑合理且满足了工作的高效性。测试的结果有效地体现了项目成果的可靠性，这也是此研究项目体现实证性之处。

该项目在工程学科参赛，具有一定的技术属性和工程学设计特点。学生针对实际生活中有意义的真实问题展开了项目工作；创意性地将生活中的日常行为与解决问题的具体需求结合起来提出了解决方案构想；利用对科学知识的理解和技术的掌握将自己的想法有效地付诸实践；基于工程学设计的一般工作范式规范地组织开展了项目研究工作。可以说，本项目对于工程学及同类学科项目而言具有较好的示范性。

从本章内容可以看出，虽然科学竞赛类活动因其独特的外在活动形式看似难以把握，但从课外科学教育的各个视角透过活动形式看内涵，就不难从教育目标、教学内容和教学法等方面重新认识和把握。荣誉与奖项并不是科学竞赛类活动的唯一目的与最终归宿，对于学生的指导工作也并非科技辅导员的分外之事与不可能的任务。期待科技辅导员能够深入理解科学竞赛活动内涵，利用好此类活动的独特优势，帮助学生在参与活动的过程中尽可能获得成长！

# 第三部分　课外科学教育的支持系统

## 第九章　科技辅导员专业发展

科技辅导员是校外科技教育活动的设计者、实施者、管理者和评价者。他们也理应成为校外科技教育的领导者和推动者。校外科技教育水平的积极发展有赖于科技辅导员自身的提升，尤其是他们专业素养的提升。而科技辅导员的专业素养提升不但要靠他们自身的努力，也需要来自外部的帮助。这些帮助可能来自各种渠道、有各种形式，它们使科技辅导员的成长方向更明确、过程更高效。这也就涉及科技辅导员的管理者、培训组织者等多方面相关人员的共同努力。本章将对科技辅导员专业发展的意义、标准、框架进行阐述，并提供相应案例，希望这些内容对于科技辅导员本身和相关组织管理人士均有所启发。对于科技辅导员而言，可以思考自身发展的目标与路径，也更清楚自己参加培训时应该努力的方向；对于相关组织管理人士，则可以参考教师培训的一些目标、原则、框架与具体做法。

### 第一节　科技辅导员专业发展的意义与标准

校外科技教育活动的设计与实施工作对于科技辅导员而言兼具机会与挑战。一方面，校外科技教育活动没有统一的课程标准作为标杆，这既为科技辅导员带来了灵活发挥的空间，又考验了他们的创造与实践能力；另一方面，校外科技教育活动应是校内科学教育的补充与延伸，这要求科技辅导员把握好二者的关系，找准结合点。而要应对这些挑战，就需要科技辅导员具备相应的专业素养。本节首先从动态发展的视角对于科技辅导员的专业发展意义进行了阐述，随后分别选取介绍当前时间节点下的中外标准文件中对于专业发展水平的具体要求，以供科技辅导员在职业发展规划方面参考。

## 一、科技辅导员专业发展具有多方面意义

科技辅导员的专业水平，在宏观层面上决定着校外科技教育的整体水平，在微观层面上决定着其个人成就水平。因此提升科技辅导员的专业素养，在两个层面都有积极意义。

### (一)科技辅导员的专业素养提升关乎校外科技教育的整体发展

从国内外近几十年来的科学教育发展的过程可以发现，科学教育通过树立明确的目标来尝试引领整体的发展。在科学教育的目标文件中常常对学生需要发展的知识、表现等方面做出详细描述，如各国家、地区的教育管理部门颁布的科学课程标准，又如科学教育相关学者、团体提出的“21 世纪技能”。标准的提出意在调动科学教育这个复杂系统内相关的因素发生改变。最初人们的着眼点落在看似与科学教育更为直接相关的因素，包括课程、教学与评价。然而其后出现的一些证据表明仅从这些方面的努力尚不足够推动科学教育的整体发展，于是人们将更多的因素纳入考虑，如教师的培训和专业发展、管理政策、教育预算以及社区，等等。① 所以说科技辅导员的专业素养提升会为校外科技教育的整体发展带来积极影响。考虑到科学教育的终极目标是培养学生的科学素养，也可以说科技辅导员提升自我的专业素养是为了更好地帮助学生发展成才。

我国的一些相关政策和文件可以供科技辅导员作为专业素养发展的参考。这其中包括科学和技术相关学科的课程标准文件、理科各学科教师资格认证的相关文件以及科技辅导员的职称评定办法等。科技辅导员同样可以阅读和分析国外的相关文献来进一步扩大视野。尽管目前并没有专门的文件非常详尽地描述科技辅导员的专业素养要求，诸如在哪些方面、具体达成何种表现等，但是科技辅导员可以把握好自身的专业提升为学生的科学素养发展这条原则去展开思考与行动。

### (二)科技辅导员的专业素养提升有助其应对新的教学环境变化

课外科学教育的环境在不断变化。这其中包括多方面条件的变化：一是教学时长的变化。从最初仅通过“课后一小时”开展教学活动，到每周划拨专门的实践活动时间排入课程表、节假日乃至寒暑假时间的自由安排。课外科学教育

---

① Bybee R W，Loucks-Horsley S. National science education standards as a catalyst for change：the essential role of professional development[M]//Jack R，Patricia B. Professional development planning and design. Arlington，V. A.：National Science Teachers Association，2001：1-12.

灵活多变的教学时间既以支持科技辅导员充分开展工作为目的，也要求他们合理有效地利用好这些教学时间。

二是教学内容的变化。很多经典的课外科学教育活动在随着时间不断发展，例如，围绕机器人设计与操作的赛事活动，其竞赛项目不断丰富、竞赛要求与规则周期性推陈出新，使得该类活动内容更多样。此外，也有越来越多新形式与内容的教育活动出现，如创客马拉松、科学影像节、高校科学营等。科技辅导员需要对各类教学内容的定位与功能做出准确判断，从而将其确实有效地融入教学实践。

三是教学资源的变化。基于互联网平台的海量资讯，政府单位、科研院所、企业与社会团体组织等对科学教育的参与和支持，越来越多的资源可以为科学教育教学所用。当然，也有些客观因素会导致可使用的教学资源减少，如外因导致经费不足的情况等。无论资源如何变化，科技辅导员需要精心调配取用教学资源，力争在有限的资源条件下将其用足用好，在富余的资源条件下找到最优的内容与最有效的利用方式。

四是教学策略的发展。新的教学理念与教学策略总在不断出现，它们以一定的教育实证研究作为基础，能够有效地指导教学实践获得更为积极的效果，如探究式教学、STS、基于概念转变的教学、合作学习、论证式教学、STEM教学、建模教学，等等。这些教学策略有助于教师更为系统地审视、梳理和反思自己的教学设计与实施，从而使教学更为完善，取得更好的效果。

五是技术的发展。技术的发展为人们的生活带来更多便利，它也为课外科学教育带来了更多的可能性。模块化编程方式的出现使得越来越多的学生能够参与到编程活动中来，发展自己的逻辑思维能力；更为廉价与精确的检测设备使得曾经只能通过观察获取定性描述的探究活动变得可以定量化操作。如何顺应技术的发展，将其纳入自己的教学之中，使自己如虎添翼，也是科技辅导员需要面对的课题。

正因为校外科学的教育环境如此动态多变，所以科技辅导员需要不断发展自身的专业素养，有效应对这些变化，抓住机遇，化解挑战。

## 二、相关标准文件描述了科技辅导员专业素质的内容组成

世界多国都颁布了专门的标准对科技辅导员的专业素养进行界定与描述，就如同课程标准规定了一门课程应该满足哪些要求，我国也是如此。近年来出台的青少年科技辅导员职称评定相关规定直接从个人经历与成就方面对科技辅导员的专业素养提出了要求，而国外的一些科学教师资格认定要求则从知识和能力等方面作出了规定。它们从不同的角度进行描述和约束，因此下文将依次

介绍相关内容。这些文件的具体内容从不同层面逐渐描述了科技辅导员专业素质的具体内涵。

### (一)我国青少年科技辅导员专业水平认证要求

中国青少年科技辅导员协会(简称中国青辅协)是我国科技辅导员的群团组织。其宗旨在于促进青少年科技辅导员队伍的成长，促进青少年科技教育事业的繁荣与发展。协会的重点工作就包括青少年科技辅导员专业水平认证和青少年科技辅导员培训，可以说与广大科技辅导员的职业发展与专业素养提升息息相关。其中专业水平认证工作的开展无疑为科技辅导员提供了支持和保障。

青少年科技辅导员专业水平认证面向校内外从事青少年科技教育活动的专业人员，既包括中小学教师，也包括高校与科研院所、科普场馆、青少年宫(活动中心)、科技教育机构、社会团体、企事业单位中从事青少年科技活动辅导、研究工作的人员。认证分为初级、中级和高级三级。高级科技辅导员由中国青辅协负责评定，中级和初级科技辅导员由省级青辅协或经中国青辅协批准的机构负责认证。认证主要从师德修养与专业情感、理论水平与科技素养、业务能力和实践能力三方面对科技辅导员进行综合评价。① 随着《青少年科技辅导员专业水平认证办法(试行)》的颁布，青少年科技辅导员专业水平认证工作也正式开展起来。目前，由中国青辅协直接负责高级科技辅导员的职称评定，内蒙古、江苏、湖南、北京、广西、辽宁、上海等多个省、直辖市和自治区的相关单位负责其区域范围内的初级和中级职称评定(以中国青辅协官方网站信息为准)。资格认证无疑代表着对教师资质的具体要求。因此，充分理解认证标准的内容，有助于科技辅导员设定自身的成长目标，并稳步实现自我提升。受限于篇幅，本书仅摘引部分《青少年科技辅导员专业水平认证办法(试行)》，更多关于初级、中级和高级认证办法细则可以在中国青辅协官方网站查询。

青少年科技辅导员专业水平认证办法(试行)

为客观、公正、科学地评价青少年科技辅导员的专业能力和水平，严格按照规定的条件、办法和程序，开展辅导员专业水平认证；并通过认证管理引导激励广大青少年科技辅导员进一步提高专业能力，并促进辅导员队伍的扩大。依据《青少年科技辅导员专业标准(试行)》，制定本办法。

---

① 中国青少年科技辅导员协会．中国青少年科技辅导员协会一协会简介[EB/OL]．[2020-07-08]．http://www.cacsi.org.cn/Home/Index/intro.

第一条　认证对象

组织和指导青少年科技教育活动的中小学教师，高校与科研院所、科普场馆、青少年宫(活动中心)、科技教育机构、社会团体、企事业单位中的从事青少年科技辅导工作的专业人员。

第二条　报名条件

(一)申请高级认证

1. 拥护中国共产党的领导，热爱祖国，遵纪守法；热爱青少年科技教育事业，具备良好的职业道德和敬业精神。

2. 具有大学本科及其以上学历，连续从事青少年科技辅导员工作5年以上。

3. 具备以下3项条件中任意2项：

3.1　近五年内，作为第一指导教师指导学生参加国家或者国际青少年科技竞赛获奖。

3.2　近五年内，在国家级或国际科技教育相关专业评比活动获奖，如科技教育活动方案、教具研发等；获得省部级以上(含)优秀科技辅导员表彰奖励等。

3.3　近五年内，作为课题负责人或核心研究者参与完成省部级以上青少年科技教育研究成果；作为第一、第二作者在国家级期刊上发表与青少年科技教育相关的论文。

(二)申请中级认证

1. 拥护中国共产党的领导，热爱祖国，遵纪守法；热爱青少年科技教育事业，具备良好的职业道德和敬业精神。

2. 一般具有大学本科及其以上学历，连续从事青少年科技辅导员工作3年以上。

3. 近三年内，参加省级以上(含)线上或线下青少年科技教育专业培训时间不少于70学时(其中科协系统的培训不少于35学时)，并获得培训合格证书

4. 具备以下3项条件中任意1项：

4.1　近三年内，作为第一指导教师指导学生参加省级以上(含)青少年科技竞赛活动获奖。

4.2　近三年内，在省级以上(含)青少年科技教育相关专业评比活动获奖，如科技教育活动方案、教具研发等；获得省级优秀科技辅导员的表彰奖励等。

4.3　近三年内，参与完成过省级以上(含)科技教育课程开发；承担完成过青少年科技教育课题研究；在省级以上(含)期刊发表过科技教育相关的

论文。

(三)申请初级认证

1. 拥护中国共产党的领导，热爱祖国，遵纪守法；热爱青少年科技教育事业，具备良好的职业道德和敬业精神。

2. 连续从事科技辅导员工作1年以上(含兼职)。

3. 参加线上或线下科技教育专业培训时间不少于30学时(其中科协系统的培训不少于15学时)，并获得培训合格证书。

4. 具备以下2项条件中任意1项：

4.1 近三年内，本人作为第一指导教师指导学生开展过校内外科技活动。

4.2 本人参与过青少年科技教育相关课题研究或课程开发。

……

第五条　认证程序

1. 认证过程包括申请、评审、公示、颁证。

2. 申请

科技辅导员本人对照不同专业水平的报名条件，自愿申请。申请人须填写《青少年科技辅导员专业水平认证申报书》，与本人工作水平和工作成果的证明材料一起提交到认证报名系统，用于专家评审。证明材料主要为以下几类：

2.1　本人作为指导教师，组织指导学生参加科技竞赛或科技活动取得成绩的相关证明材料；

2.2　本人参加科技辅导员专业评比活动(如科技教育活动方案设计、教具研发、论文)等取得成绩的相关证明材料；

2.3　本人参与青少年科技教育相关课题、成果及撰写并发表论文的情况；

2.4　本人在带动、辐射和指导本地区科技辅导员培训、参与科技辅导员课程开发工作、参与策划和组织开展区域性青少年科技教育活动的情况等；

2.5　参加青少年科技教育相关培训情况的证明材料；

2.6　其他可证明科技辅导方面的工作业绩和成果的材料。

3. 评审

评审主要从师德修养与专业情感、理论水平与科技素养、业务能力和实践能力三方面综合评价。评审包括资格审查、业绩和成果评审、现场答辩、笔试等环节。初级认证可不进行笔试和现场答辩。

3.1　资格审查：认证机构会将根据申报要求进行资格审核。审核合格者将获得参加认证的资格。

3.2　业绩和成果评审：认证专家委员会根据科技辅导员提交的材料进行

评审并打分。

3.3　笔试：主要考查申报者的基本科学素质、开展科技教育活动必备的基础理论知识。

3.4　现场答辩：重点考查申请人对青少年科技教育工作的认识、专业情感、工作业绩和能力。①

从申请条件、申报材料和评审过程中可以发现，该认证评定以实证依据为导向，更多关注的是教师的经历和取得的成绩。因此教师在对标相应要求时，不妨将每一条细则都作为需要完成的任务，以极端性的任务驱动来促进自身的提升。

然而需要注意的是，科技辅导员在努力完成这些任务的过程中可能仍有困惑，因为任务仅仅指明结果、没有对过程与路径作出具体说明或要求。部分科技辅导员可能不知道从何处做起。下文提到的国外相关文献中对于教师知识和能力要求的描述可能从另一个角度提供参考。

### (二)美国科学教育协会对科学教师的资格认定要求

美国科学教育协会(National Science Teaching Association，NSTA，更名前为 National Science Teachers Association，即美国科学教师协会)对于科学教师有如下标准要求，这些要求与美国科学课程标准的要求是一致的，它确保走上教学岗位的科学教师能够有效组织教学并按照国家课程标准的要求达成教学目标。

(1)学科内容

准教师应该对科学概念、原理和规律做好充足的储备，以便按照国家或地区课程标准规定来帮助学生学习。这些学科内容具体指的是：通过科学理解到的概念和定律；在科学各领域间通用的概念与关系；某科学学科内的探究过程；科学探究中的数学应用。

(2)科学本质

教师应该有能力通过组织学生参与教学活动，使其定义科学的价值、形成信念并理解科学社群在创造知识过程中固有的假设，并且将科学探究这一认识世界的方法与其他学科认识世界的方法进行比较。此处的科学本质具体指的是：科学作为认识世界的方式与其他的认识方式之间的根本特征差异；基础科学、应用科学和技术之间的根本特征差异；科学作为一项专业活动的过程与惯

① 中国青少年科技辅导员协会．青少年科技辅导员专业水平认证办法(试行)[EB/OL]．[2020-07-08]．http://qualification.cacsi.org.cn/home/about/index.html.

例；定义可接受的证据和科学解释的标准。

(3)科学探究

准教师应该能够常规性地并且有效地引导学生参与科学探究，并帮助他们明白科学探究在科学知识发展的过程中所起的重要作用。此处的科学探究指的是：提问并形成可解决的科学探究问题；基于数据反思和构建科学知识；在寻求答案的过程中开展合作并交换信息；基于实证经历构建概念和规律。

(4)科学情境

准教师能够将科学与日常生活、学生的兴趣乃至人类的行为与理解这个宏观框架建立起联系。此处的科学情境指的是：人类不同行为系统间的关系，包括科学与技术；科学、技术、个人、社会与文化各类价值之间的关系；科学与学生个人生活之间的关联性与重要性。

(5)教学技能

准教师能够将不同的学生组织在一起形成群体，使之基于科学体验构建概念，并为其进一步的深度探究与学习做好准备。此处的教学法指的是：科学教学行为、策略与方法；促进学生学习与学业成就的积极互动；有效组织课堂活动；使用现代技术来拓展和强化教学；利用已学习的概念和学生的兴趣开启新的学习过程。

(6)课程

准教师开发出逻辑贯通、重点明确的科学课程并应用其开展教学，该课程应该符合国家和地区的科学教育标准要求，同时适于满足学生的需求、能力和兴趣。此处的科学课程所指的是：一份延展性的课程框架，包括课程的目标、教学计划、教学材料和教学资源；校内外的课堂教学情境，其中隐含各类教学策略。

(7)社会情境

准教师将科学与社区建立联系，利用社区内的人力和公共资源提升对学生的科学教育效果。此处的社会情境指的是：适于科学教育教学发生的社会与社区协作网；科学教学与社区需求和价值观之间的关系；社区中的人与机构参与到科学教学中来。

(8)评价

准教师能够利用多种现代评价策略从科学的各个方面对学生展开评价，了解其认知、社会性和个性的发展。此处的评价指的是：与教育目标、教学过程和效果协同的评价；从多种维度对学生的学习开展测量和评价；基于评价所得的数据指导和改变教学。

(9)学习环境

准教师能够创设并管理一个安全而有助于学生学习的环境，以此体现出对于学生取得成功的高度期待。此处的学习环境指的是：学生学习科学这一过程发生的物质空间；学生参与科学学习的心理学和社会学意义上的环境；善待并符合伦理规范地使用生物；保障所有教学相关场所的安全。

(10)专业实践

准教师参加专业发展社群，通过个人练习与专业教育提升自身教学实践。此处的专业实践指的是：了解专业发展社群活动并亲身参与；与学生和社区的最大化利益相一致的道德行为；对教学实践进行专业层面的反思并为了追求更优秀的科学教学不断努力；入职后与学生和其他同僚共同努力的意愿。①

实际上，仅在美国就有不止一个版本对科学教师的专业素质进行规定，本章的附录中摘录了另外两份标准的主要内容，供有兴趣的读者参考。曾有文献对这一系列的标准文件进行比较，而其比较的依据则是上述对科学教师专业素质的要求是否与当时的科学课程标准对标且实现所有要素的覆盖。可见教师专业素养的发展要高度与课程标准要求保持一致。对于我国的科技辅导员来说，并没有这样一份校外科技教育的标准来进行比对，在这种情况下建议科技辅导员们首先明确自己的教育目标。无论是馆校结合、家校结合，还是机器人竞赛、奥林匹克竞赛与科技创新竞赛，不同形式与内容的校外科技教育总有其目标。科技辅导员们不妨首先明确自身教学以哪些具体教学目标为指向，再根据教学目标反思自身需要具备哪些素质。

### (三)领导力的内涵与发展意义

领导力也是科技辅导员专业素养的重要组成部分，它反映着科技辅导员与其他的人进行积极互动的能力：在与自己的学生互动的过程中，领导力表现为组织有序而有效的学习活动、维持稳定安全的教学环境；而在与同僚、家长、管理者和社会上其他参与科学教育的相关人士的互动过程中，领导力表现为积极主动为科学教育整体水平提升做出贡献的态度与行为。在上文所介绍的标准文件中并没有明确对领导力作出描述与要求，这可能由于它们的侧重点在于一位教师站上讲台的基本要求，而将领导力作为这样一项基本要求是不合时宜的。但是，领导力对于科技辅导员个人发展以及校外科技教育的整体推进显然是具有重要意义的。

一些科技辅导员的专业素养发展培训并没有意识到领导力的重要意义，也

① National Science Teachers Association. NSTA standards for science teacher preparation [EB/OL]. [2020-07-24]. https://www. nsta. org/nsta-standards-science — teacher-preparation.

未安排相应的内容。而即使在提及领导力这一概念的不同场合下，其指代的内涵也常常显得不够清晰。美国教育学家拜比(Bybee)曾指出要为教师的领导力下一个具体定义并不容易，但是他认为在领导力这一概念被使用时，至少有以下几个方面应该是为人共识的：第一，领导力这一概念讨论的是教师与其他人之间的关系；第二，领导力的出发点在于达成一个群体的共同目标。在其更早之前发表的文献中，他将领导力描述为“一个人与他人共同协作，以便在完成培养学生科学素养这一教育目标的过程中不断去提升改进教学过程”①。

也有文献对领导力作出了如下描述：

领导力是决定让一些事情发生或阻止一些事情发生；

领导力是促使其他人完成本职工作并爱上本职工作；

领导力是向其他人证明，他们原本认为不可能的事情能够做成；

领导力是帮助其他人成长得更好，超越他们原本对自己的预期极限；

领导力是激励他人以希望和信心，去实现他们认为不可能的成就；

领导力是洞察当务之急，也知道集结人力与资源解决需求的办法；

领导力是创造更多的机遇与可能，是厘清问题与抉择，是建立道德体系和协作联盟，也是提出比当下更美好的愿景与可能性；

领导力是解放每个人、赋予他们权利，做他们自己的领袖。②

这些描述看上去很抽象，但是结合科技辅导员的实际工作情形，不难找到这些描述在生活中的具体投射：有些家长担心子女参与课外科技活动会影响考试成绩，科技辅导员可以努力证明那些参与了课外科技活动的学生反而在考试中取得了更好的成绩；有些地方的科技馆从未想过要专门为中小学生提供服务，科技辅导员可以联合馆员共同开发馆校合作模式的校本课程。这些具体的例子就是上述领导力内涵的具体体现。

科技辅导员是校外科技教育的实践者，同时应该是教育提升的推动者。培养一位科技辅导员的领导力，可能会使其感染身边的一群人；若培养每一位科技辅导员的领导力，则可能会发动所有相关力量，促进校外科技教育提升到更高的水平。

---

① Bybee R W. Leadership, responsibility, and reform in science education [J]. Science Educator, 1993, 2(1): 1-9.

② Bybee R W. The teaching of science: 21st century perspectives [M]. Arlington, V. A.: NSTA, 2010: 162.

## 第二节　科技辅导员专业发展的原则与框架

正如上一节内容所述，科技辅导员的专业发展标准已经明确了其发展方向。而在具体实践中，科技辅导员的专业发展则在形式、路径等方向均呈现多样性。对于科技辅导员本身或是其管理者而言，在这些具体实践中有效把握方向有时并不容易。考虑到这一点，本节整理介绍了相关文献中对于科技辅导员专业发展的部分原则与框架，以期为科技辅导员专业培养的设计与评价提供依据。正所谓“万变不离其宗”，科技辅导员的专业发展活动无论其形式内容等外在表现如何，内在应该符合原则与框架的内涵描述。

### 一、科技辅导员专业发展的原则

美国科学教育促进协会对于科学教师的专业发展培训项目标准做出了四个维度的详细规定，并指出了组织此类项目的时候应该遵循的原则。由于项目标准在内容上与上一节介绍的教师专业素质标准存在不少重叠之处，因此仅收录在章末附录中供读者参考。此处仅对项目组织设计的原则进行介绍。

第一，科技辅导员的专业发展以满足学生发展需求为目标。通过专业发展，科技辅导员应该能够解决学生在科学知识和技能方面遇到的困难。

第二，科技辅导员的专业发展应该满足其自身发展的需求。这里的需求既包括每位科技辅导员在个人层面的具体需求，也包括不同层面和规模的科技辅导员群体所具有的需求。科技辅导员的发展是持续而循序渐进的过程，其需求始终在发展变化，而相应的专业发展方案也应该不断调整并与之适应。

第三，科技辅导员在专业发展过程中应参与变革型的学习经历。在这些经历中，他们会面临深层次的科学信念、科技知识和科技实践习惯。通过这些经历，科技辅导员能够更好地为学生学习科技提供帮助。

第四，科技辅导员的专业发展不是孤立的，它应与学校的其他举措整合为一且相互配合。这一过程内隐于学校的课程、教学和评价等实践当中。

第五，科技辅导员的专业发展必须持之以恒。科技辅导员应该不断得到成长机会，从而持续提升自我。

第六，科技辅导员的专业发展应保持对教学实践的关注。科技辅导员应该不断去观察、分析教学实践的过程，并将相应的反馈诉诸对教学的改进之中。

第七，科技辅导员的专业发展应该指向明确的内容展开。这些内容可以是学科知识内容，也可以是教学方法内容。它们应该来自充分的教育学研究，并能够在实践中有效应用。相关的专业培训应该将培训主题与日常教学中学生对科学知识和技能的学习联系起来。

第八，科技辅导员的专业发展应该促进团队合作。这些团队合作可以是同校、同年级或者是任教相同科技主题的科技辅导员之间开展的。

在上述原则指导之下，面向科技辅导员的专业发展培训应该经由充分考虑和计划，从而有效并长期持续地开展。具体来说，有以下几个方面的建议。这些建议对于相关组织和管理人员而言具有操作性层面的参考，对于科技辅导员自身而言，则不妨将它们作为评价相关项目(如某专题工作坊等)的参考标准。

首先，在培训规划阶段，应当考虑教师专业发展模型和具体的学习策略。对于科技教师的专业发展，不同学者提出了多种发展模型，并在文献中论证其有效性。而就具体某项培训而言，选择哪种模型的依据往往是参培教师的实际需求。最终被选用的发展模型也应该有明确的培养目标和基准。另一方面，在学习策略层面上应该将情境、主题、目标和整体培训计划都考虑在内。很多的学习策略就融于教师的日常教学，与学生的学习息息相关，如小组学习、专业发展协作网、行动研究、课例研究、公开课，等等。

其次，在培训实施阶段，应该尽可能将培训机会覆盖于科技教师群体。一方面，培训应该配合教师的时间表去开展，可以是教学日、课后或者是寒暑假。根据教师和学生的需求发生变化，培训本身也需要进行评估和改进。另一方面，应该为科技辅导员提供更丰富的机会。他们可以走出学校、走出学区，甚至参与一些国家级、国际级的教师培训或交流会议。无论对于经验丰富的教师或是新手教师，都应该能找到合适的专业发展培训并得到个人提升。

再次，培训还需要相应的管理和资源支持。其一，科技辅导员的专业发展以提升教学为中心，需要得到学校、学区以及相应管理者的支持。其二，直接的外部条件支持是必要的，如经费、时间、专业资源等。要持续获得这些条件以保障培训的长期开展，相关的管理支持也是必要的。其三，资源的整合非常重要。家长、社区、科学家、大学教师和课外机构等资源都应参与到科技辅导员的专业发展中来，以提升培训质量，进而推动区域科学教育的发展。

最后，培训永续开展有赖于培训者队伍的持续壮大发展。培训者在培训中担任引领和指导的角色，即“科技辅导员的老师”。培训的持续有效开展有赖于培训者队伍的稳定更新。因此最重要的一点是，培训的组织者应该认识到这一点，有意识地在培训开展的同时关注参培教师中的种子选手，将他们发展为下一代的培训者。这一过程需要一套系统有序的机制作为具体实施途径。其次，不但应该让参培教师意识到教师专业发展这件事本身的重要性，而且应该大力向那些愿意主动承担领袖角色的科技辅导员提供成长机会。再次，培训应该配备高质量的教学资源并广泛使用，从而使得培训者能够利用最佳的标准、工具和策略去开展工作。最后，科技辅导员的专业发展培训以研究为基础，也应投入研究中去。培训者应该投身于相关的研究中，并为该领域的发展贡献力量。①

## 二、科技辅导员专业素质发展的框架

对于一项专业素质发展培训项目来说，它的框架就是主心骨。培训的框架既要指向培训的目的，遵循相应的原则，也约束着框架之下具体内容的规划安排。就像教师可以通过任何合理有效的方式去开展教学一样，培训项目的框架也可以多种多样，没有唯一模式。在这里仅介绍一种供读者参考。

该教师专业素养发展框架由卢克斯霍斯利(Susan Loucks-Horsley)和斯泰利斯(Katherine E. Stiles)提出，他们详细描述了框架提出的前提条件、框架本身结构和其具体内涵。

框架遵循五项原则。

(1)认同这样一条理念：所有的孩子都能够以科学探究、问题解决、学生亲自探索发现和应用知识的方式去学习科学，也应该通过这样的方式去学习科学。上述过程素养应该得以突出强调。如果教师要让所有孩子都达成学习目标，就必须学好主要的科学知识、理解孩子是如何学习的、实践和应用新的教学策略并在科学课程与教学方面做出明智的选择。

(2)为了促进成人学习科学而构建和实施的教学方法恰恰映射出用于学生学习的教学方法。专业素养必须建立在教师的现有知识和教学实践之上，让他们接触到新信息、新策略等各种方式来加深他们对科学知识的了解和构建他们的教学法知识②，后者也就是知道如何向不同学龄段、不同学业水平层次的学生教授科学概念。教师需要机会去展开合作并反思他们所教的内容，也需要时间去实践他们学到的技能。当然，学生在学习知识和技能时也有同样的需求。

(3)专业发展的经历能够凝聚教师社群、形成学习的文化，并强化教师的能力使其最终成为科学教育者的领军人物。如果教师单打独斗，游离于群体之外，那么所谓的社群和领军人物就无从谈起。相关管理部门与学校应该通过制

① National Science Teachers Association. NSTA position statement：professional development in science education [M]. Arlington，V. A.：NSTA，2006.

② Shulman L S. Knowledge and teaching：foundations of the new reform[J]. Harvard Educational Review，1987，57(1)：1-22.

定政策和铺设路径为教师提供支持，使他们团结协作、承担风险，让他们联合校外环境的专家共同掌握主导权。要发展这样的教师社群，就必须认识到教师的专业学习是终生的，孕育它的最好土壤是学校内的规范与文化。

(4)科学教师专业发展的框架结构应该与教育系统的其他部分建立联系。将教师的专业发展与科学教育标准、课程框架、教学评价等方面联系在一起，有助于确保教师在培训中所学和所用的内容与国家和学校等层面的目标与政策相吻合。将教育系统中的所有层面打通，才能体现出长期而稳定的教师专业发展，也才能真正促进教与学的提升。

(5)教师专业发展培训项目需时时反思自身，评估自身的培养效果以及达成培训目标与愿景的能力。高质量的培训项目都会建立起常规而持续的评估流程，不但评价短期的培养效果(也就是教师的满意度与参与度)，也评价长期的培养效果(也就是教师教的过程、学生学的过程和学校整体所发生的改变)。这一过程使得项目能持续地进行自我完善和提升。①

基于上述五项原则，框架开发者尽可能将相关的科学教育因素纳入考虑，精心规划，最终提出了框架结构，并对其进行了具体阐述。该框架如图 9-1 所示。

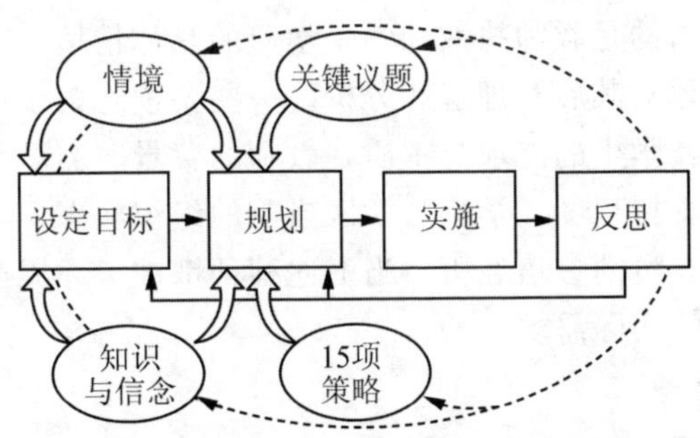


**图 9-1 卢克斯霍斯利和斯泰利斯的科学教师专业素养发展框架**

位于框架中间位置的四个方框体现了教师专业发展不断在设计实施过程中反复迭代(这与工程学设计的活动范式很类似)。在这个过程中需要首先强调的是，教师的专业发展必须居于高位、以长远的视角进行深思熟虑的规划，而不是单纯选择最容易的、最方便的、最热门的内容直接开展。在这个过程的起始阶段，应该统一明确教师培训要达成的目标和教师的具体收获。这将主导后续

① Loucks-Horsley S. Principles of effective professional development for mathematics and science education: a synthesis of standards[J]. NISE brief, 1996, 1(1): n1.

所有具体培训工作的设计安排。随后在制订计划的过程中，列出所有相关的因素并仔细考虑，沿着时间线完成具体的规划。在按照计划完成具体实施的过程中，不断在每一个环节进行反思和评价，以便培训设计组织者能随时对后续环节进行调整。所有的评价结果最终也指向新一轮的培训计划修订。①

这种“四步设计循环”是可以灵活使用的。它既可以套用在一项大规模的教师专业发展培训项目之中，也可以应用于某个短小而具体的培训活动里。因此，从最初设定目标到最终完成和收集所有评价结果，这个过程可能长达数月，也可能仅仅持续一小时，完全视具体使用的情境而定。这个过程也不一定总是依次相继发生的，不像菜谱一样遵循严格固定的顺序。甚至于有时计划设计者尚处在实施计划的过程之中，就已经开始回望最初的目标，反思自己的计划与其是否匹配。

在该框架中还有四个“输入项”，即圆框中的内容。它们是在制订教师专业素养培训的目标和计划时非常重要的相关因素，分别是情境、知识与信念、关键议题和专业学习的策略。在制定计划时将它们纳入考虑范围，就能针对性地服务于培训对象，指向性地满足这些教师和其学生们的具体需求。

**(一)情境**

框架中的情境指的是教师执教和学生学习的具体情境，在设计教师发展的过程中应充分细致地对其展开理解和分析。一些要素隐含于情境其中，是重要的组成部分，包括：学生的需求与本质，教师的背景、需求和教学任务，可用的教学资源与社区支持程度，学校与学区当前的组织状态、学业期待和直接需求，以及教师曾经有过的参培经历。当上述种种都被考虑周全时，培养计划就更有可能满足教师的实际需求。

**(二)知识与信念**

设计教师专业素养发展并不是从误打误撞的尝试开始，也不应该闭门造车，而应该首先广泛地了解相关的研究并认识到从哪里入手最为合适。这其中有几个领域的知识至关重要，它们能够影响到最终的培训计划，也应该被利用于制订计划，其中包括：学习者以及他们是如何学习的，教师以及他们是如何教授的，科学作为学科的本质，专业发展以及确保其有效的原则，个人和集体层面发生变化的过程。上述领域的知识影响着培训计划设计中所做的每一个决

① Loucks-Horsley S, Stiles K E, Mundry S, et al. Designing professional development for teachers of science and mathematics[M]. Thousand Oaks, C. A.: Corwin Press, 2009.

策，它们来自于实证研究，是经过专业发展专家们打磨过的有效工具。

### (三)关键议题

在培训的过程中涉及很多的关键议题，例如，确保公平性、建立专业性、发展领导力、培养专业学习能力、扩充资源、获得大众支持、对标框架标准文件、评价专业发展、寻找专业发展的时间保障等。在一项专业素养发展项目中未必要兼顾上述所有的议题，但是这些议题对于培养过程可能产生的影响必须被充分考虑到。有些情况下，忽视了其中哪一项议题都可能会阻碍教师专业素养的有效发展。在设计培养计划的过程中，应该意识到上述议题的潜在影响效果，从而在设计的某个节点稍作停留，专门从这些议题的角度去思考和审视培训计划。

### (四)专业学习策略

时至今日，教师培训不再局限于一次性的工作坊。在不同的时间场合下，有大量的教学策略可供选择并加以组合，去强化教师的专业学习。在不同的情况下选择哪些教学策略、如何有效地将其整合，取决于经验、具体情境以及上一段讨论到的各项关键议题。如何选择和组合教学策略没有唯一解，更好的做法是具体情况具体分析，建立相应的模型。也正是这种选择和组合教学策略的功力影响着培训计划的最终效果。美国艾森豪威尔国家科学与数学教育中心(Eisenhower National Clearinghouse for Mathematics and Science Education)曾经在1998年基于相关文献整理了15项教学策略并将其分类，具体内容如表9-1所示。

表9-1 教学策略分类表

| 策略 | A | B | C | D | E |
|---|---|---|---|---|---|
| **浸入** | | | | | |
| 1. 浸入到对科学和数学的探究中去：参与到科学探究和解决有意义的数学问题之中去，在这些形式多样的学习过程中，教师应该与学生共同参与实践 | x | X | | | X |
| 2. 浸入到科学家和数学家的世界：参与到一位科学家或数学家的日常工作，其地点可能在科研实验室、博物馆或者是企业。集中体验他们的工作状态，并充分参与其研究活动 | x | X | | | |
| **课程** | | | | | |
| 3. 课程实施：在教学过程中学习、使用各类资源，并对它们进行优化 | | x | x | X | |

续表

| 策略 | A | B | C | D | E |
|---|---|---|---|---|---|
| 4. 课程单元模块：围绕某一主题或概念完成一个教学单元的实施，在此过程中结合有效的教学策略以达成教学目标 | | | x | x | X |
| 5. 课程开发/修订：创设新的教学资源和策略，或者改造已有的教学资源与策略，以便满足学生的学习需求 | | x | X | | |
| **监察教学实践** | | | | | |
| 6. 行动研究：教师在自己的课堂上开展研究，审视自己教的过程和学生学的过程 | | x | | | X |
| 7. 案例研讨：审视教学过程的文本记录或视频录像，谈论教学行为事件以及相继引发的问题、争议与效果 | x | x | | | X |
| 8. 监察学生的实作、感想以及学业成绩：仔细检查学生的作业与作品，从而理解他们的感想和学习风格，发现他们的需求，并相应完善教学的策略和资源 | x | x | x | | X |
| **协作** | | | | | |
| 9. 学习小组：组织结构稳定、活动常态化的学习小组，围绕组内推选的议题开展合作性互动，包括检视新信息、反思教学实践、评价与分析教学效果数据等 | x | | x | | X |
| 10. 传帮带：与一位跟自己经验相当或比自己更丰富的教师进行一对一的工作，通过各种方式来提升自己的教学，包括课堂观察与反馈、问题解决、错误排查和共同备课等 | | x | x | X | x |
| 11. 与科研院所或企业里的科学家和数学家组成搭档：与一线的科学家和数学家合作，致力于改进教师的学科知识和教学资源，为教师接触科研机构并获取最新信息提供机会 | | x | X | | |
| 12. 学术协作网：无论是当面还是通过各类网络渠道，与其他教师或是群组建立联系，以探讨有趣的科学主题、设定并追求共同的目标、分享信息和策略、提出与解决共通的问题等 | x | X | x | | x |
| **动力与机制** | | | | | |

续表

| 策略 | A | B | C | D | E |
|---|---|---|---|---|---|
| 13. 工作坊、机构、课程和研讨班：在教学之余利用这些组织化的活动机会去集中关注感兴趣的主题，其中包括科学与数学知识内容，以及来自高专业水平同僚的经验 | x | X | x | | |
| 14. 以技术辅助专业学习：借助各种技术来学习教学法的知识，包括计算机、无线通信、电话会议、CD和视频光盘等 | x | X | x | | x |
| 15. 培养专业培养讲师：为了让讲师们能够帮助其他教师提升专业素养，应先应培养讲师们自身的知识和技能，包括设计恰当的专业发展培养策略、演讲与展示、支持参培教师的学习与改变、深度理解与学生和参培教师有效的教与学相关的学科和教学法内容 | | x | x | X | x |

A类型策略侧重于发展教师的自我意识察觉，通常适用于教师发生变化的开端。这些策略常常在教师遇到新信息时使用，意在将一些需要仔细思考的问题外显化揭示出来。

B类型策略侧重于构建教师的知识，为教师加深对科学和数学实践的理解提供机会。

C类型策略帮助教师将新知识迁移到实践中，引导教师根据其自身的知识背景去设计和改进教学。

D类型策略侧重教师的教学实践演练，帮助教师在使用新方法与学生展开教学的过程中学习提升。因为教师在教学中使用新招数的过程中就加深了自身的理解。

E类型策略为教师提供深入反思教与学的机会，引导教师去评价教学的改变对学生的影响，并考虑改进的方法。这类策略同样鼓励教师引他山之石，通过评价其他教师的教学实践去生成新的想法，并为我所用。

表中X标记代表每项策略的首要目标，而x则代表该项策略的一或多项次要目标。

## 第三节　科技辅导员专业素养发展案例

前两节的内容从较为上位的角度对科技辅导员的专业发展进行了介绍，为了将其与具体的实践工作结合在一起，从而使其更具执行和操作性，本节将介绍两个相关的案例。美国的“自然科学整合项目”生动展示了教师专业素质培养原则如何在现实培训中得以遵循，它也在一定程度上符合前文介绍的培训框架。我国的“NEU _ Robo 机器人设计大赛”教学设计改进案例则反映了教师的专业素质提升如何在真实的教学活动中得以体现。

## 一、教师培训案例——自然科学整合项目

自然科学整合项目是一则来自美国的科技辅导员专业发展案例，它有效贴合了上一节所述的原则与框架，具有一定示范性。除此之外，案例中的部分细节也值得读者注意。例如，担任培训师角色的专家团队从小处着眼，要求教师从描述观察现象这一看似简单浅显的活动做起，帮助他们重新审视这些平日“视而不见”的内容，也有助于他们进行反思，这有别于一些教师培训中专家仅仅分享知识的定位和采用讲授式的常见做法。

### (一)项目缘起及其理念

“自然科学整合项目”(The Colorado College Integrated Natural Sciences Program，CC-ISTEP)是美国科罗拉多大学遵循科学教师专业发展的重要原则开展的具体实践。当时有三个方面的因素促成了该项目的顺利提出：第一，科罗拉多大学希望其培养的职前教师在攻读硕士学位期间为将来走上讲台做好更充分的准备；第二，当时美国政府颁布的一系列科学教育标准文件以及随之发表的文献提供了教师专业素养发展框架等专业性的辅助支持；第三，该大学此前针对艺术学科硕士学位的职前教师开展了类似的培养项目并获得了可迁移的成功经验。

这三个因素使得该项目的提出水到渠成，成功申请到了美国政府的基金资助。该项目为期四年，最初由学校教职工组织夏季研修班，主要讲授教学法和加深教师对科学概念理解；然后在后续的学年中持续开展研讨班作为支持和巩固；最后由每位教师的硕士毕业研究和论文撰写作为结束。在这一过程中，职前教师尝试着不断让自己的课堂教学更有效。① 此处将该项目作为案例加以介绍的目的并不局限于为硕士学位水平的师资培养(如教育学硕士或教育硕士)提供参考，而是将项目中可迁移的理念与操作细节分享出来，供更多的科技辅导员个人或各层级的教师专业发展组织管理者去思考借鉴。归根结底，以硕士毕

① Kuerbis P J，Kester K. The Colorado College Integrated Natural Sciences Program (CC-ISTEP)：putting into practice some essential principles of teacher development[M]// Jack R，Patricia B. Professional development planning and design. Arlington，V. A.：National Science Teachers Association，2001：115.

业设计和论文答辩作为教师培训项目的终结仅仅是科罗拉多大学根据自身需求做出的选择，未必要原样照搬到其他培训项目中去。

该项目以三条理念为出发点开展其具体工作：建立一个长期持续发展的机制，将本地教师与该大学教职工集结起来，不断去设计和实施以主题为核心或以问题解决为核心的夏季研修班；发展职前教师的科学背景；支持教师将一些新的教学策略应用到实际课堂中去。此外，该项目最为强调的是以各种方式帮助职前教师进行充分的反思，认为教师应该不断地向自己追问以下三个问题：

(1)刚刚完成的这一系列单元教学是否有效地帮助学生理解？

(2)是否所有的学生都积极地参与到我为他们提供的课堂活动之中去？

(3)有没有别的办法去进行课堂引入从而让我了解到学生的前概念？

该项目也认为正是对此类问题的不断思考，使得教师有了本质上的提升，达到了新的层次，与那些照搬教学资源、硬套教学模式的教师有了根本性的差别。基于上述理念和重点，CC-ISTEP 项目通过其夏季研修班和后续的研讨班将教师专业发展落到了实处。

**(二)夏季研修班**

该项目的夏季研修班持续六个星期，每天完成五小时的研修活动，内容密集。研修以主题或问题引导形式开展，将科学学科知识内容与参培教师对教学法的探究与实践均衡地结合起来。其中对教学法的探究与实践部分主要基于主动学习的模型去开展，由一支专家团队进行引领，教师们在参与活动之后与专家团队共同开展反思，反思内容包括教师们从学习者和教师的视角回忆在刚才的活动中分别做了什么、为什么这样做。该专家团队由科罗拉多大学的科学与教育学教师共同组成。在这个研修班中的一项重头戏是换位思考：教师首先考虑哪个水平的学生对于自己而言在教学方面更具有挑战性，随后把自己代入那个学生角色去体验。通过这种方式，教师们会发现自己的错误概念，并且努力去重新构建概念。他们要自己经历这种面对认知冲突、提出问题并做出解释以解决冲突的过程，从而体验到构建科学概念过程中的挫折与喜悦。

该项目在 1997 年的夏季研修班是一个具有代表性的例子。当年的研修主题是“干旱地区的植物”，由一位地理学家、两位野外研究生物学家和另外两位兼具科学与教学法背景的教师共同组成培训团队。他们希望利用大学西侧的一处公园开展关于植物和鸟的研究，并为此花了四天时间前去“踩点”，观察了若干处的地理特征以及与之相应的植物生长特点。该公园所在的派克峰地区在美国赫赫有名，然而带队的地理学家在开展研修时并没有从关于该地区的讲座入手，而是带着所有教师观览该地区的两处地点：众神园和派克峰，并反复追问所有教师："你看到了什么?"，在这位地理学家亲和而不厌其烦地追问之下，老师们开始分享自己的观察结果，并逐渐意识到越来越多该地的地貌特征，这些特征之前往往被老师们忽略。而这开启了每一位研修教师对于众神园的个性化认识，编织出一幕幕独有的故事。每当有教师分享观察结果或者使用了科学术语时，带队的地理学家就会停下来并要求其"继续展开来谈谈"。或者他可能会开玩笑地说"一架波音 747 飞过去啦"，用这种诙谐的方式提醒这位老师，他的语言表述或概念使用没有让其他人听懂。然而在这个反复出现的场景中，所有老师渐渐意识到，自己在使用科学术语的时候常常没有理解清楚其背后科学概念的真正含义，这也可能反映出老师最初学到这些内容的时候就并没有被教透彻。这也就使老师们意识到自己"知道得多、理解得少"。接下来，这位地理学家让老师像做游戏一样对众神园的形成提出自己的假设或"迷你理论"，并通过石头的组成与植被规律等信息去寻找线索。这也就引出了最终对所有研修教师的评价任务：每位教师以任何方式讲述一个关于众神园起源的故事，教师们利用文本，并可以借助图片、模型、时间轴以及任何其他道具来展现个人的理解。参加研修的教师觉得这个任务既有挑战性又有趣味性。

这个地理学探究流程也很好地展现了生物学家在野外开展研究的过程，参加研修的教师们自愿分了小组，并积极地跑遍了这一百英亩的丘陵地区。教师们在该地区选择了五个不同的区域，并花费一周时间开展了一项野外考察探究。期间两位生物学家为教师们提供了技术和方法方面的指导。教师们在山脊处与水边都拉了样方，识别鸟的种类，观察了鸟类的哺育和筑巢行为，并做了种群数统计。这项研究最终以一种类似学术会议的形式结束，各组教师针对其所探究的区域借助海报进行汇报。这个过程也使得培训讲师们对教师们的工作质量给予反馈，并分享他们用于评价教师团队工作质量的评分标准。

为了帮助教师们巩固开展野外探究的方法，研修班来到了科罗拉多大学的另一个校区。该校区地处高原沙漠地区，这样的情境设定有助于教师们明白，一旦学生学会了一些基本的原理，他们就需要在新情境中有机会用到这些原理。这项活动持续四天，在此过程中不但应用了"嵌入式评价"和"真实评价"的模型，还要求老师们分成小组分别提出评分标准用于彼此之间的评价反馈。

在最后两周的研修中，教师们的关注点由学科内容导向了教学法，但仍然辅以少量的其他学科内容。其一，依照美国当时的国家科学课程标准和公民科学素养基准，教师们检视一些新出现的教学资源并对其作出评论。其二，培训讲师要求教师们思考更多在课堂上有效展开教学的提问方式。其三，部分教师选择一些额外的相关内容开展个性化的学习，如光合作用的化学原理、植物的应用(印染、医疗健康等方面)。总之，这段时间自成一个模块，教师们以个人或小组的形式开展学习，以便未来一学年他们在研讨班上将其应用起来。在这个模块中，参与研修班的所有培训人员都要投入其中，确保教师们对研修内容有足够深入的理解，也帮助教师们思考如何展开教学以促进学生构建新的概念。这也正是帮助教师们发展学科教学知识(PCK)的过程。

**(三)后续学年研讨班**

在职前教师后续的一学年中，项目会挑选六个星期六组织全天时长的研讨班，通常是秋季学期和春季学期各开展三次。研讨班为教师们提供了很好的机会，他们分享教学经历、进一步思考教学法方面的问题，并延续夏季研修班开启的探究教学的过程。有些时候项目也为研讨班准备了具体的内容：基于课堂教学的研究、深入思考建构主义教学模型、课程修订、真实评价和领导力发展。

该项目发现基于课堂教学的研究是一种高度有效的教学策略，它帮助教师成为信心十足的探究者，深入钻研教学法并取得进步。教师一般要围绕着他们所设计并实施的教学模块提出一个或多个可研究的问题。但是很多教师很难做到这一点，因为他们认为应该研究一些别人希望他们去研究的问题，或者说他们并不真的相信这样的非正式研究能帮自己更好地作出教学决策。但是一旦迈出这一步走上正轨，教师们会收集大量教学相关信息并且找到收集数据的方法，从而使他们有办法回答提出的研究问题。他们开始从另一些视角开始自己的教学，比如“我想知道这种方式方法会不会对学生产生影响，如果有影响的话，会产生怎样的影响?”他们开始认同自己的专业身份，并急于将自己课堂研究的结果分享给同僚。他们在学年期间完成自己的课堂教学研究，在这之后的夏季研修班中，项目设置了海报展示环节供他们分享交流。

项目从教育类文献中选取了大量有关建构主义教学模型的具体实例并介绍给教师们。在项目之初这些例子就被介绍给教师们，随后也被一再地提及和思考。有些时候思考的角度在于研修班本身如何展示一种或多种教学模型，有些时候则在于新近的课程资源该如何外显化地利用某种模型，或者是新近的课程资源在某一系列的教学活动中是如何成功(或失败)地体现出开发者对于教学模型的应用的。一些常见的教学法，诸如5E教学模式，已经成为参与该项目教师的共同语言，教师们也对这些教学法津津乐道。这些模型的优势在于它们恰如其分地展示了科学知识被创建出来的过程：最初只是一些直觉，随后进行小的修正，接着某位科学家向同事们提出这种解释，最终这些观点基于实证研究的支持看起来合理并得到应用。上面介绍到的1997年夏季研修班在“对建模这件事建立模型”这一主题方面卓有成效，也就使得在反复的“反思式任务报告”的过程中通过分析教学来介绍教学模型非常方便。研讨班的教师们被要求回想研修班上由地理学家引导开展的探究过程。首先，通过回忆地理学家是如何为自己创设机会去了解参培教师们的前概念的，教师们理解“课堂引入和组织学生参与”这一环节。随后，通过回忆地理学家见缝插针式地要求教师们提出解释的过程，教师们理解“构建解释”这一环节。最后，通过回忆每一位参培教师讲述关于众神园故事的过程，教师们加深对“采取行动”这一环节的理解。上述模型在由生物学家指导的野外探究活动中同样被再次使用，教师们同样通过设计模型去提出了解释，并依照模型开展了后续行动。这些过程的重点在于让教师们首先体验模型，然后对模型展开反思，最终将这些模型利用起来，使之引导自己建模能力的发展。这样他们才能够明白模型在不同层面都可以应用——既可以在“宏观”层面上用于长期的教学安排，也可以在“微观”层面上用于一节独立课时的教学。

研习班的另外一项重要工作是课程的重塑。尽管美国在国家层面上已经每年都投入资金到课程的修订上，并以5～7年作为一个修订的循环周期，但是CC-ISTEP项目仍然认为既然要修订课程，就有赖于最终把课程修订到适应于本地教学实际情况的程度。参与项目的教师们所创建的模型就正是基于他们所在学区的拓展型教学资源所做的课程修订。所以可以说这种修订过程贯穿于培训项目始终，自夏季研修班开始，在学年研讨班中延续。教师们实施自己提出的模型，对自己提出的研究问题寻找答案，并在研讨班上讨论自己的发现。

研习班培养教师们开展多种评价的能力，如嵌入式评价、真实评价、档案袋评价等。这些培训是教师们在夏季研修班上所学评价内容的延续拓展。那些基于建构主义开展教学的教师们可以明白学生可能处在“建构兼容”的状态(即学生的先前概念与重构的概念共存于其认知之中)，而教师们开展评价时多多少少也会呈现类似的状态——既要达到评价学生的目的，也要满足学区对于学生更为传统化的评价需求。所以此项目在研讨班中划出一部分比例的时间用来探讨多种评价方式，去回顾多项标准化测试系统之间的差异，并且帮助教师们理解国家统一考试反映出什么，学区本地化的发展评价(也包括一些考试)又是如何帮助教师们发现其教学的成功之处。科学教育中的测试正变得越来越重要，这无疑也会让研讨班对于评价这一块内容更受瞩目。

为了弥补项目本身覆盖面有限这一天然劣势，项目在创立之初就将领导力发展纳入项目内容，立志于持续将参培教师培养为其所在学区的骨干教师。从已有的项目成效来看，这样一部分内容确实帮助教师们在多种场合自然地成了领导者角色：他们成功地使用主动学习的策略组织学生学习，成了其他教师的范例；他们常常与同僚展开关于教学、自己的教学模型以及在研究过程中的发现等话题的讨论；他们为多个学区服务并建立起委员会组织、帮助各学区分析其适合于课程修订的潜在课程资源、设计学生成就评价方案并为各类有特殊需求的学生建立支持性的项目；他们在教学、反思和改进教学的能力和在自己的课堂以外贡献力量等方面都非常自信。

## 二、教师专业素养提升促进教学改进案例——NEU _ Robo 机器人设计大赛

本章多处强调了教师专业发展对于教师改进自己的教学具有重要的意义。因此也就有必要对于教学改进的过程加以描述。本节就希望通过这样一个具体的活动案例，通过展现一项 STEM 校外活动的改进过程，反映出教师团队在其专业素养方面的发展。

该活动来自东北大学组织的暑期科技夏令营，名为“NEU _ Robo 机器人设计大赛”。设计该活动并指导监督其实际开展的科技辅导员是该大学的两位教师，分别为计算机专业教师和学生工作管理教师。在 2016 年，他们完成了第一版活动方案，具体方案如下：

活动目标：初步了解各类传感器工作原理、机器人设计原理；体验明确任务、设计方案、检验和完善方案的工程学设计方法；尝试动手组装、操作和调试机器人；提高交流和表达能力；激发对科技的热爱；认同并主动参与团队合作。

活动场地：东北大学学生活动中心一层多功能厅。

活动器材：乐高机器人套件每组一套，笔记本电脑每组一台，任务标准路线图每两组一幅。

活动人员：200 名营员参与活动，均为高中学生，以高一年级学生为主。志愿者 20 人(该校研一学生)提供技术指导、兼任决赛裁判和记录员。科技辅导员 2 人负责比赛总调度，营员带队教师 20 人负责评价设计创意。

活动内容：每 10 位营员分为一组，共 20 个小组共同参赛完成下列任务：

a. 巡线行进，机器人需沿着黑色实线行进，行进道路结构为直线—转弯—直线—转弯—浪线。

b. 搬运，机器人沿实线行进，并将不同颜色的积木块搬运投放到与其颜色一致实线围起的区域之中。

c. 识别障碍，机器人沿实线行进，在遇到纸盒障碍时识别障碍并自动停止行进。

d. 外观设计，每组利用手头的套件积木材料对机器人的外观进行设计，在决赛时展示外观设计并讲解其寓意。决赛中各组依次在任务场地完成任务并展示机器人外观设计。

活动过程：在活动开始时科技辅导员向所有营员说明任务、完成分组并简单介绍套件内容和功能。在之后的备赛环节中，每组营员需要独立完成机器人的设计、组装和调试。每组配有一位志愿者作为技术指导，当学生遇到困难时提供必要的帮助。在最后的决赛环节，每组要派出不同营员操作机器人完成任务验收和展示介绍机器人设计创意。

活动评价：决赛期间对各组任务完成情况进行验收，并设奖进行鼓励。其中，由志愿者进行任务 a、b、c 的裁判和计分工作，根据其任务难度和达成情况分别计不同的分数，在完成单项任务的过程中各组有三次尝试机会，分数累加为各组成绩。成绩按高低排序产生冠军、亚军、季军、二等奖及三等奖。由带队教师组成评审团根据各组机器人外观创意及展示表达情况对任务 d 完成情况打分，根据各组得分评出外观设计奖。

活动时间：活动贯穿科学营全程，在科学营第 2、3、4、5 日晚进行，每晚活动时间为 3 小时。其中第 2 日晚为宣讲及分组，第 3、4 日晚为分备赛演练，第 5 日晚为决赛及颁奖。

活动效果：在决赛过程中，所有小组都能按要求完成任务 a 和 d，部分小组出色完成全部任务。营员在介绍时基本能够说出针对任务制定的机器人工作设计思路和体现文化创意的外观设计思路。

该活动方案较好体现了 STEM 理念，活动目标清晰指出了科学、技术、工程学方面的具体培养预期；a、b、c 三个任务难度逐渐递进，照顾了学生层次背景的差异性；d 任务的加入也为该 STEM 活动中融合了艺术元素。此外，合作学习、多种评价方式也均融入了该活动方案之中。

该方案如预期顺利实施，学生参与的过程与最终的竞技表现都反映出活动方案的设计是比较成功的。然而两位科技辅导员基于 STEM 教育理念对活动方案进行了重新审视，他们仍然希望改造活动方案，使活动在激发学生动机方面获得更好的效果，也使活动的内容更加丰富、过程更为灵活。最终，他们决定从两方面入手：第一，从硬件方面入手。在原方案中使用的是乐高套件，意味着每支队伍组装出来的硬件设备是大同小异的，这也是原方案中具有封闭性的一个因素。于是他们决定将这一因素由封闭性转为开放性，即不再完全由教师给定材料，而是在某些硬件设计方面让学生自行决定。于是他们利用学校资源改用新套件，仍然给定硬件设备的大部分结构，但是要求所有团队自行寻找材料去制作车轮部分。第二，在规则方面纳入额外的奖励机制。在夏令营其他活动中表现优异的队伍可以获得额外零件或者要求去掉任务中的某项障碍。前者虽然看似得到更多资源，但是学生同样要面对如何有效利用的问题；后者则使学生在解决问题时更具策略性，学生需要针对剩余障碍做出更有针对性的设计方案。经过改动后的活动方案比较如下表所示。需要强调的是，两位科技辅导员做出上述调整的前提是他们在 2016 年组织活动的过程中获取了大量关于学生的信息，包括学生在参与过程中的表现以及最终完成任务的成绩。他们根据这些信息认为改动后的活动依然符合学生的层次水平，才会做出这样的决定。新版活动方案在 2017 年也顺利得以实施，学生表现出更加积极地参与度，最终完成的作品也更加多样。争取到额外奖励机制的队伍确实采用了不同的策略来利用奖励，其效果也有层次分别(表 9-2)。

**表 9-2　NEU _ Robo 机器人设计大赛方案改进比较**

| | 2016 年活动 | 2017 年活动 |
|---|---|---|
| 活动器材 | LEGO EV3 套件，其中包括型号 45544 一箱和 45560 一箱<br>计算机每组一台 | 新套件(车轮部分需自选材料制作配备)<br>计算机每组一台 |
| 活动任务 | 设计机器人并完成如下具体任务：<br>1. 巡线，计时完成曲线赛道<br>2. 搬运货物到指定区域<br>3. 避障，直线行进并在障碍物前停止<br>4. 创意外观设计展示 | 设计机器人并完成如下具体任务：<br>1. 赛道竞速<br>2. 综合巡线避障，计时完成曲线赛道，途中避过移动栏杆障碍、绕过行进线上的路障并返回行进线、通过跷跷板桥<br>3. 创意外观设计展示 |
| 场外联动 | 无 | 前期活动项目竞赛中获得优胜队伍将会获得超级加速器(齿轮)与时空隧道钥匙(可以去掉巡线赛中的某一个障碍物) |
| 活动评价 | 任务 1～3 由指导团队计时计分；任务 4 由指导团队和带队教师根据口头介绍和展示打分，计分指标为“整体美观”“结构稳固”“功能合理”“创意设计”“展示环节” | 任务 1、2 由指导团队计时排名；任务 3 由指导团队和带队教师根据口头介绍和展示打分，计分指标为“整体美观”“结构稳固”“功能合理”“创意设计”“展示环节” |

这个案例反映了两位科技辅导员的专业素养发展过程。这个过程并非通过

常见的培训完成，而是通过他们在自身发展需求和动机的驱使下主动完成的。这个发展过程也符合本章中提及的部分原则。例如，他们对于STEM教育教学相关理论的学习理解使他们找到了通过调整活动开放性来改进活动这一角度，而他们确实也结合自身的教学情况进行了可操作且有效的改进。又如，他们主动去关注和了解学生情况，观察学生参与过程中体现出的特点，以此为根据改进了活动。当然，活动案例也还体现了两位科技辅导员本就已经达到了一些其他专业素养方面的要求，因为本案例更希望体现其主动发展提升的部分，所以不再具体描述。希望这个案例能够启示更多的科技辅导员，将理论层面的框架、知识与自身日常实际的教学工作融合在一起，自然而有效地提升自己的专业素养。

综合本章内容可以看出，科技辅导员的专业发展意义重大，相应的标准为其提供了具体方向，而对应的原则与框架也对具体的实践环节给予了指导和约束。无论是科技辅导员主动开展的自我发展，还是管理者统一组织的培训指导，都应结合科技辅导员自身的发展水平以及地方实际发展水平、政策要求、资源支持等方面因地制宜，找到合适的具体实践方式。随着社会的不断发展，校外科技教育肩负的使命也可能随之变化，而科技辅导员的专业素养标准与发展原则框架同样可能受到影响。因此建议科技辅导员能够对这些统领性的内容加以关注，也期待每一位科技辅导员能够应时而动、成功应对未来的新挑战。

# 附 录

## 附录一　美国州际新教师评估和支持联盟的科学教师资格认定标准

美国各州学校首席教育官理事会(Council of Chief State School Officers，CCSSO)下设的一个工作组州际新教师评估和支持联盟(Interstate New Teachers Assessment and Support Consortium，INTASC)对于新教师资格认定和专业发展的标准。

1. 学科内容

科学教师需要理解核心概念、科学探究工具、科学知识的应用、其教授学科的自身结构，并能够通过创设教学体验帮助学生去理解这些方面的内容。

2. 学生发展

科学教师理解学生是如何学习的，并且能为学生提供机会在智力、社会性和人格方面得以发展。

3. 学生多样性

科学教师理解学生们各自在学习风格之间的差异，并能够为不同的学生都创设出学习的机会。

4. 教学多样性

科学教师能够理解和使用多种教学策略，以促进学生批判性思维、问题解决能力和各项技能表现的发展。

5. 学习环境

科学教师理解学生个人和群体的动机和行为，并据此创造学习环境，达到鼓励学生间进行积极社会性互动、有效引导学生参与学习和激发学生自我动机的目的。

6. 交流

科学教师对口头交流、肢体交流以及多媒体技术交流都有所了解，并以此促进科学探究、学生合作和课上积极互动的发生。

7. 课程决策

科学教师了解学科内容、学生背景、社区情况和课程目标，结合这些信息制订教学计划。

8. 评价

科学教师能够利用正式与非正式的评价策略，以此评估学生并确保其智力、社会性和身体持续发展。

9. 反思型实践者

科学教师应该是反思型的教学实践者，能持续地评价自己对他人(学生、家长和参与教学的其他专业人士)的决策与言行造成的效果，并积极寻求各种机会获得专业性提升。

10. 社群成员

科学教师与学校同僚、学生家长以及社区范围内的机构建立联系，来支持学生的学习和健康成长。①

# 附录二 美国国家专业教学标准委员会的科学教师资格标准

美国国家专业教学标准委员会(National Board for Professional Teaching Standards，NBPTS)对青少年科学教师提出的资格标准。

1. 理解学生

科学教师指导学生如何学习，积极了解他们的每一位学生的个人情况，确认学生对科学了解的具体程度以及他们的以往学习背景。

2. 科学知识

科学教师对于科学和科学知识有较为广泛的理解并与当前主流观点一致，对自己教授的具体科学领域则有深入的认识，利用这些知识去设定重要的学习目标。

3. 教学资源

科学教师选择并改造教学资源，包括技术、实验室和社区资源等，他们也自己创造出新的教学资源以更好地支持学生开展科学探索。

① Council of Chief State School Officers. Model standards in science for beginning teacher licensing and development：a resource for state dialogue[S]. 2002.

4. 组织能力

科学教师激发学生对科学和技术的兴趣，并引导所有学生持续参与到科技学习活动。

5. 学习环境

科学教师创设安全而有支持性的学习环境，促进所有学生在更高层面获得成功。学生在该学习环境中能够体会到科学实践的价值。

6. 提高参与度

科学教师逐步确保所有学生加入到科学学习之中，包括那些曾经被边缘化的学生。

7. 科学探究

科学教师在教授学生科学探究的过程中注意学生思维方式、思考习惯和态度方面的塑造。

8. 概念理解

科学教师利用多种教学策略去拓展学生对于核心科学概念的理解。

9. 科学情境

科学教师为学生提供各种机会，促使其审视科学中涉及人类行为的情境，包括科学史、科学与技术的互惠关系、科学与数学的紧密联系以及科学对社会的影响。通过这种过程令学生将科学内的各学科之间建立联系，也将科学与其他学科领域建立联系。

10. 评价

科学教师能利用多种方式对学生的学习效果展开评价，这些评价与教学目标一致并针对性地指向教学目标的达成。

11. 向家庭与社区延伸

科学教师主动与学生家庭和所在社区展开合作，以便促进每个学生获得最好的学习收益。

12. 合作性与领导力

科学教师帮助其他同僚提升教学质量，为学校的教学项目出力，也在更高层次的专业社群中贡献力量。

13. 反思

科学教师不断地分析、评价和强化自己的教学实践，以便让学生获得更高质量的教学体验。①

---

① National board for professional teaching standards，science standards for teachers of students ages 11-18[EB/OL]. [2020-07-07]. http://www.nbpts.org/wp-content/uploads/EAYA-SCIENCE.pdf.

# 附录三　美国科学教育促进协会提出的科学教师培训标准

美国科学教育促进协会(NSTA)从四个维度对科学教师的培训提出了具体要求①，分别如下所示。

**专业发展标准 A**

科技辅导员应该掌握必要的科学学科知识，并且以科学探究的视角和方法来习得这些知识。具体来说，科技辅导员的学习过程应该包括：

1. 科技辅导员应积极参与各类探究活动，以可进行科学探究的现象展开探究，并解释探究的结果，还应该反思这些发现与当前人们对科学探究的理解之间的一致性。

2. 学习一些个人感兴趣的或者科学领域里重大的事件、话题、问题或专题。

3. 积极接触科技讲座、媒体和技术资源，以拓展自己的知识面和未来进一步获取知识并不断学习的能力。

4. 审视科技辅导员自身当前的科学理解、科学技能和科学态度水平，以此为基础逐步提升。

5. 在参与探究的过程中不断反思探究的过程和在理解科学方面的新收获。

6. 积极与其他教师合作。

**专业发展标准 B**

科技辅导员需要将科学知识、学习过程、教学法和学生整合在一起，这需要应用科学教学方面的知识。因此科技辅导员应该在专业发展过程中做到：

1. 将科学与科学教育相关的所有要素建立起联系，再整合为一体。

2. 在合适的情境中演练，拓展自己的知识和技能，让自己在真实的教学中磨炼。只要能够体现或者完善有效的科学教学，任何时候、任何地点、任何形式都是可以加以利用和开展的。

3. 认识到自身在发展过程中兼具学员的身份，明确自己的学习需求，基于自己现有的知识内容、教与学的风格特点去展开专业发展。

4. 利用多种方式去加深自己对科学教育的理解并掌握技能，包括探究、

① National Research Council. The national science education standards[M]. Washington, D.C.: The National Academy Press, 1996: 59, 62, 68, 70.

反思、解读相关研究、建模以及在专业人士指导下开展实践，等等。

**科技辅导员专业发展标准 C**

科技辅导员应该理解职业生涯的发展并具有做好相应规划的能力。科技辅导员在专业发展的过程中应做到：

1. 常规性地参与各类个人或团体性的评估测试，反思自己的课堂实践。

2. 主动寻求机会来获得对于自身教学的反馈，理解和分析这些反馈内容，并将其用于改进自身的教学。

3. 主动寻找机会来学习使用教学工具和教学法，以便更好地开展自我反思和教师团队反思，如成长档案、教学日志等。

4. 向专业发展程度较高的科技辅导员寻求帮助，请他们分享成功经验。他们的身份可以是导师、督学、教练、带头人等。

5. 认识到相关研究和经验性知识的存在，并主动去获取相应内容。

6. 学习开展教育教学研究的技能，利用它们在实践中开展研究，并在此过程中不断重塑自身对科学以及科学教学的认识。

**科技辅导员专业发展标准 D**

所有与科技辅导员专业发展相关的项目，应该是内部一致而统整性的。对于职前和在职的科技辅导员而言，高质量的培养项目应该具有如下特征：

1. 对于科学的教与学以及科技辅导员的专业发展，应该具有明确而统一的认识，且与相应的科学教育标准相符。

2. 各培训项目的内部要素应该是可整合、协同的，这样才能使科技辅导员在较长的时间推移过程中能够将各项目的要素一以贯之地理解、强化并形成应用能力，从而应对各种各样的教学场景。

3. 要认识到科技辅导员的职业素养发展具有持续发展性的本质，认识到个人乃至团队的发展兴趣有所不同，还要意识到辅导员们各自不同的经历背景、专业程度和教学业务熟练度会导致他们存在不同的发展需求。

4. 要让不同培训项目的相关人员通力合作。这些人包括科技辅导员、培训讲师、科技辅导员协会组织、管理组织者、科学家、政府官员、专业的教育与科学组织成员、家长和商业人士等。在促成合作的过程中，应充分尊重每类人群的专业所在，并加以充分利用。

5. 充分认识到教学环境受到历史、文化和组织沿革的影响。

6. 面向科技辅导员的培训项目要针对自身展开评估，以直接促进项目改进提升。这类评价应该是持续开展的，涵盖上述的相关内容，并采用多种策略展开，其中应将项目开展的过程和实效作为评估重点。